国家现代职业教育改革创新示范区建设成果
国家职业教育质量发展研究中心研发成果
工程实践创新项目（EPIP）教学模式规划教材

电气线路安装与调试

主　编◎董锦旗
副主编◎薛利晨　袁淑宁　毛　蕊
参　编◎钟　明　陶　银

中国铁道出版社有限公司
CHINA RAILWAY PUBLISHING HOUSE CO., LTD.

内 容 简 介

本书以世界技能大赛和鲁班工坊的电气装置平台为载体，基于项目教学，服务高等职业院校自动化类专业职业能力培训。

本书主要内容包括室内照明线路的安装与调试、电气控制电路的安装与调试、电气控制电路的故障分析与排查、智能家居安装与调试。本书共4个项目，26个任务，以工作过程为向导，以典型任务为基点，各任务中包括任务描述、任务准备、任务实施、任务评价与总结，力求达到激发学生学习兴趣和提高学习效率以及易学、易懂、易上手的目的，综合培养学生的操作技能和职业素养。

本书适合作为高等职业院校电气自动化技术、机电一体化技术等相关专业的教材，也可以作为相关工程技术人员实施电气线路施工的参考书。

图书在版编目(CIP)数据

电气线路安装与调试：汉文，英文/董锦旗主编. —北京：中国铁道出版社有限公司，2022. 2

国家现代职业教育改革创新示范区建设成果　国家职业教育质量发展研究中心研发成果　工程实践创新项目(EPIP)教学模式规划教材

ISBN 978-7-113-28506-7

Ⅰ. ①电…　Ⅱ. ①董…　Ⅲ. ①输配电线路-安装-高等职业教育-教材-汉，英②输配电线路-调试方法-高等职业教育-教材-汉，英　Ⅳ. ①TM726

中国版本图书馆CIP数据核字(2021)第223147号

书　　名：**电气线路安装与调试**
DIANQI XIANLU ANZHUANG YU TIAOSHI
作　　者：董锦旗

策　　划：何红艳　　　　　　　　编辑部电话：(010)63560043
责任编辑：何红艳　绳　超
封面设计：刘　颖
责任校对：孙　玫
责任印制：樊启鹏

出版发行：中国铁道出版社有限公司(100054，北京市西城区右安门西街8号)
网　　址：http://www.tdpress.com/51eds/
印　　刷：三河市兴达印务有限公司
版　　次：2022年2月第1版　2022年2月第1次印刷
开　　本：787 mm×1 092 mm　1/16　印张：21　字数：418千
书　　号：ISBN 978-7-113-28506-7
定　　价：59.80元

董锦旗

天津机电职业技术学院电气学院机电一体化教研室教师，高级工程师。在一线企业工作8年，具有丰富的机电一体化和电气传动类开发设计经验，主持开发产品10余项。获得专利授权5项，参与教材编写2部，发表论文数篇。2018年指导学生在全国职业院校技能大赛高职组“机电一体化赛项”获得三等奖、在天津市职业院校技能大赛“机电一体化赛项”获得一等奖。

薛利晨

天津机电职业技术学院电气学院机电一体化教研室教师，工程师。硕士毕业于沈阳工业大学。在企业工作多年，具有丰富的电气传动类产品的开发、设计及项目管理经验，主持和参与产品开发多项。获得专利授权5项，参与教材编写1部，发表论文数篇。

袁淑宁

天津机电职业技术学院电气学院机电一体化教研室教师，高级工程师。在一线企业有着13年设备运行维护、设备管理等工作经验，多次获得企业技术津贴。参与编写教材2部，发表论文数篇，2018年获得天津市信息化大赛二等奖。

毛　蕊

天津机电职业技术学院电气学院机电一体化教研室教师，中级工程师。在一线企业工作5年，具有丰富的电子移动通信设备开发、设计及项目管理经验，主持开发移动设备产品10余项。获得相关发明专利4项，在公司多次荣获“及时奖”和“优秀员工奖”，并获破格晋升。参与编写教材2部，发表论文数篇。2018年，主持天津市高等职业技术教育研究会重点课题“现代学徒制建设的研究与实践——以机电一体化电梯专业为例”，并顺利结题。参加天津市高职院校技能大赛教学能力比赛，获得课堂教学赛项二等奖。

钟　明

广东三向智能科技股份有限公司研究院技术部部长，电工技师。2004年至今，一直从事教学仪器设备开发、设计工作。对机电一体化、智能制造工业机器人、一体化教学等设备的开发设计有着丰富的经验。

陶　银

天津机电职业技术学院教师。主要从事机电一体化技术、电气自动化技术等方向的教学与研究。参与编写教材1部，参与实用新型专利3项。2012年指导学生获全国职业院校技能大赛高职组“数控机床装调、维修与升级改造”赛项三等奖；2013年指导学生获全国职业院校技能大赛高职组“数控机床装配、调试与维修”赛项二等奖。

前言

为扩大与沿线国家的职业教育合作，贯彻落实天津市启动实施的将优秀职业教育成果输出国门与世界分享计划的要求，职业教育作为与制造业联系最为紧密的一种教育形式，正在发挥着举足轻重的作用。天津机电职业技术学院于2017年在印度金奈理工学院、2018年在葡萄牙赛图巴尔理工学院以及2020年在马达加斯加塔那那利佛大学分别建立了“鲁班工坊”。为了配合“鲁班工坊”的理论和实训教学，开展交流与合作，实现教育资源共享，提高中国职业教育的国际影响力，创新职业院校国际合作模式，输出我国职业教育优秀资源，编写了《电气线路安装与调试》。同时，编写本书也为了更好地服务“电气装置”世界技能大赛，体现以赛促教、以赛促学、以赛促改的办赛宗旨。

室内照明线路的安装与调试是电工最基本的技能操作之一，也和日常生活有着紧密的联系。随着经济和社会的发展，人们生活水平的不断提高，对室内照明线路的安装工艺、安装规范以及延展到智能家居的控制等有了更高的要求。世界技能大赛“电气装置”项目是运用传统和新兴技术，对特定设计的商业或家用电气装置中的线缆、金属和PVC线槽、金属和PVC线管、金属和PVC软管、电缆桥架等进行安装，依据技术要求对商用或家用智能控制系统（如KNX、LOGO等）进行线路设计、安装、编程与调试的竞赛项目，它代表了目前国际上的最新标准。

本书一方面吸收和转化世界技能大赛的先进理念与最新标准，另一方面在课程改革上进行了一次小的探索，课程的内容不再是面向某一两本教材，而是根据职业打破旧有的学科系统，对课程内容进行重新整合，使学生掌握的是一种职业能力。本书结合电气装置平台的特点，通过项目教学方式，以任务为导向，循序渐进，力求深入浅出，将知识与技能有机结合，注重培养学生的工程应用能力和解决现场实际问题的能力，满足高职院校人才培养的要求。本书按照电气装置平台的特点，将整个课程分为如下项目：室内照明线路的安装与调试、电气控制电路的安装与调试、电气控制电路的故障分析与排查、智能家居安装与调试。本书从简单到复杂，从室内照明电路到智能家居，基本涵盖了目前社会对楼宇电工需求的基本操作技能。

本书由天津机电职业技术学院董锦旗任主编并统稿，薛利晨、袁淑宁、毛蕊任副主编，钟明、陶银参与编写。本书具体编写分工如下：董锦旗负责编写项目一；袁淑宁和陶银负责编写项目二;毛蕊负责编写项目三;薛利晨负责编写项目四(除程序清单);钟明对于全书的编写提供了各种资料和指导,并编写了附录及项目四的程序清单。全书由天津机电职业技术学院王玲和广东三向智能科技股份有限公司叶光显审稿,他们对本书的编写提出了许多宝贵的建议。本书在编写过程中,得到了中国铁道出版社有限公司、广东三向智能科技股份有限公司等单位的大力支持,还得到了天津机电职业技术学院机电一体化教研室诸多老师的帮助,在此一并表示衷心的感谢!

本书适合作为高等职业院校电气自动化技术、机电一体化技术等相关专业的教材,也可以作为相关工程技术人员实施电气线路施工的参考书。

限于编者的经验、水平,加之时间仓促,书中难免存在不足和缺陷,敬请广大读者批评指正。

编　者

2021 年 10 月

目录

室内照明线路的安装与调试

项目描述

室内照明线路的安装与调试平台采用铝合金型材作为主框架,钢质网孔板作为背板安装框架,安装板采用木工板,便于安装。本项目主要任务是在安装平台上进行材料制备安装和照明线路调试,包括PVC线槽、PVC线管、电缆桥架、铠装电缆、开关盒、插座、白炽灯、配电箱等所有可用于室内照明线路的器件。从材料加工、安装到线路的调试,学生都可以在此平台上完成,本项目接近生产实际,方便学生在实训中积累方法和经验。

学习目标

①掌握管线的加工和敷设方法;

②掌握网格桥的加工和敷设方法;

③掌握配电箱开孔的工艺和方法;

④掌握金属管的加工方法;

⑤掌握常用照明线路安装;

⑥掌握安全上电基本知识和正确上电的流程;

⑦具备常用照明线路的安装、调试以及检修的综合能力。

任务1　PVC线槽的加工与敷设

一、任务描述

在SX-WSC18电气装置实训系统中的室内照明线路的安装与调试平台上,现要对60×40型PVC线槽槽路敷设,根据图1-1完成材料的加工和安装。

二、任务准备

1. 工具的准备

锯弓、锉刀、去毛刺刀、1 m钢直尺、木工铅笔、钢卷尺、角度尺、水平尺、手锤、手电钻、$\phi 3$

麻花钻头、十字螺丝刀头等。

2. 安装图样的识读

在图 1-1 上安装线槽的尺寸是 60 × 40，60 代表线槽的宽度，40 代表线槽的厚度，单位是 mm，总计 6 条线槽，图样上标有中心线和基准线，同时有许多格子，每个格子间距 100 mm，中间线槽 2 和线槽 4 的夹角是 135°，格子的数量可以定位线槽的加工尺寸和安装尺寸。

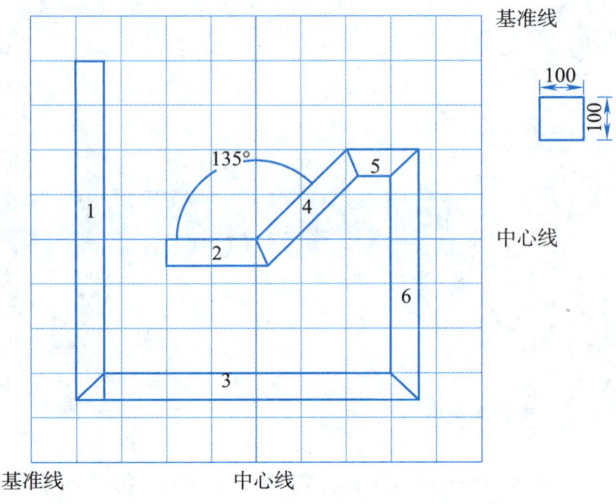

图 1-1　60 × 40 型 PVC 线槽安装图

3. 安装基准分析

线槽安装的基准有中心线和基准线两种，可以根据个人的使用习惯来确定以基准线为基准安装还是以中心线为基准安装。需要注意的是，根据个人能力慎用交叉基准，防止尺寸过多造成尺寸混乱。下面分析两种基准安装的方式。

(1) 以基准线为基准安装分析

以基准线为基准的安装分析见表 1-1。

表 1-1　以基准线为基准安装分析表

安装说明	安装图示
以基准线为基准的安装方式是指以任意一条边为基准，尺寸从左到右，由上到下依次递增。如右图所示。以线槽 2 为例，当线槽 2 以基准线为基准安装时，线槽 2 左侧的定位坐标为横向坐标 300，纵向坐标 500；线槽 2 右侧的定位坐标为横向坐标 500，纵向坐标 500	0 100 200 300 400 500 600 700 800 900 1 000 基准线 100 100 135° 1 2 3 4 5 6 0 100 200 300 400 500 600 700 800 900 1 000 基准线

(2)以中心线为基准安装分析

以中心线为基准的安装分析见表1-2。

表1-2　以中心线为基准安装分析表

安装说明	安装图示
以中心线为基准的安装方式是指以设备中心线为基准,尺寸由中心向两边发散,中心线上正下负,右正左负。如右图所示,以线槽2为例,当线槽2以中心线为基准安装时,线槽2左侧的定位坐标为横向坐标-200,纵向坐标0;线槽2右侧的定位坐标为横向坐标0,纵向坐标0	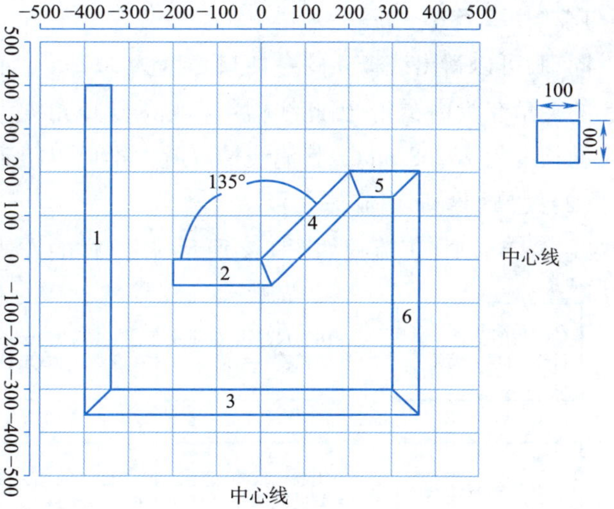 -500 -400 -300 -200 -100 0 100 200 300 400 500 500 400 300 200 100 0 -100 -200 -300 -400 -500 135° 1 2 3 4 5 6 100 100 中心线 中心线

三、任务实施

1. 技术资料准备

阅读并熟悉安装图样,标记相应尺寸。

2. 材料、器件配置

根据图1-1选择材料、器件类型,填写表1-3。

表1-3　60×40型PVC线槽材料、器件清单表

序号	材料、器件名称	型　号	数　量	备　注
1				
2				
3				
4				
5				

3. PVC 线槽加工(以线槽 2 和线槽 4 为例)

(1)计算线槽尺寸

图样上线槽 2 的上边占两个格子,所以上边的尺寸为 200 mm,左侧切口为 180°,右侧切口角度需要计算。已知线槽 2 和线槽 4 的夹角是 135°,由于圆是圆心角为 360°的扇形,且只有相同角度的两条线槽才可以无缝拼接到一起,所以线槽 2 右侧的切口角度为(360° - 135°)/2 = 112.5°。

同理,可以得出线槽 4 的左切口角度为 112.5°。由于线槽 2、线槽 4 的夹角与线槽 4、线槽 5 的夹角互为内错角,因此线槽 4 右侧的切口角度为 67.5°,同时用勾股定理可以计算出线槽 4 的长度为 282.8 mm。其他线槽以此类推可以得到切口角度和线槽长度。

(2)线槽切割加工流程

线槽 2 切割加工流程如图 1-2 所示,用同样的方式将线槽 4 切割加工好。

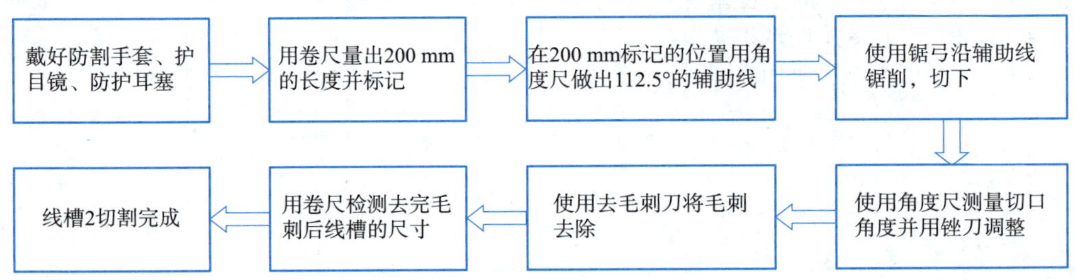

图 1-2　线槽 2 切割加工流程

4. PVC 线槽安装(以线槽 2 和线槽 4 为例)

线槽 2 安装流程如图 1-3 所示,线槽 4 可以用同样的方式安装。

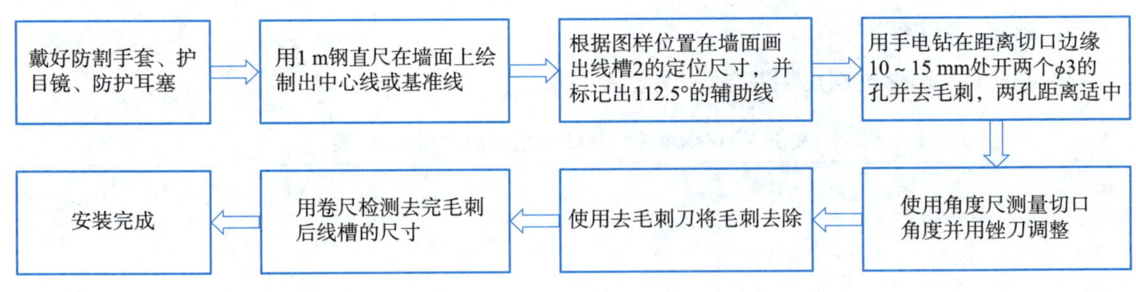

图 1-3　线槽 2 安装流程

5. 清洁整理

①清理工作台,将所有工具清理完成后摆放到相应位置。

②检查线槽和墙面外观,清理画线标记和残留废屑。

③打扫工位地面卫生。

四、任务评价与总结

1. 考核评价表

完成上述任务学习之后,可按照表1-4中的内容进行学习评价。

表1-4　考核评价表

评价项目	评价内容	评价标准	评价方法		
			自我评价	小组评价	教师评价
职业素养(30分)	安全意识、责任意识	①作风严谨,自觉遵章守纪,出色完成任务(10分)。 ②能够遵守规章制度,较好地完成任务(7分)。 ③遵守规章制度,但未完成任务或虽完成任务但忽视规章制度(5分)。 ④不遵守规章制度,未完成任务(0分)			
	学习态度	①积极参与教学活动,全勤(10分)。 ②缺勤达本任务总学时的10%(8分)。 ③缺勤达本任务总学时的20%(6分)。 ④缺勤达本任务总学时的30%(4分)			
	团队合作意识	①与同学协作融洽、团队合作意识强(10分)。 ②与同学能沟通、协同工作能力较强(8分)。 ③与同学能沟通、协同工作能力一般(6分)。 ④与同学沟通困难、协同工作能力较差(4分)			
专业能力(70分)	产品外观	产品外观良好,无残留标记、划痕(10分)			
	加工尺寸	加工尺寸符合图样要求(10分)			
	毛刺	加工完成后,所有边角无毛刺(10分)			
	安装尺寸	能按图样正确安装,误差小于1 mm(15分)			
	拼接缝隙	线槽拼接缝隙满足工艺,误差小于1 mm(15分)			
	创新能力	学习过程中,提出创新性、可行性的建议(10分)			
总评					

2. 任务总结

总结在加工和安装PVC线槽实训过程中遇到的问题以及解决问题的方案,交流心得体会。

任务 2 电气管路的加工与调试

一、任务描述

在 SX-WSC18 电气装置实训系统中的室内照明线路的安装与调试平台上，现要用 ϕ20 型 PVC 管和 ϕ16 型 PVC 管进行电气管路敷设，根据图 1-4 完成材料的加工和安装。

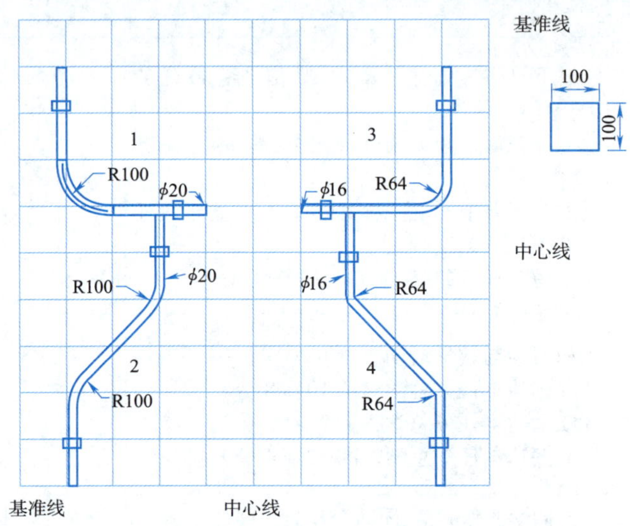

图 1-4 ϕ20 型 PVC 管和 ϕ16 型 PVC 管安装图

二、任务准备

1. 工具的准备

PVC 管割刀、ϕ20 型弯簧、ϕ16 型弯簧、去毛刺刀、1 m 钢直尺、钢卷尺、水平尺、木工铅笔、手电钻、十字螺丝刀头等

2. 安装图样的识读

安装 PVC 管的型号是 ϕ20 型和 ϕ16 型，意思是直径为 20 和 16 的 PVC 材质管，单位是 mm。从图 1-4 中可以看到，管 1 和管 2 的直径为 20 mm，弯曲半径为 100 mm；管 3 和管 4 的直径为 16 mm，弯曲半径为 64 mm。每个格子的单位是 100 mm，管的长度可以通过格子计算。

3. 弯管主要形式分析

弯管是改变管道走向的一种加工工艺，按照其制作方法的不同，弯管可分为煨制弯管、冲压弯管和焊接弯管。本任务主要分析煨制弯管中的冷煨。煨制弯管具有较好的伸缩性、耐高压、阻力小的优点，因此施工中常被采用。冷煨弯管的主要形式有各种角度的弯头、来回弯、弧形弯和 U 形弯等，每种弯管形式使用的场合不同。下面分析几种常规的弯管形式。

(1) 90°的弯管分析

90°的弯管分析见表 1-5。

表 1-5　90°的弯管分析

安装说明	安装图示
弯管尺寸由管径、弯曲角度和弯曲半径 3 个参数确定，如右图所示，管 1 是典型的 90°弯头，其管径是 20 mm，弯曲半径是 100 mm。弯曲半径较大时，管子弯曲的部分就大且较平滑；弯曲半径较小时，管子弯曲的部分小且粗糙，容易有褶皱。冷煨制弯曲半径一般为 4～6 倍管径。右图中管 1 的弯曲半径为管径的 5 倍	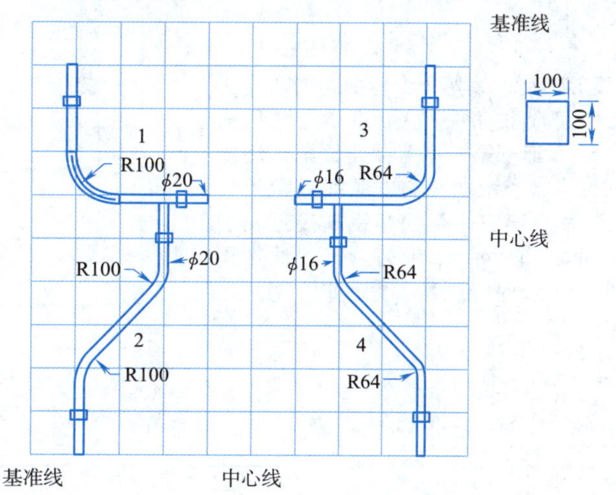

(2) 来回弯管分析

来回弯管分析见表 1-6。

表 1-6　来回弯管分析

安装说明	安装图示
来回弯是在不同高度的平面弯连续两个弯曲角的工艺。来回弯管子弯曲端中线的距离称为来回弯的高度，用字母 h 表示，来回弯的弯曲角度一般为 135°。如右图所示，当管道需要与不同平面的连接点连接时，一般采用来回弯	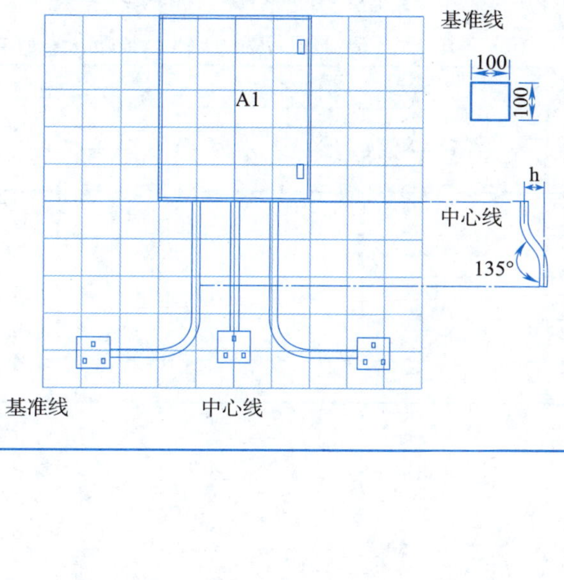

(3)弧形弯管分析

弧形弯管分析见表 1-7。

表 1-7　弧形弯管分析

安装说明	安装图示
弧形弯是连续弯 3 个弯曲角的弯管工艺,中间弯曲角一般为 90°,两侧角为 135°。弧形弯第一个弯曲角逐渐远离安装面;第二个弯曲角离安装面的距离达到最大值;第三个弯曲角逐渐接近安装面。如右图所示,弧形弯管工艺通常用于管道交叉时绕过其他管道的场合	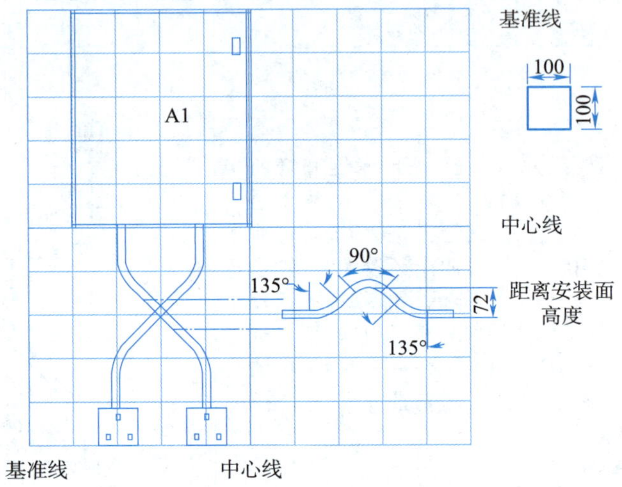 基准线 100 100 A1 中心线 90° 135° 72 距离安装面高度 135° 基准线 中心线

三、任务实施

1. 技术资料准备

阅读并熟悉安装图样,标记相应尺寸。

2. 材料、器件配置

根据图 1-4 选择材料、器件类型,填写表 1-8。

表 1-8　ϕ20 型 PVC 管和 ϕ16 型 PVC 管安装材料清单表

序号	材料、器件名称	型　号	数　量	备　注
1				
2				
3				
4				
5				
6				
7				

3. PVC 线管加工(以线管 1 为例)

(1)计算 PVC 线管尺寸

如图 1-4 所示,线管 1 左侧的直线部分占两个格子,所以左边直线部分的尺寸为 200 mm,中间弯曲部分的弯曲半径 R 为 100 mm,由于管径是 20 mm,因此线管 1 的内径为 90 mm,外径为 110 mm。此处取管外径来计算。线管 1 的外径为 110 mm,通过圆周长的计算公式 $C=2\pi R$,可以计算出 C 约为 691 mm,由于线管 1 中间弯曲处的长度只有圆周长的四分之一,因此可以得出公式 L(圆弧长度) = 1.57R(弯曲半径),因此线管 1 弯曲处的长度为 173 mm。线管 1 下侧的直线部分占两个格子,所以下边直线部分的尺寸为 200 mm。由此可以计算出线管 1 的总长度为 573 mm。同理,可以计算出其他线管的长度,此处不再计算。

(2)PVC 线管弯制流程(以线管 1 为例)

PVC 线管 1 的弯制流程如图 1-5 所示。

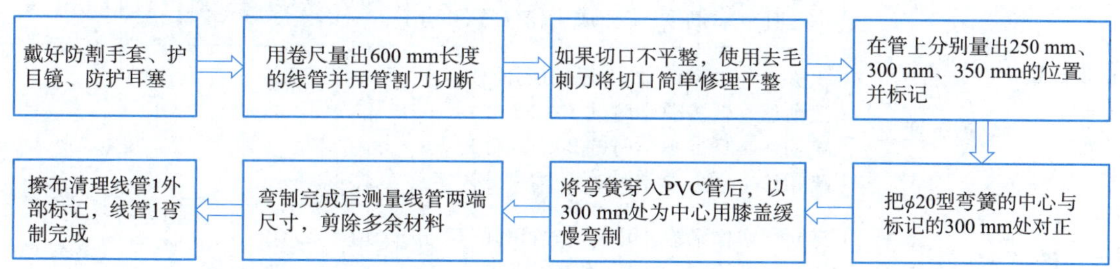

图 1-5　PVC 线管 1 的弯制流程

用同样的方式可以弯制其他线管。

4. PVC 线管安装流程(以线管 1 为例)

线管 1 安装流程如图 1-6 所示,其他线管可以用同样的方式安装。

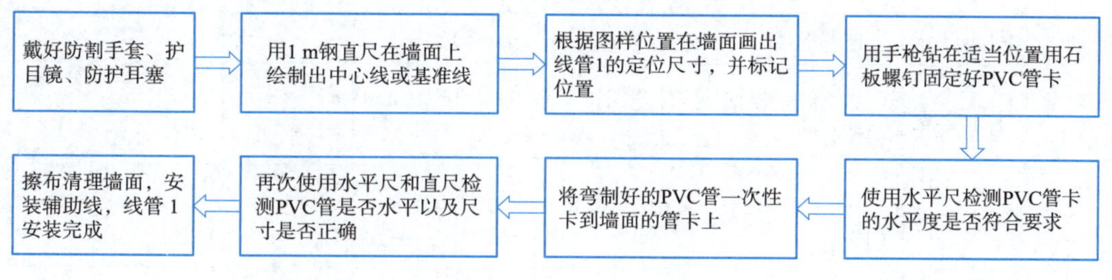

图 1-6　线管 1 安装流程

5. 清洁整理

①清理工作台,将所有工具清理完成后摆放到相应位置。

②检查线管和墙面外观,清理画线标记和残留废屑。

③打扫工位地面卫生。

四、任务评价与总结

1. 考核评价表

完成上述任务学习之后，可按照表 1-9 中的内容进行学习评价。

表 1-9　考核评价表

评价项目	评价内容	评价标准	评价方法		
			自我评价	小组评价	教师评价
职业素养（30 分）	安全意识、责任意识	①作风严谨，自觉遵章守纪，出色完成任务（10 分）。 ②能够遵守规章制度，较好地完成任务（7 分）。 ③遵守规章制度，但未完成工作任务或虽完成工作任务但忽视规章制度（5 分）。 ④不遵守规章制度、未完成工作任务（0 分）			
	学习态度	①积极参与教学活动，全勤（10 分）。 ②缺勤达本任务总学时的 10%（8 分）。 ③缺勤达本任务总学时的 20%（6 分）。 ④缺勤达本任务总学时的 30%（4 分）			
	团队合作意识	①与同学协作融洽、团队合作意识强（10 分）。 ②与同学能沟通、协同工作能力较强（8 分）。 ③与同学能沟通、协同工作能力一般（6 分）。 ④与同学沟通困难、协同工作能力较差（4 分）			
专业能力（70 分）	产品外观	产品外观良好，无褶皱和物理损伤（10 分）			
	弯曲半径	弯曲半径符合图样要求（10 分）			
	毛刺	加工完成后，所有边角无毛刺（10 分）			
	安装尺寸	能按图样正确安装，误差小于 1 mm（15 分）			
	水平垂直	线管安装满足工艺，水平误差小于 1 mm（15 分）			
	创新能力	学习过程中，提出创新性、可行性的建议（10 分）			
总评					

2. 任务总结

总结在弯制和安装 PVC 管实训过程中遇到的问题以及解决问题的方案，交流心得体会。

任务3　金属管的加工与敷设

一、任务描述

在 SX-WSC18 电气装置实训系统中的室内照明线路的安装与调试平台上，现要用 $\phi20$ 型金属管进行电气管路敷设，根据图 1-7 完成材料的加工和安装。

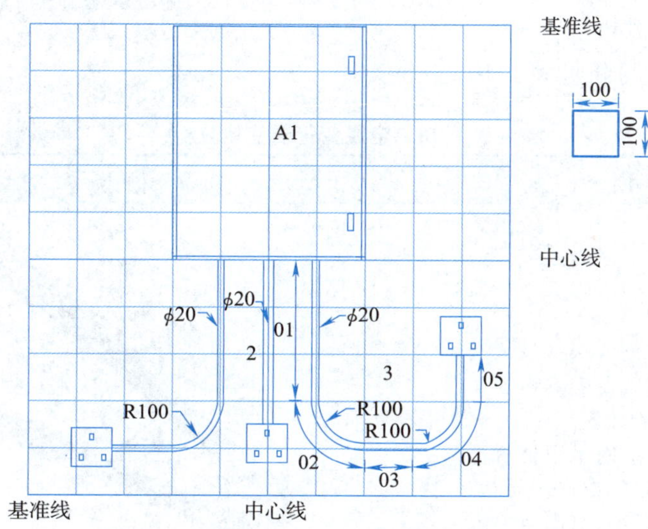

图 1-7　$\phi20$ 型金属管电气管路敷设图

二、任务准备

1. 工具的准备

金属管割刀、金属弯管器、锯弓、锉刀、金属去毛刺刀、1 m 钢直尺、钢卷尺、水平尺、记号笔、手电钻、十字螺丝刀头等。

2. 安装图样的识读

图 1-7 所示安装管的型号是 $\phi20$ 型，材质为金属管，每个网格为 100 × 100 的大小，单位是 mm，管的长度可以通过格子计算。其中管 1 为 90°弯管，管 2 为直接连接管，管 3 由两个 90°弯管组合而成，又称 U 形弯管。由于图中并未标出金属管与配电箱 A1 的连接高度，因此此处默认为同平面连接。若图样中附上配电箱的开孔图，则需要根据图样给出的尺寸给金属管做来回弯。

3. 金属管弯管分析

冷煨制弯管不仅适用于PVC材质的管材,铜、铁、铝等材质的管材同样适用。金属管的弯制需要用到手动金属弯管器,与PVC弯管不同的是,PVC管使用弯簧弯曲,在弯制过程中可以不断调整尺寸,弯曲过程中如果发现存在尺寸误差可以及时修正,但是金属管则不同。由于金属管材质比PVC管硬,通过手臂力量几乎不可能将其弯曲,即使能够借助工具回弯,金属管的表面也会产生褶皱,无法制作出满足工艺要求的金属管。下面分析金属弯管器和U形管的尺寸计算。

(1)金属弯管器分析

金属弯管器使用分析见表1-10。

表1-10 金属弯管器使用分析

安装说明	安装图示
如右图所示,手动金属弯管器由5个部分组成,组成构件名称如下: 1是弯曲手柄,弯曲手柄运用杠杆原理,做成较长弯管时可以省力;2是连板,用于连接弧形槽和弯管胎,右图弯管器实物图中的连板连接处在弯管器背后两个运动轴上;3是偏心弧形槽,弧形槽用于弯曲过程中更好地和金属管契合,起到导向的作用;4是弯管胎,弯管胎根据不同弯曲半径R的需求可以选择不同弯曲半径的型号,同时弯管胎上可以找到0°~180°用到的常规角度,便于弯管时角度的精准控制;5是活动挡板(挂钩),活动挡板用于固定待弯曲金属管的一段,弯管时将其钩住,弯管完成后将活动挡板打开才能取下金属管	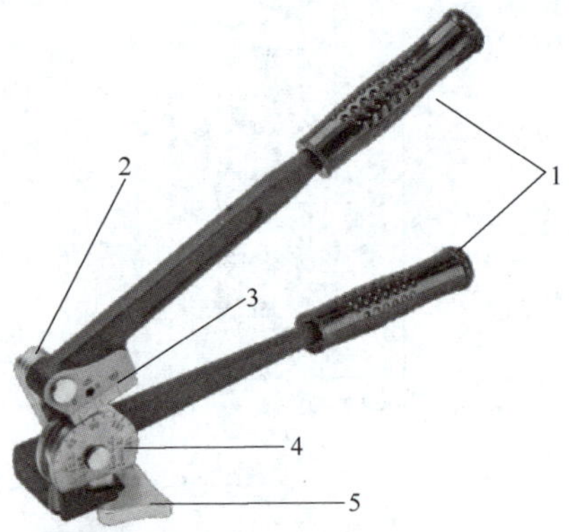  1 2 3 4 5 1 2 4 3 5 1

(2)U形管尺寸计算分析

U形管尺寸计算分析见表1-11。

表 1-11　U 形管尺寸计算分析

安装说明	安装图示
U 形管 3 的尺寸由 01 ~ 05 五段组成，其中 01 段管长 300 mm、03 段管长 100 mm，05 段管长 100 mm，三段管的总长为 500 mm，02 和 04 段管的长度为弯曲半径 R 加一半的管径，等于 110 mm，根据已经学过的圆弧长度（L）计算公式 $L = 1.57R$，可以得出 02、04 段管的总长度为 346 mm，所以 U 形管 3 的总长度应为 846 mm	基准线 100 100 A1 中心线 ϕ20 ϕ20 ϕ20 01 2 3 05 R100 R100 R100 02 03 04 基准线 中心线

在实际弯制过程中，U 形管的左右两管的中心距也是关键尺寸之一，见表 1-11，在弯 02 段管时折弯起点是 300 mm 处，折弯终点在管外侧距折弯起点 173 mm 处。表 1-11 中 03 段的距离是 100 mm，所以 04 段管的折弯起点是 02 段管折弯终点处加 100 mm 处。这样就可以精准地控制连续弯管的尺寸。需要注意的是，实际安装时 03 段管的长度不会直接给出，当 U 形管中心距改变时，03 段管的长度也会随之改变，因此要根据实际弯管尺寸灵活运用。

三、任务实施

1. 技术资料准备

阅读并熟悉安装图样，标记相应尺寸。

2. 器件材料配置

根据图 1-7 选择材料、器件类型，填写表 1-12。

表 1-12　ϕ20 型金属管电气管路敷设材料、器件清单表

序号	材料、器件名称	型　　号	数　　量	备　　注
1				
2				
3				
4				
5				
6				

3. 金属管加工(以 U 形管 3 为例)

(1)计算金属管尺寸

图 1-7 中 U 形管 3 直线部分占 5 个格子,因此长度为 500 mm,两个 90°弯管的长度为弯曲半径 R 加一半的管径等于 110 mm,根据已经学过的圆弧长度(L)计算公式 $L=1.57R$,可以得出 02、04 段管的总长度为 346 mm,所以 U 形管 3 的总长度应为 846 mm。同理可以计算出其他金属管的长度,此处不再计算。

(2)金属管弯制流程(以 U 形管 3 为例)

U 形管 3 的弯制流程如图 1-8 所示,由于冷煨制过程中管会发生回弹,因此需要根据实际情况增加 2°~5°的弯曲角度,用同样的方式弯制其他线管。

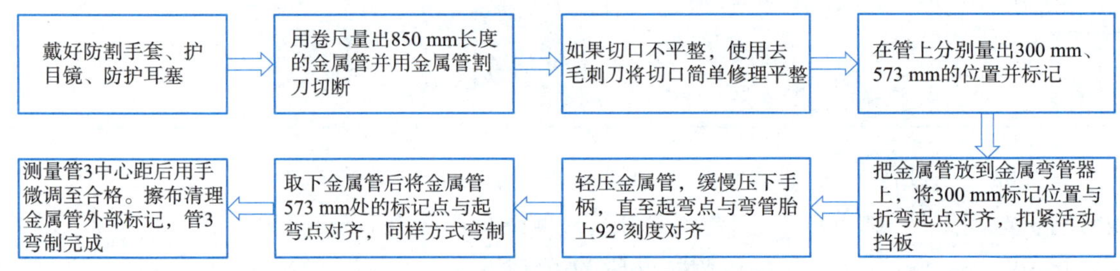

图 1-8　U 形管 3 的弯制流程

4. 金属管安装流程(以 U 形管 3 为例)

U 形管 3 的安装流程如图 1-9 所示,其他金属管可以用同样的方式安装。

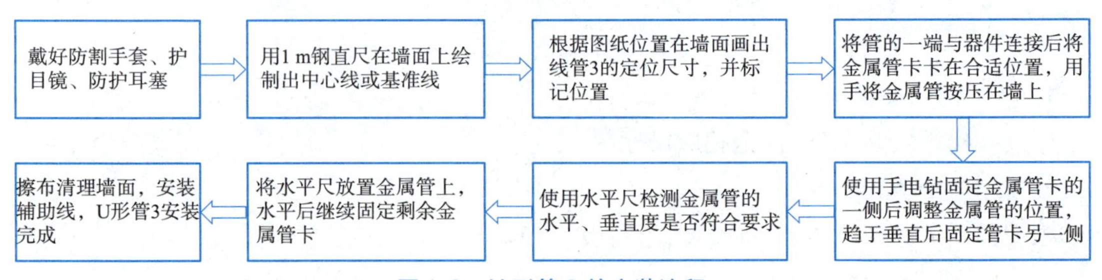

图 1-9　U 形管 3 的安装流程

5. 清洁整理

①清理工作台,将所有工具清理完成后摆放到相应位置。

②检查线管和墙面外观,清理画线标记和残留废屑。

③打扫工位地面卫生。

四、任务评价与总结

1. 考核评价表

完成上述任务学习之后,可按照表 1-13 中的内容进行学习评价。

表 1-13　考核评价表

评价项目	评价内容	评价标准	评价方法		
			自我评价	小组评价	教师评价
职业素养(30 分)	安全意识、责任意识	①作风严谨,自觉遵章守纪,出色完成任务(10 分)。 ②能够遵守规章制度,较好地完成任务(7 分)。 ③遵守规章制度,但未完成任务或虽完成任务但忽视规章制度(5 分)。 ④不遵守规章制度,未完成任务(0 分)			
	学习态度	①积极参与教学活动,全勤(10 分)。 ②缺勤达本任务总学时的 10%(8 分)。 ③缺勤达本任务总学时的 20%(6 分)。 ④缺勤达本任务总学时的 30%(4 分)			
	团队合作意识	①与同学协作融洽、团队合作意识强(10 分)。 ②与同学能沟通、协同工作能力较强(8 分)。 ③与同学能沟通、协同工作能力一般(6 分)。 ④与同学沟通困难、协同工作能力较差(4 分)			
专业能力(70 分)	产品外观	产品外观良,好无褶皱和物理损伤(10 分)			
	弯曲半径	弯曲半径符合图样要求(10 分)			
	毛刺	加工完成后,所有边角无毛刺(10 分)			
	安装尺寸	能按图样正确安装,误差小于 1 mm(15 分)			
	水平垂直	金属管安装满足工艺,水平误差小于 1 mm(15 分)			
	创新能力	学习过程中,提出创新性、可行性的建议(10 分)			
总评					

2. 任务总结

总结在弯制和安装金属管实训过程中遇到的问题以及解决问题的方案,交流心得体会。

任务4 网格桥架的加工与敷设

一、任务描述

在 SX-WSC18 电气装置实训系统中的室内照明线路的安装与调试平台上，现要用 CM100-150-3000-5 型网格桥架进行电气线路敷设，根据图 1-10 完成材料的加工和安装。

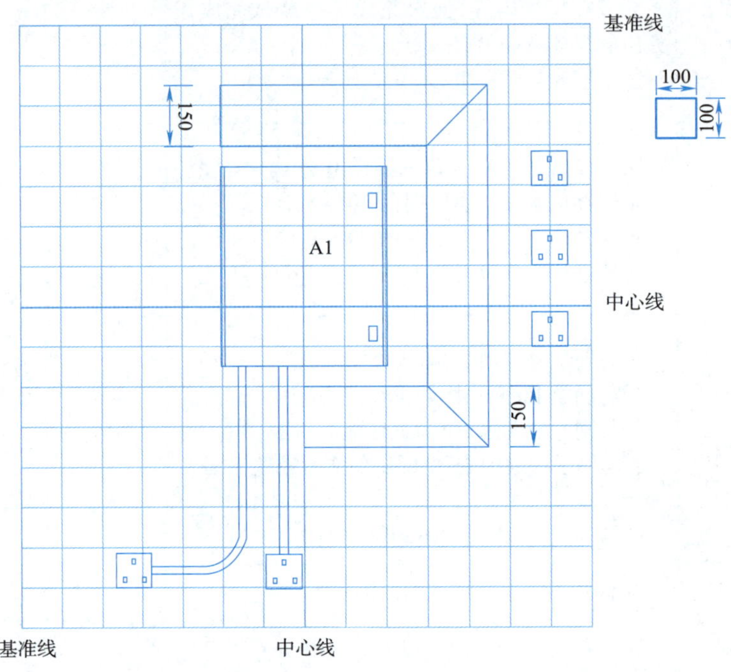

图 1-10 CM100-150-3000-5 型网格桥架线路敷设图

二、任务准备

1. 工具的准备

锯弓、锉刀、去毛刺刀、1 m 钢直尺、钢卷尺、水平尺、记号笔、手电钻、十字螺丝刀头、内六角套筒扳手、活扳手、钢筋剪切钳子等。

2. 安装图样的识读

如图 1-10 所示，安装网格桥架的型号是 CM100-150-3000-5，其中 CM 代表的是生产厂家定义编号；100 代表的是网格桥架的深度为 100 mm；150 代表的是网格桥架内侧的宽度为 150 mm；3000 代表桥架长度为 3 000 mm；5 代表网格桥架的丝径为 5 mm。图中网格桥架的长度可以通过网格数出，网格桥架的转角大多由厂家提供，可以直接安装。

3. 网格桥架结构及安装分析

网格桥架又称金属网格式电缆桥架，是传统槽式桥架的延伸。网格桥架原材料为钢丝，经焊接后成形，最后根据安装场合的不同对表面进行不同的处理而产生。相比传统槽式桥架，网格桥架有如下几点优势：自重较轻，便于安装升级和维护；布线灵活，线路检修快速安全；结构简单美观，且网格形状散热效果更好，可以很大程度上延长线缆使用寿命。

（1）桥架卡扣连接件分析

桥架卡扣连接件分析见表 1-14。

表 1-14　桥架卡扣连接件分析

安装说明	安装图示
右图所示是桥架卡扣连接件的示意图，桥架卡扣由法兰螺母 1、内卡口 2、外卡口 3、法兰螺栓 4 四部分组成，实物图如右侧右上所示。桥架卡扣用于连接两段分离开的桥架，可以是直段连接，也可以是转弯连接或者 T 型连接。右下图所示的桥架连接图是直段连接示意图，需要注意的是桥架的型号不同，桥架的宽度和高度也不同，所需用到的卡扣数量也不同，应根据具体情况选择卡扣数量。 桥架连接件除了卡扣以外，还有加强条和快速连接条等，它们的功能相同，只是安装方式不同，此处不再一一介绍	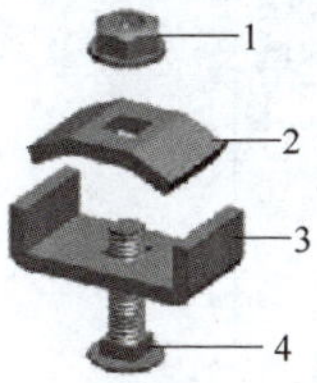  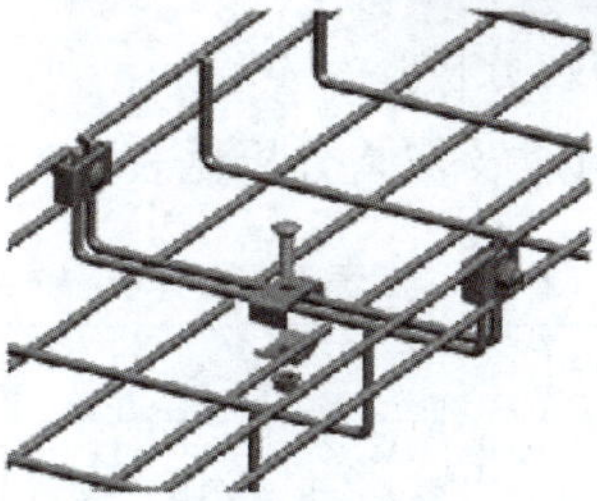 1 2 3 4

（2）网格桥架直角连接分析

网格桥架直角连接分析见表 1-15。

表 1-15　网格桥架直角连接分析

安装说明	安装图示
右图所示是网格桥架直角连接的两种形式，右图中 1、2 为连接式直角弯曲，连接式直角弯曲需保留一个侧边，其他部分使用卡扣连接。右图中 3、4 两格为分离式直角弯曲，制作时将每段桥架内侧边切掉，然后使用卡扣或加强条连接。除此以外，还有直角弯角的成品件，直接连接即可。 桥架的连接除了直角连接以外，还有 T 型连接和十字连接等，其连接工艺与直角连接类似，详见图 1-11	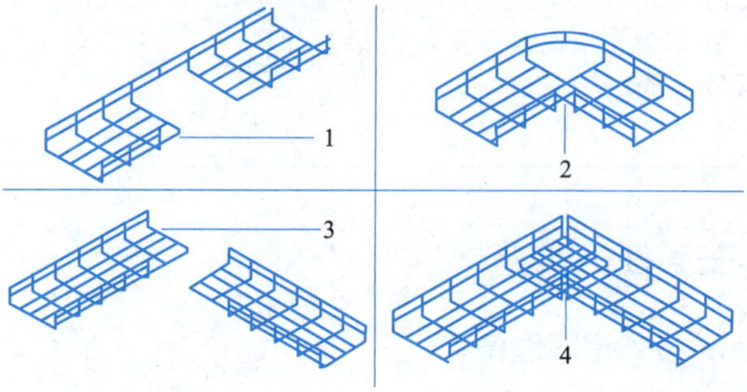 1 2 3 4

(3)网格桥架吊装分析

网格桥架吊装结构组成及安装分析见表1-16。

表1-16　网格桥架吊装结构组成及安装分析

安装说明	安装图示
如右图所示，网格桥架吊装结构由三部分组成，分别是丝杆1，吊装网格桥架的支承构件之一；M型横担2，用于固定网格桥架防止桥架滑动的同时与丝杆形成一个完整的支承构件；网格桥架3，用于电气线路的敷设和固定。网格桥架吊装时需要先在墙上打孔，打入膨胀螺钉后将三个构件依次安装即可	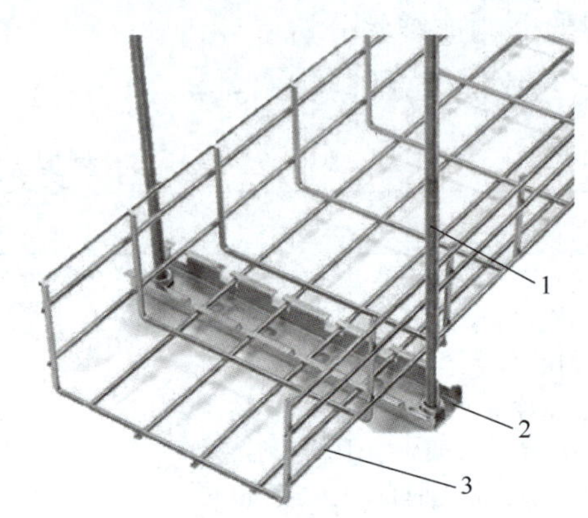

(4)网格桥架墙装分析

网格桥架墙装组成及安装分析见表1-17。

表1-17　网格桥架墙装组成及安装分析

安装说明	安装图示
如右图所示，网格桥架墙装结构由两部分组成，分别是L型支架1，用于固定和支撑网格桥架；网格桥架2用于电气线路的敷设和固定。网格桥架墙装时只需要将L型支架的短边端固定到墙上后将桥架卡到长边上即可。网格桥架墙装的形式是多样化的，其中支架是核心的安装器件，除了L型支架以外还有蜘蛛型支架、T型支架以及三角形支架等，但是其功能都是类似的	1 2

三、任务实施

1. 技术资料准备

阅读并熟悉安装图样，标记相应尺寸。

2. 材料、器件配置

根据图 1-10 选择材料、器件类型，填写表 1-18。

表 1-18　CM100-150-3000-5 型网格桥架线路敷设材料、器件清单表

序号	材料、器件名称	型　号	数　量	备　注
1				
2				
3				
4				
5				
6				
7				

3. 网格桥架加工

(1)计算网格桥架尺寸

图 1-10 中网格桥架的宽度为 150 mm，长度可以通过图样提供的格子图例数出，共 14 个格子，每个格子为 100 mm，因此实际网格桥架安装长度为 1 400 mm，分别为上端水平方向 500 mm、中间垂直方向 600 mm 和底端水平方向 300 mm，但由于桥架是由三段组成且网格桥架通过竖杠来确定尺寸，相邻两竖杠的长度间距为 100 mm，因此会有 300 mm 的损耗，所以直线部分的实际损耗为 1 700 mm，即 17 格网格桥架。转角处为厂家提供的 90°等宽扇形，直接安装即可，此处不再计算。

(2)网格桥架的加工流程

网格桥架的加工流程如图 1-11 所示，其他型号的网格桥架可以用同样的方式处理。

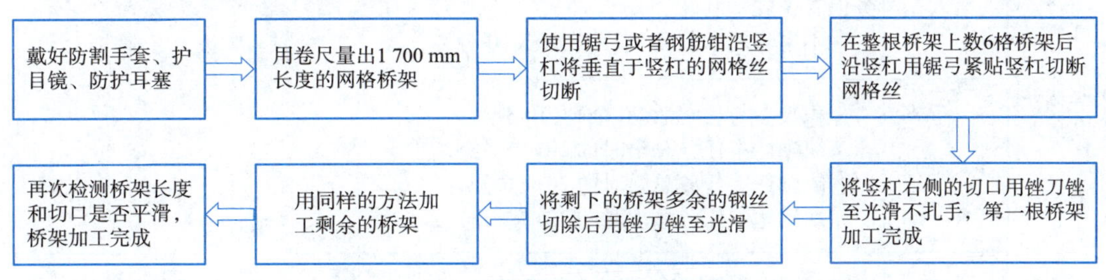

图 1-11　网格桥架的加工流程

4. 网格桥架的安装流程

网格桥架的安装流程如图 1-12 所示，其他型号网格桥架可以用同样的方式安装。

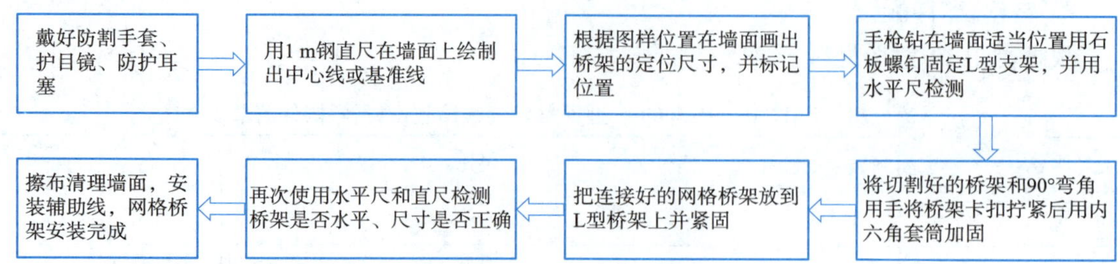

图 1-12　网格桥架的安装流程

5. 清洁整理

①清理工作台，将所有工具清理完成后摆放到相应位置。

②检查线管和墙面外观，清理画线标记和残留废屑。

③打扫工位地面卫生。

四、任务评价与总结

1. 考核评价表

完成上述任务学习之后，可按照表 1-19 中的内容进行学习评价。

表 1-19　考核评价表

评价项目	评价内容	评价标准	评价方法		
			自我评价	小组评价	教师评价
职业素养(30 分)	安全意识、责任意识	①作风严谨，自觉遵章守纪，出色完成任务(10 分)。 ②能够遵守规章制度，较好地完成任务(7 分)。 ③遵守规章制度，但未完成任务或虽完成任务但忽视规章制度(5 分)。 ④不遵守规章制度，未完成任务(0 分)			
	学习态度	①积极参与教学活动，全勤(10 分)。 ②缺勤达本任务总学时的 10%(8 分)。 ③缺勤达本任务总学时的 20%(6 分)。 ④缺勤达本任务总学时的 30%(4 分)			
	团队合作意识	①与同学协作融洽、团队合作意识强(10 分)。 ②与同学能沟通、协同工作能力较强(8 分)。 ③与同学能沟通、协同工作能力一般(6 分)。 ④与同学沟通困难、协同工作能力较差(4 分)			

续表

评价项目	评价内容	评价标准	评价方法		
			自我评价	小组评价	教师评价
专业能力(70分)	产品外观	产品外观良好无物理损伤(10分)			
	连接紧固	桥架连接处是否安全可靠(10分)			
	毛刺	加工完成后,所有切口无毛刺(10分)			
	安装尺寸	能按图样正确安装,误差小于1 mm(15分)			
	水平垂直	线管安装满足工艺,水平误差小于1 mm(15分)			
	创新能力	学习过程中,提出创新性、可行性的建议(10分)			
总评					

2. 实训总结

总结在加工和安装网格桥架实训过程中遇到的问题以及解决问题的方案,交流心得体会。

任务5　控制配电箱的加工与敷设

一、任务描述

在SX-WSC18电气装置实训系统中的室内照明线路的安装与调试平台上,现要对500×400型控制配电箱进行加工和敷设,根据图1-13完成材料的加工和安装。

二、任务准备

1. 工具的准备

ϕ16型开孔器、ϕ20型开孔器、ϕ2麻花钻头、喷壶、金属去毛刺刀、1 m钢直尺、直角尺、钢卷尺、水平尺、记号笔、手电钻、十字螺丝刀头等。

2. 安装图样的识读

如图1-13所示,配电箱A1的位置坐标和孔的定位尺寸可以根据图样给出的网格数出,每个网格为100 mm的正方形。其中A1配电箱上有两种类型的孔,大小分别是ϕ16和ϕ20两种,其中ϕ代表孔的直径,16代表孔直径的大小为16 mm。

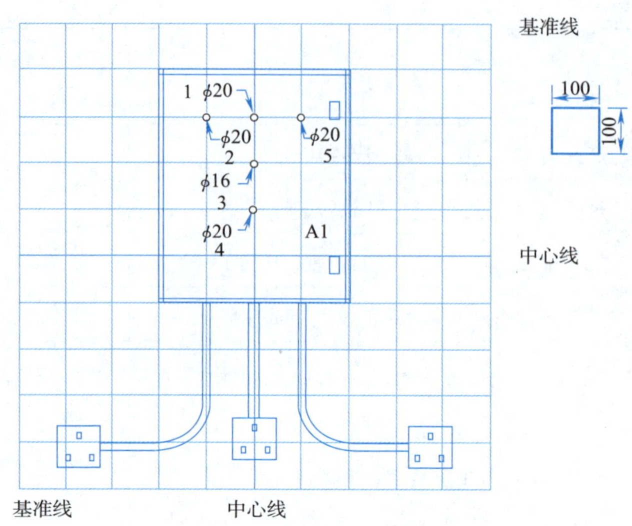

图 1-13　500×400 型控制配电箱加工与敷设图

3. 金属开孔分析

金属开孔器用于不锈钢板、铜板、铁板以及合金板的开孔。开孔器使用时需要注意以下事项:金属开孔也分厚板和薄板,根据开孔的大小和需求选择合适类型和型号的开孔器;使用开孔器时在将开孔器安装到手枪钻上时一定要反复检测配件和主体是否都安装牢固,安装不紧固的开孔器在使用时会有飞出的危险;开孔过程中要注意降温,开孔降温一般都会有常用的降温剂。由于本任务的特殊性,不能使用易燃易爆溶剂以及不能过多用水,因此当开孔数量较多时可以采用局部喷雾降温,以达到避免烫伤和延长开孔器寿命的作用。

(1)开孔图样分析

控制配电箱开孔图分析见表 1-20。

表 1-20　控制配电箱开孔图分析

安装说明	安装图示
右图是控制配电箱开孔图的另外一种表达形式,与图 1-13 不同的是,右图除明确标出了孔径的大小外还明确标注了孔的安装尺寸和间距,而在图 1-13 中,这些信息都是需要自己去确定的。因此在进行开孔加工之前一定要熟读图样,找到相应的开孔信息之后才能加工	100　ϕ20　100　ϕ20　ϕ20　100　ϕ16　100　100　100　ϕ20

(2)开孔器分析

开孔器分析见表 1-21。

表 1-21　开孔器分析

安装说明	安装图示
右图是一个高速钢合金开孔器的四步组装流程,这个流程是从开孔器使用说明书上截取下来的,一般新购买的开孔器是散件,需要自己去组装。同时配置的说明书体现出可以切割的材料、切割材料的厚度范围以及是否是可以热加工等	(a)拧入螺钉　(b)凹槽和孔对齐后同方向插入 (c)拧紧螺钉　(d)插入手电钻或者台钻中即可工作

三、任务实施

1. 技术资料准备

阅读并熟悉安装图样,标记相应尺寸。

2. 材料、器件配置

根据图 1-13 选择材料、器件类型,填写表 1-22。

表 1-22　500×400 型控制配电箱加工和敷设材料清单表

序号	材料、器件名称	型　号	数　量	备　注
1				
2				
3				
4				
5				
6				
7				
8				
9				

3. 配电箱开孔加工

(1)计算配电箱开孔尺寸(以孔 1 为例)

从图 1-13 中可以看到孔的类型有两种,ϕ16 型和 ϕ20 型,其中孔 1 的大小为 ϕ20 型,因此选用 ϕ20 型开孔器。图样上每个网格大小为 100 mm×100 mm,根据网格图样的尺寸可以计算出孔 1 的定位尺寸是距离上边缘 100 mm,距离左边缘 200 mm。图样上其他孔位的尺寸可以用同样的方式计算。

(2)配电箱开孔流程(以孔 1 为例)

配电箱孔 1 的开孔流程如图 1-14 所示,开孔过程中切记要注意不可以为了追求快速切割而忽略安全问题。用同样的方式可以对其他孔位进行加工。

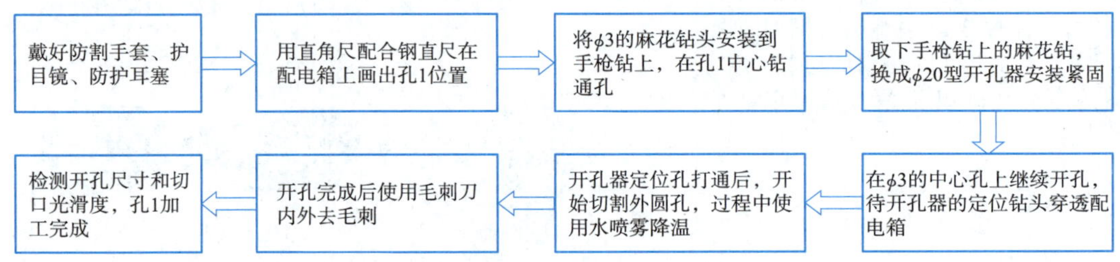

图 1-14　配电箱孔 1 的开孔流程

4. 配电箱安装流程(以配电箱 A1 为例)

配电箱 A1 的安装流程如图 1-15 所示,其他型号的配电箱可以用同样的方式安装。

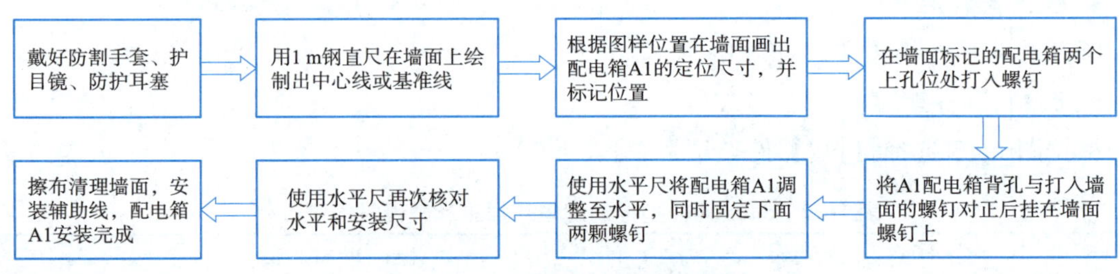

图 1-15　配电箱 A1 的安装流程

5. 清洁整理

①清理工作台,将所有工具清理完成后摆放到相应位置。

②检查配电箱和墙面外观,清理画线标记和残留废屑。

③打扫工位地面卫生。

四、任务评价与总结

1. 考核评价表

完成上述任务学习之后,可按照表 1-23 中的内容进行学习评价。

表 1-23　考核评价表

评价项目	评价内容	评价标准	评价方法		
			自我评价	小组评价	教师评价
职业素养(30分)	安全意识、责任意识	①作风严谨,自觉遵章守纪,出色完成任务(10分)。 ②能够遵守规章制度,较好地完成任务(7分)。 ③遵守规章制度,但未完成任务或虽完成任务但忽视规章制度(5分)。 ④不遵守规章制度,未完成任务(0分)			
	学习态度	①积极参与教学活动,全勤(10分)。 ②缺勤达本任务总学时的10%(8分)。 ③缺勤达本任务总学时的20%(6分)。 ④缺勤达本任务总学时的30%(4分)			
	团队合作意识	①与同学协作融洽、团队合作意识强(10分)。 ②与同学能沟通、协同工作能力较强(8分)。 ③与同学能沟通、协同工作能力一般(6分)。 ④与同学沟通困难、协同工作能力较差(4分)			
专业能力(70分)	产品外观	产品外观良好无褶皱和物理损伤(10分)			
	弯曲半径	弯曲半径符合图样要求(10分)			
	毛刺	加工完成后,所有边角无毛刺(10分)			
	安装尺寸	能按图样正确安装,误差小于1 mm(15分)			
	水平垂直	线管安装满足工艺,水平误差小于1 mm(15分)			
	创新能力	学习过程中,提出创新性、可行性的建议(10分)			
总评					

2. 任务总结

总结在配电箱开孔和配电箱安装实训过程中遇到的问题以及解决问题的方案,交流心得体会。

任务6　白炽灯照明线路的安装

一、任务描述

在 SX-WSC18 电气装置实训系统中的室内照明线路的安装与调试平台上，现要完成白炽灯照明线路的敷设和安装，根据图 1-16 和图 1-17 完成材料的加工和安装。

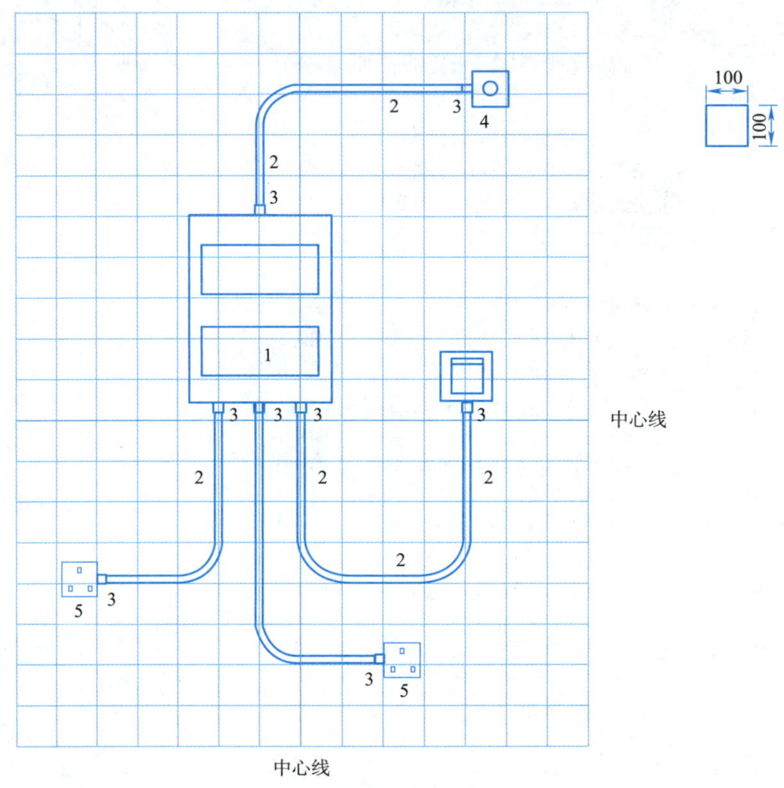

图 1-16　白炽灯照明线路敷设图

1—350 mm×460 mm 控制配电箱；2—20 型 PVC 管；3—20 型 PVC 管杯疏；
4—白炽灯；5—插座；6—单联开关

二、任务准备

1. 工具的准备

1 m 钢直尺、直角尺、钢卷尺、水平尺、记号笔、手电钻、十字螺丝刀头、ϕ20 型弯簧、去毛刺刀、剥线钳、压线钳、手动一字螺丝刀、穿线器、万用表等。

2. 安装资料准备

图 1-16 中所有的器件都有图例指示安装器件的类型和明确安装位置。图 1-17 详细介绍

了电路的走向和控制要求。其中空气开关1(QF1)为总开关,控制整个照明线路的电源。空气开关2(QF2)和空气开关3(QF3)控制两个插座;空气开关4(QF4)控制照明线路电源,单联开关控制白炽灯通断。

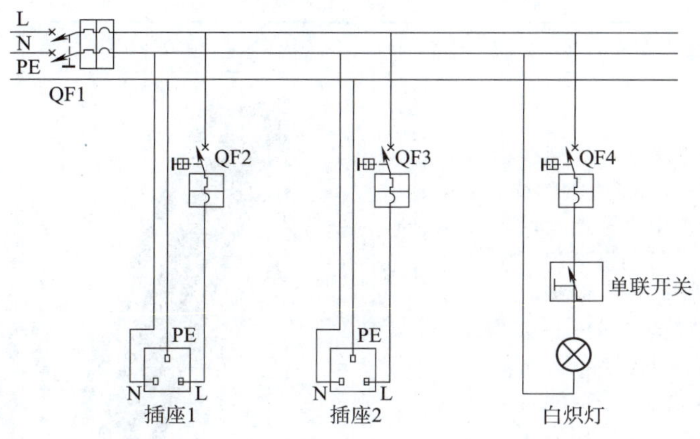

图 1-17　白炽灯照明线路原理图

3. 电线型号和穿线器分析

(1)电线型号分析

常用电线型号分析见表1-24。

表 1-24　常用电线型号分析

<table>
<tr><th>安装说明</th><th colspan="2">导线规格介绍</th></tr>
<tr><td rowspan="4">右侧所示是电线型号的符号和名称,其中字母代表的含义如下:
B(B):第一个字母表示布线,第二个字母表示玻璃丝编制。
V(V):第一个字母表示聚乙烯(塑料)绝缘,第二个字母表示聚乙烯护套。
L(L):代表铝线,无L则代表铜线。
F(F):代表复合型。
R:代表软线。
S:代表双绞线。
X:代表绝缘橡胶。
电线型号除材质外还有额定电压、横截面积等参数。常用的横截面积有1 mm²、1.5 mm²、2.5 mm²、4 mm² 等几种型号,此处只列举部分,全面型号可查询国际电线型号表</td><td>型　号</td><td>用　途</td></tr>
<tr><td>BX(BLX)
BXF(BLXF)
BXR</td><td>适应交流500 V及以下或直流1 000 V及以下的电气设备及照明装置之用</td></tr>
<tr><td>BV(BLV)
BVV(BLVV)
BVVB(BLVVB)
BVR
BV-105</td><td>适用于各种交流、直流电器装置,电工仪表、仪器,电信设备、动力及照明线路固定敷设之用</td></tr>
<tr><td>RV
RVB
EVS
RV-105
RXS
RX</td><td>适用于各种交流、直流电器、电工仪表、家用电器、小型电动工具、动力及照明装置的连接</td></tr>
</table>

（2）穿线器分析

穿线器的结构和使用分析见表 1-25。

表 1-25　穿线器的结构和使用分析

安装说明	安装图示
右图是一个穿线器的结构图，穿线器由金属弹头 1、弹簧弯头 2、多股钢丝线 3 三个部分组成。穿线器用于管道迂回较多、较复杂的场合，使用时先将带弹簧弯头的一头穿过管道或槽路，待弹簧弯头露出后把要穿的电线绑扎在另外一个金属头上，从弹簧弯头侧将电线牵引出，如果一次性放的线根数较多，可以配合束线器一同加工。束线器具体使用方法可查阅相关资料	1 3 2

三、任务实施

1. 技术资料准备

阅读并熟悉安装图样，标记相应尺寸。

2. 材料、器件配置

根据图 1-16 选择材料、器件类型，填写表 1-26。

表 1-26　白炽灯照明线路敷设图材料、器件清单表

序号	材料、器件名称	型　　号	数　　量	备　　注
1				
2				
3				
4				
5				
6				
7				
8				

3. 白炽灯照明线路安装

(1)尺寸计算

如图 1-16 所示,所敷设的材料是 20 型 PVC 管,图中网格每格单位为 100 mm×100 mm,其中直线部分为 26 格,曲线部分 5 个弯头,则直线部分总长度为 2 600 mm,曲线部分按 5 倍管径弯曲则为 $L=1.57R$,即一个弯头长度为 157 mm,弯曲部分总长度为 785 mm。因此线管总长度为 3 358 mm。根据图 1-17 同样可以计算出电线长度,其中配电箱和末端器件的预留线是器件周长的一半,则电线总长度为 3 935 mm。同样的方式可以计算其他项目电线长度和材料的用量。

(2)白炽灯照明线路敷设流程

白炽灯照明线路敷设流程如图 1-18 所示。需要注意的是敷设流程并不是固定唯一的。以上敷设流程仅用于参考,实际操作过程在满足工艺要求的情况下可以稍加调整。

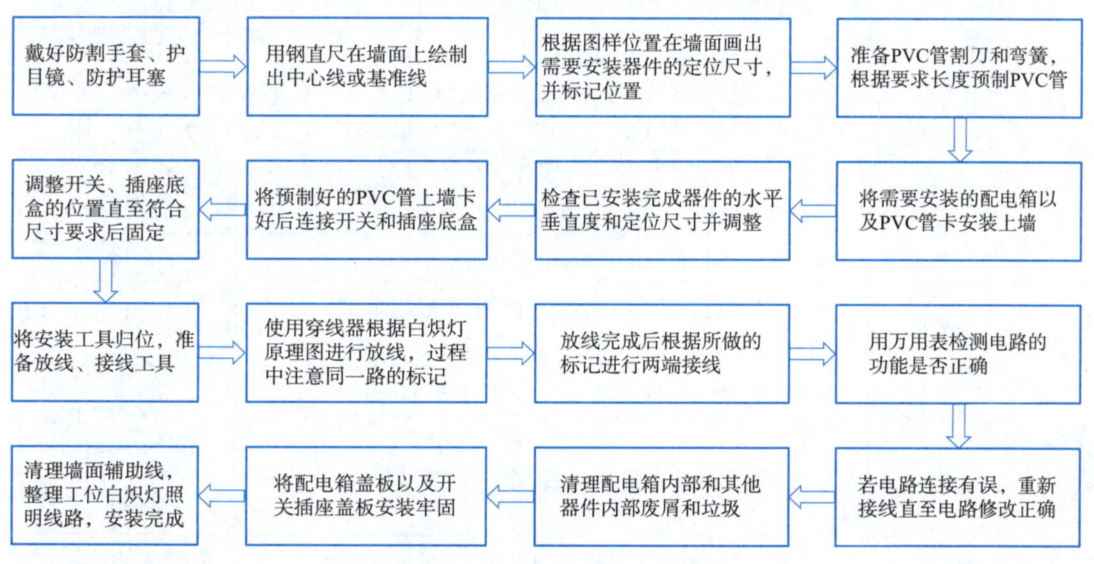

图 1-18 白炽灯照明线路敷设流程

4. 清洁整理

①清理工作台,将所有工具清理完成后摆放到相应位置。

②检查配电箱和墙面外观,清理画线标记和残留废屑。

③打扫工位地面卫生。

四、任务评价与总结

1. 考核评价表

完成上述任务学习之后,可按照表 1-27 中的内容进行学习评价。

表 1-27　考核评价表

<table>
<tr><th rowspan="2">评价项目</th><th rowspan="2">评价内容</th><th rowspan="2">评价标准</th><th colspan="3">评价方法</th></tr>
<tr><th>自我评价</th><th>小组评价</th><th>教师评价</th></tr>
<tr><td rowspan="3">职业素养
(30 分)</td><td>安全意识、责任意识</td><td>①作风严谨,自觉遵章守纪,出色完成任务(10 分)。
②能够遵守规章制度,较好地完成任务(7 分)。
③遵守规章制度,但未完成任务或虽完成任务但忽视规章制度(5 分)。
④不遵守规章制度,未完成任务(0 分)</td><td></td><td></td><td></td></tr>
<tr><td>学习态度</td><td>①积极参与教学活动,全勤(10 分)。
②缺勤达本任务总学时的 10%(8 分)。
③缺勤达本任务总学时的 20%(6 分)。
④缺勤达本任务总学时的 30%(4 分)</td><td></td><td></td><td></td></tr>
<tr><td>团队合作意识</td><td>①与同学协作融洽、团队合作意识强(10 分)。
②与同学能沟通、协同工作能力较强(8 分)。
③与同学能沟通、协同工作能力一般(6 分)。
④与同学沟通困难、协同工作能力较差(4 分)</td><td></td><td></td><td></td></tr>
<tr><td rowspan="8">专业能力
(70 分)</td><td>产品外观</td><td>产品外观良好无褶皱和物理损伤(5 分)</td><td></td><td></td><td></td></tr>
<tr><td>弯曲半径</td><td>线管弯曲半径符合图样要求(5 分)</td><td></td><td></td><td></td></tr>
<tr><td>毛刺</td><td>加工完成后,所有边角和器件边缘无毛刺(5 分)</td><td></td><td></td><td></td></tr>
<tr><td>安装尺寸</td><td>所有器件能按图样正确安装,误差小于 1 mm(10 分)</td><td></td><td></td><td></td></tr>
<tr><td>水平垂直</td><td>线管和器件安装满足工艺,水平误差小于 1mm(10 分)</td><td></td><td></td><td></td></tr>
<tr><td>接线工艺</td><td>电线接头牢固,无绝缘损坏和露铜(10 分)</td><td></td><td></td><td></td></tr>
<tr><td>线路功能</td><td>线路功能正确,符合图样要求(15 分)</td><td></td><td></td><td></td></tr>
<tr><td>创新能力</td><td>学习过程中,提出创新性、可行性的建议(10 分)</td><td></td><td></td><td></td></tr>
<tr><td colspan="3">总评</td><td></td><td></td><td></td></tr>
</table>

2. 任务总结

总结在白炽灯照明线路加工敷设实训过程中遇到的问题以及解决问题的方案,交流心得体会。

任务7　照明线路的检测与调试

一、任务描述

在 SX-WSC18 电气装置实训系统中的室内照明线路的安装与调试平台上，现已经完成白炽灯照明线路的敷设和安装，请根据图 1-16 和图 1-17 完成电路的检测与调试。

二、任务准备

1. 工具的准备

手电钻、十字螺丝刀头、剥线钳、压线钳、手动一字螺丝刀、万用表等。

2. 测试报告分析和万用表使用

(1)测试报告分析

表 1-28 是白炽灯照明线路安装的测试报告，测试内容主要有以下几点：

①设备外观。设备外观是否有损坏，是否存在不可靠连接，如未进入线槽的电线等，若存在设备外观问题则测试不通过。

②接地连续性电阻。接地连续性电阻主要检测所有设备的接地是否独立且符合规范，如果设备虚接地则接地连续性电阻会变大或直接无穷大，接线连续性电阻不得大于 0.5 Ω，若大于则测试不通过。

③绝缘电阻。绝缘电阻测试用于测试系统中不同组件的绝缘电阻，测试时需要使用兆欧表或带绝缘测试功能的万用表。绝缘电阻测试的阻值应不小于 0.5 MΩ。若小于则说明系统漏电，测试不通过。

表 1-28　白炽灯照明线路安装的测试报告

模块名称	白炽灯照明线路安装		工位号	
项目	第一次	第二次	第三次	
绝缘电阻				
接地连续性电阻				
设备外观	完好□　不完好 □	完好 □　不完好 □	完好 □　不完好 □	
第一次尝试	日期、时间	裁判 1(签名)	裁判 2(签名)	选手(签名)
第二次尝试	日期、时间	裁判 1(签名)	裁判 2(签名)	选手(签名)

续表

模块名称	白炽灯照明线路安装		工位号	
第三次尝试	日期、时间	裁判1(签名)	裁判2(签名)	选手(签名)

(2)万用表使用介绍

表1-29提供了一种型号万用表功能介绍,其他品牌万用表使用方法类似。

表1-29 万用表功能介绍

万用表功能介绍	万用表外形图
右图为胜利牌万用表。 ①LCD液晶显示屏:用于显示当前测量值的类型和大小。 ②功能切换:用于改变测量功能、量程及控制开关机。 ③通断指示灯:通断检测报警用。 ④20 A电流测试:20 A电流测试插孔。 ⑤mA电流测试:电容、温度、测试附件"-"极及小于200 mA电流测试插座。 ⑥公共端:电容、温度、测试附件"+"极插孔及公共地。 ⑦电压电阻测量:电压、电阻、二极管"+"极插孔。 ⑧背光开关:打开或者关闭显示屏背光	VICTOR 胜利仪器 LCD液晶显示屏 背光开关 通断指示灯 功能切换 20 A电流测试 电压电阻测量 mA电流测试 公共端

这里介绍使用万用表进行直流电压和交流电压测量,更多操作可参考万用表使用说明书。

①直流电压测量:将黑表笔插入COM插孔,红表笔插入V/Ω插孔;然后将量程开关转至相应的DCV量程上,将测试表笔跨接在被测电路上,红表笔所接的该点电压与极性显示在屏幕上。

②交流电压测量:将黑表笔插入COM插孔,红表笔插入V/Ω插孔;然后将量程开关转至相应的ACV量程上,将测试表笔跨接在被测电路上。

使用过程中,需要注意如下几点:

①如果事先对被测电压范围没有概念,应将量程开关转到最高挡位,然后根据显示值转至相应挡位上。

②如屏幕显示"1",表明已超过量程范围,须将量程开关转至较高挡位上。

③不允许测量超过万用表量程的电压或者电流值。

三、任务实施

1. 电路检测

根据图 1-16 和图 1-17 对电路进行检测。

2. 撰写测试报告

根据图 1-16 和图 1-17 进行电路检测并填写表 1-28。

3. 白炽灯照明线路测试

(1)设备外观

检查系统内所有设备外观是否有破坏性损坏;检查穿过线管、线槽的电线是否有外露,是否不经过线管或线槽直接敷设;检查线槽盖板是否盖好;检查系统内器件安装是否有明显存在安全隐患的虚装、虚挂。

(2)接地连续性检测流程

接地连续性检测流程如图 1-19 所示。实际测量中未通电的设备可以不用戴绝缘手套,但是安全起见,建议任何检测性的操作都要做好防护措施。

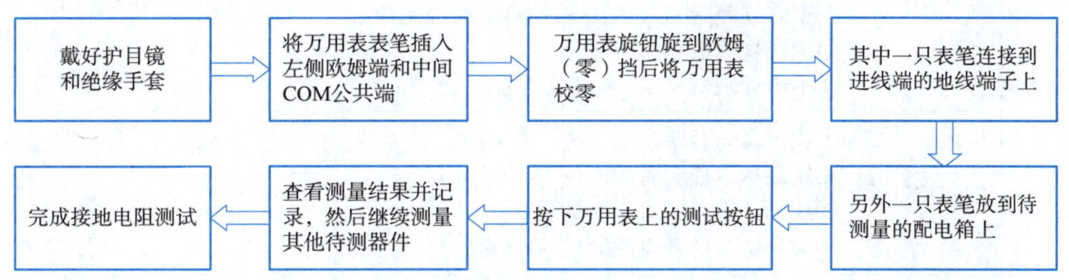

图 1-19　白炽灯照明线路接地连续性检测流程

(3)绝缘电阻检测流程

绝缘电阻检测流程如图 1-20 所示。测量过程中一定要保证表笔与被检测线路的接触良好,如测量过程中出现测量数据闪烁不定的情况,有两种可能:一种是万用表表笔接触不良,另外一种是万用表表笔和端子没有稳定接触。

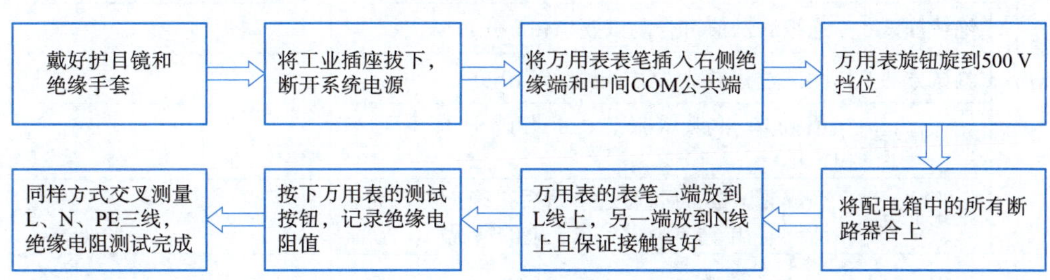

图 1-20　白炽灯照明线路绝缘电阻检测流程

(4)申请系统上电

①清理工作台,将所有工具清理完成后摆放到相应位置。

②根据测试报告内容完成所有检测后再次检查测试报告测试值有无错漏。

③向裁判或指导教师申请上电,同意后方可上电。

四、任务评价与总结

1. 考核评价表

完成上述任务学习之后,可按照表1-30中的内容进行学习评价。

表1-30 考核评价表

评价项目	评价内容	评价标准	评价方法		
			自我评价	小组评价	教师评价
职业素养(30分)	安全意识、责任意识	①作风严谨,自觉遵章守纪,出色完成任务(10分)。 ②能够遵守规章制度,较好地完成任务(7分)。 ③遵守规章制度,但未完成任务或虽完成任务但忽视规章制度(5分)。 ④不遵守规章制度,未完成任务(0分)			
	学习态度	①积极参与教学活动,全勤(10分)。 ②缺勤达本任务总学时的10%(8分)。 ③缺勤达本任务总学时的20%(6分)。 ④缺勤达本任务总学时的30%(4分)			
	团队合作意识	①与同学协作融洽、团队合作意识强(10分)。 ②与同学能沟通、协同工作能力较强(8分)。 ③与同学能沟通、协同工作能力一般(6分)。 ④与同学沟通困难、协同工作能力较差(4分)			
专业能力(70分)	安全防护	在进行存在安全隐患的测试时是否佩戴相关防护用具(10分)			
	接地测试	接地连续性测试值符合测试要求(10分)			
	绝缘测试	绝缘测试值符合测试要求(15分)			
	测试方法	测试过程规范,无违规操作(10分)			
	测试报告	正确填写测试报告,且测试值真实有效(15分)			
	系统上电	完成测试报告后,通过申请后正确上电。无未申请上电、申请不通过私自上电的情况(10分)			
总评					

2. 任务总结

总结在白炽灯照明线路检测实训过程中遇到的问题以及解决问题的方案，交流心得体会。

任务8　荧光灯照明线路的安装

一、任务描述

在SX-WSC18电气装置实训系统中的室内照明线路的安装与调试平台上，现要完成荧光灯照明线路的敷设和安装，请根据图1-21和图1-22完成材料的加工和安装。

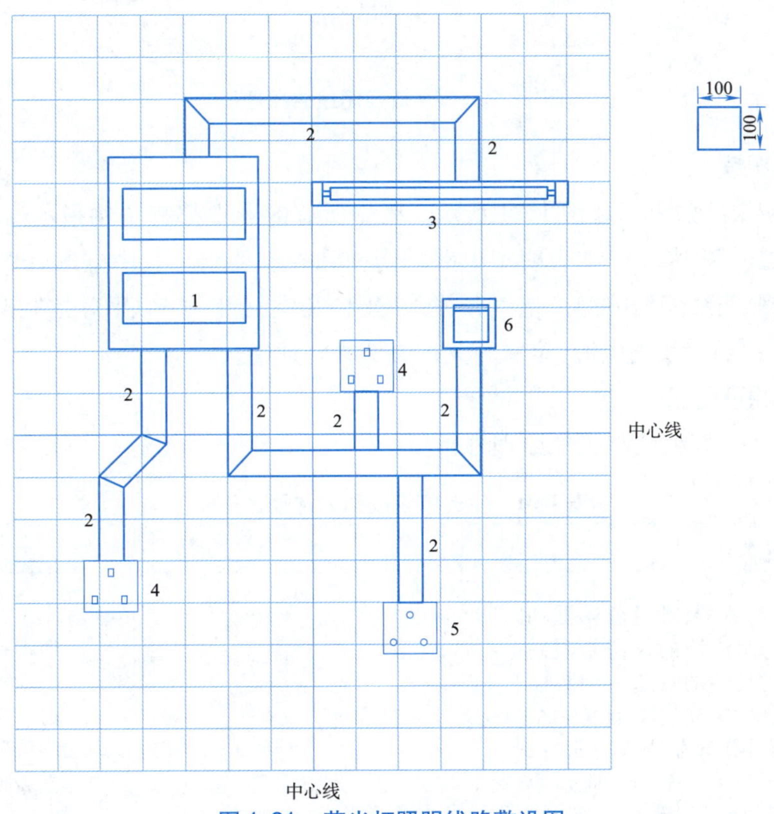

图1-21　荧光灯照明线路敷设图

1—350 mm×460 mm控制配电箱；2—40×20 PVC线槽；3—荧光灯；4—插座；5—工业插座；6—单联开关

二、任务准备

1. 工具的准备

1 m钢直尺、直角尺、钢卷尺、水平尺、记号笔、手电钻、十字螺丝刀头、橡胶锤、去毛刺刀、剥线钳、压线钳、手动一字螺丝刀、万用表等。

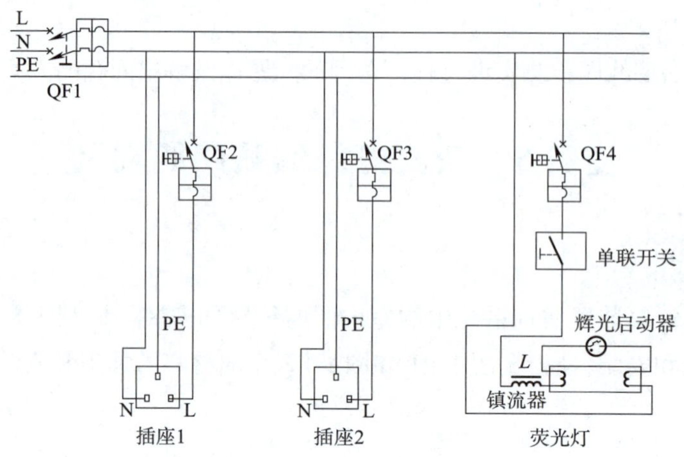

图 1-22　荧光灯照明线路原理图

2. 图样的识读

荧光灯照明线路敷设图如图 1-21 所示。图中所有的器件都有图例指示安装器件的类型和明确安装位置。图 1-22 详细表明了电路的走向和控制要求。其中空气开关 1(QF1)为总开关,控制整个照明线路的电源。空气开关 2(QF2)和空气开关 3(QF3)控制两个插座;空气开关 4(QF4)控制照明线路电源,单联开关控制荧光灯通断。

3. 荧光灯原理分析

表 1-31 为荧光灯组成和工作原理分析。

表 1-31　荧光灯组成和工作原理分析

安装说明	安装图示
荧光灯主要由镇流器、辉光启动器和灯管组成。其中,镇流器的作用是限制灯管的电流,产生足够的自感电动势使灯管容易放电起燃;辉光启动器是一个小型的辉光管,在小玻璃管内充有氖气,并装有两个电极,其中一个用膨胀系数不同的两种金属组成,俗称双金属片。荧光灯在工作时接通开关后,电压先使辉光启动器里辉光放电,双金属片发热接通电路,灯丝加热并发射电子,辉光启动器放电停止,双金属片冷却缩回。 金属片分开镇流器产生高自感电动势,与 AC 220 V 电压叠加在灯管两端使水蒸气导电发出紫外线,涂在灯管内壁的荧光粉发出接近日光的光线	辉光启动器 S L 开关 镇流器 灯管 AC 220 V

三、任务实施

1. 技术资料准备

阅读并熟悉安装图样，标记相应尺寸。

2. 材料、器件配置

根据图 1-22 选择材料、器件类型，填写表 1-32。

表 1-32　荧光灯照明线路敷设图材料、器件清单表

序号	材料、器件名称	型　号	数　量	备　注
1				
2				
3				
4				
5				
6				
7				
8				

3. 荧光灯照明线路安装

(1)尺寸计算

如图 1-22 所示，所敷设的材料是 40×20 型 PVC 线槽，图中网格每格单位为 100 mm×100 mm，通过网格数量可以计算线槽长度。

(2)荧光灯照明线路敷设流程

荧光灯照明线路敷设流程如图 1-23 所示。需要注意的是敷设流程并不是固定唯一的。以上敷设流程仅用于参考，实际操作过程在满足工艺要求的情况下可以稍加调整。

4. 清洁整理

①清理工作台，将所有工具清理完成后摆放到相应位置。

②检查配电箱和墙面外观，清理画线标记和残留废屑。

③打扫工位地面卫生。

四、任务评价与总结

1. 考核评价表

完成上述任务学习之后，可按照表 1-33 中的内容进行学习评价。

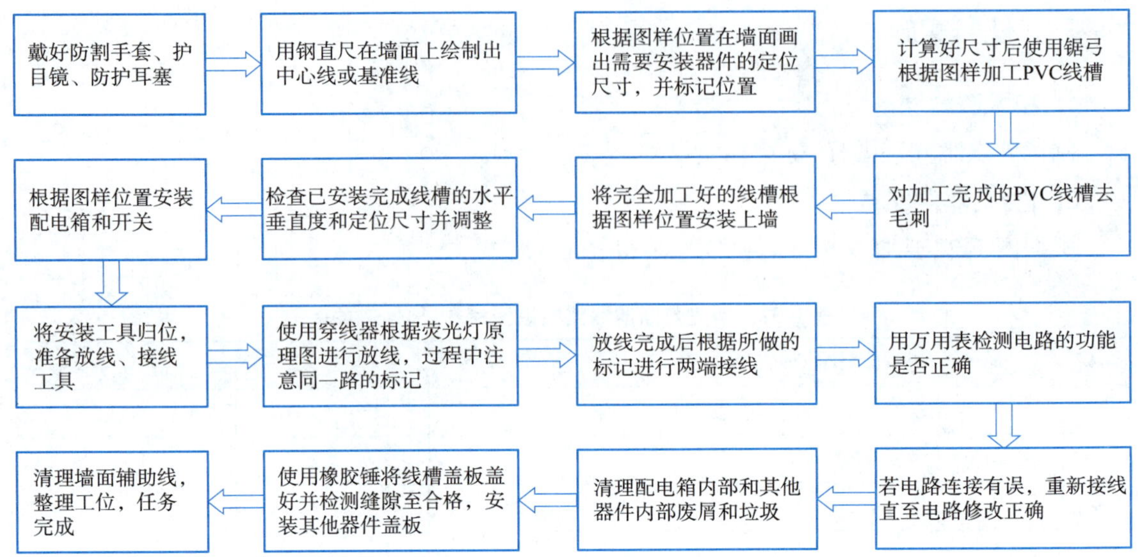

图 1-23　荧光灯照明线路敷设流程

表 1-33　考核评价表

评价项目	评价内容	评价标准	评价方法		
			自我评价	小组评价	教师评价
职业素养（30 分）	安全意识、责任意识	①作风严谨，自觉遵章守纪，出色完成任务（10 分）。 ②能够遵守规章制度，较好地完成任务（7 分）。 ③遵守规章制度，但未完成任务或虽完成任务但忽视规章制度（5 分）。 ④不遵守规章制度，未完成任务（0 分）			
	学习态度	①积极参与教学活动，全勤（10 分）。 ②缺勤达本任务总学时的 10%（8 分）。 ③缺勤达本任务总学时的 20%（6 分）。 ④缺勤达本任务总学时的 30%（4 分）			
	团队合作意识	①与同学协作融洽、团队合作意识强（10 分）。 ②与同学能沟通、协同工作能力较强（8 分）。 ③与同学能沟通、协同工作能力一般（6 分）。 ④与同学沟通困难、协同工作能力较差（4 分）			
专业能力（70 分）	产品外观	产品外观良好无划痕和物理损伤（5 分）			
	线槽缝隙	线槽拼接缝隙符合图样要求（5 分）			
	毛刺	加工完成后，所有边角和器件边缘无毛刺（5 分）			

续表

评价项目	评价内容	评价标准	评价方法		
			自我评价	小组评价	教师评价
专业能力（70分）	安装尺寸	所有器件能按图样正确安装，误差小于1 mm（10分）			
	水平垂直	线管和器件安装满足工艺，水平误差小于1 mm（10分）			
	接线工艺	电线接头牢固，无绝缘损坏和露铜（10分）			
	线路功能	线路功能正确，符合图样要求（15分）			
	创新能力	学习过程中，提出创新性、可行性的建议（10分）			
总评					

2. 任务总结

总结在荧光灯照明线路敷设实训过程中遇到的问题以及解决问题的方案，交流心得体会。

任务9　照明线路综合实训

一、任务描述

在SX-WSC18电气装置实训系统中的室内照明线路的安装与调试平台上，现要完成综合照明线路的敷设和安装，根据附录中图A-1、图B-1完成材料的加工和安装。

二、任务准备

1. 工具的准备

锯弓、锉刀、去毛刺刀、1 m钢直尺、木工铅笔、钢卷尺、角度尺、水平尺、手锤、手电钻、$\phi3$麻花钻头、十字螺丝刀头、PVC管割刀、$\phi20$型弯簧、PVC去毛刺刀、金属管割刀、金属弯管器、金属去毛刺刀、记号笔、内六角套筒扳手、活扳手、钢筋剪切钳子、$\phi20$型开孔器、$\phi20$麻花钻头、喷壶、直角尺、剥线钳、压线钳、手动一字螺丝刀、穿线器、万用表等。

2. 图样的识读

如图A-1所示，图中所有的器件都有图例指示安装器件的类型和明确安装位置。图B-1详细介绍了电路走向和控制要求。

3. 中途制开关分析

中途制开关又称中途开关、双路换向开关。在别墅、错层等大面积房型，或一些公共场所中，可能会有1个照明电器需要在3个甚至更多位置进行通断控制。中途制开关就是为了满足这种需求而设计的。3个位置控制1个电器，需要2只双控开关加1只中途制开关；4个位置控制1个电器，需要加2只中途制开关，以此类推。表1-34给出了中途制开关电路原理图和功能说明。

表1-34　中途制开关电路原理图和功能说明

电路原理图	功能说明
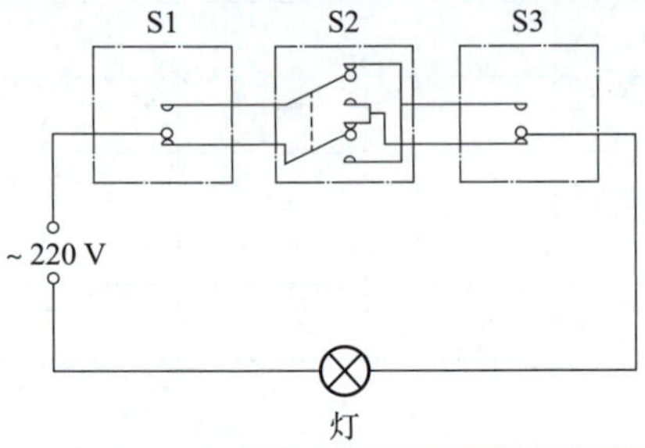 S1　S2　S3 ~220 V 灯	S1和S3为双控开关，S2为中途制开关，灯的状态为接通，任意按下3个开关其中一个开关都可以切断灯，灯关断以后任意按下其中一个开关又可以打开灯。如果需要按照固定的顺序才能打开或关闭灯，则电路是有误的

三、任务实施

1. 技术资料准备

阅读并熟悉安装图样，标记相应尺寸。

2. 材料、器件配置

根据图A-1选择材料、器件类型，填写表1-35。

表1-35　照明线路敷设图材料、器件清单表

序号	材料、器件名称	型　号	数　量	备　注
1				
2				
3				
4				
5				
6				
7				
8				
9				

3. 照明线路综合实训安装

(1)尺寸计算

如图 A-1 所示,所敷设的材料及型号多样,图中网格每格单位为 100 mm×100 mm,通过计算网格数量可以计算材料长度。

(2)照明线路综合实训敷设流程

照明线路综合实训敷设流程如图 1-24 所示。实际操作过程在满足工艺情况下可以稍加调整。

图 1-24　照明线路综合实训敷设流程

4. 清洁整理

①清理工作台,将所有工具清理完成后摆放到相应位置。

②打扫工位地面卫生。

四、任务评价与总结

1. 考核评价表

完成上述任务学习之后，可按照表1-36中的内容进行学习评价。

表1-36 考核评价表

评价项目	评价内容	评价标准	评价方法		
			自我评价	小组评价	教师评价
职业素养（30分）	安全意识、责任意识	①作风严谨，自觉遵章守纪，出色完成任务（10分）。 ②能够遵守规章制度，较好地完成任务（7分）。 ③遵守规章制度，但未完成任务或虽完成任务但忽视规章制度（5分）。 ④不遵守规章制度，未完成任务（0分）			
	学习态度	①积极参与教学活动，全勤（10分）。 ②缺勤达本任务总学时的10%（8分）。 ③缺勤达本任务总学时的20%（6分）。 ④缺勤达本任务总学时的30%（4分）			
	团队合作意识	①与同学协作融洽、团队合作意识强（10分）。 ②与同学能沟通、协同工作能力较强（8分）。 ③与同学能沟通、协同工作能力一般（6分）。 ④与同学沟通困难、协同工作能力较差（4分）			
专业能力（70分）	产品外观	产品外观良好无划痕和物理损伤（5分）			
	线槽缝隙	线槽拼接缝隙符合图样要求（5分）			
	毛刺	加工完成后，所有边角和器件边缘无毛刺（5分）			
	安装尺寸	所有器件能按图样正确安装，误差小于1 mm（10分）			
	水平垂直	线管和器件安装满足工艺，水平误差小于1 mm（10分）			
	接线工艺	电线接头牢固，无绝缘损坏和露铜（10分）			
	电路功能	电路功能正确，符合图样要求（15分）			
	创新能力	学习过程中，提出创新性、可行性的建议（10分）			
总评					

2. 任务总结

总结在照明线路综合实训过程中遇到的问题以及解决问题的方案，交流心得体会。

电气控制电路的安装与调试

项目描述

电气控制调试与维修的主要任务是在以铝合金型材、钢制网孔板和木工板组成梯形基本外框架的模拟房内进行电气控制电路的安装与调试。需要对配电箱进行开孔、电气控制电路安装与调试,LOGO控制器系统线路安装与编程等实训内容。所有线路的元件选型安装、接线、通电试车均由学生自行安装,方便学生在实训中积累方法和经验。

学习目标

①熟悉按钮和接触器的图形符号和文字符号,学会正确识别、选用、安装、使用按钮和接触器;

②掌握电力拖动线路的布线工艺,掌握按钮、交流接触器、熔断器、时间继电器的安装接线方法;

③熟悉电动机控制电路的一般安装步骤;

④能根据控制要求设计电路原理图、电气接线图和电器布置图并进行安装与调试。

任务1　三相异步电动机正转控制电路的安装与调试

一、任务描述

在SX-WSC18电气装置实训系统中的模拟房中(见图2-1),完成三相异步电动机正转控制电路安装与调试,需要进行元件的选择、控制柜布局以及按图进行接线。

二、任务准备

1. 工具的准备

万用表、一字螺丝刀、十字螺丝刀、剥线钳、斜口钳等。

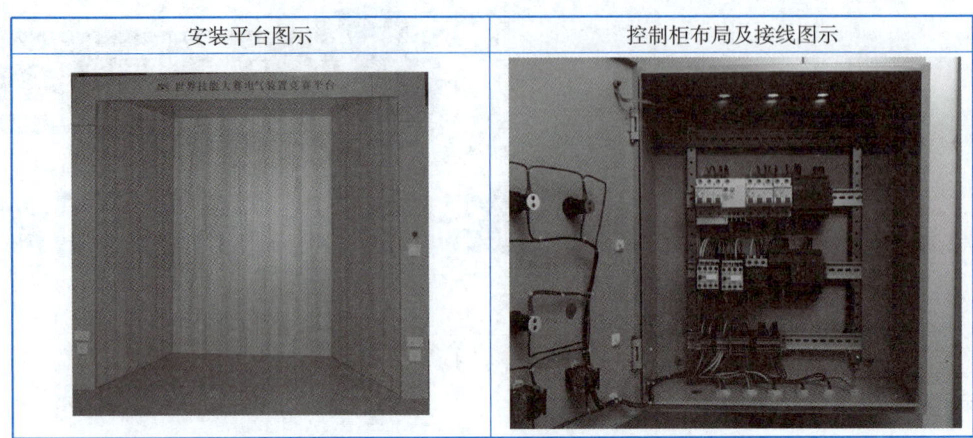

图 2-1　SX-WSC18 电气装置模拟房及控制柜实物图

2. 元器件介绍

(1)按钮开关

按钮开关的结构种类很多,可分为蘑菇头式、自锁式、自复位式、旋柄式、带指示灯式、带灯符号式及钥匙式等。按钮开关外形及图形符号如图 2-2 所示。

图 2-2　按钮开关外形及图形符号

为了标明各个按钮的作用,避免误操作,通常将按钮帽做成不同的颜色,以示区别,其颜色有红、绿、黑、黄、蓝、白等。如红色表示停止按钮,绿色表示启动按钮等。

(2)交流接触器

交流接触器是通过电磁力作用下的吸合和反作用弹簧力作用下的释放,实现电路的接通和断开控制。交流接触器外形及图形符号如图 2-3 所示。它利用主触点来开闭电路,用辅助触点来执行控制指令。交流接触器主要由 4 部分组成:

①电磁系统,包括吸引线圈、动铁芯和静铁芯;

②触点系统，包括 3 组主触点和 1 ~ 2 组常开、常闭辅助触点，它和动铁芯是连在一起互相联动的；

③灭弧装置，一般容量较大的交流接触器都设有灭弧装置，以便迅速切断电弧，免于烧坏主触点；

④绝缘外壳及附件，如各种弹簧、传动机构、短路环、接线柱等。

图 2-3　交流接触器外形及图形符号

(3)低压断路器

低压断路器是一种不仅可以接通和分断正常负荷电流和过负荷电流，还可以接通和分断短路电流的开关电器。低压断路器在电路中除起控制作用外，还具有一定的保护功能，如过负荷、短路、欠电压和漏电保护等。低压断路器外形及图形符号如图 2-4 所示。

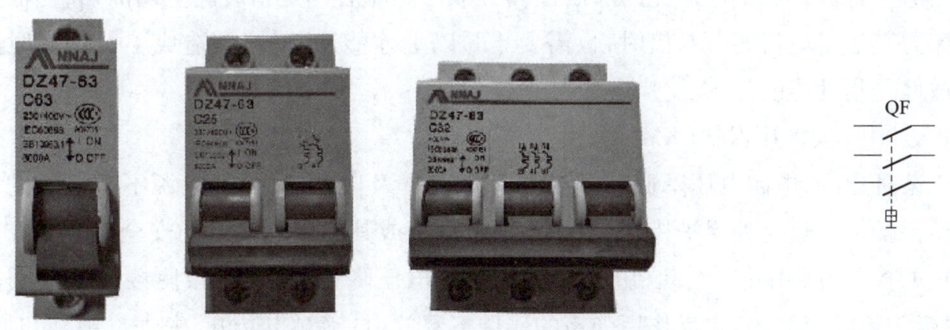

图 2-4　低压断路器外形及图形符号

(4)熔断器

熔断器是一种安装在电路中，保证电路安全运行的电气元件。熔断器其实就是一种短路保护器，广泛用于配电系统和控制系统中，主要进行短路保护或严重过载保护。熔断器外形及图形符号如图 2-5 所示。

(5)热继电器

热继电器用于电动机及电气设备的过载保护。可分为普通双金属片式热继电器和带差动式缺相保护的热继电器。热继电器外形及图形符号如图 2-6 所示。

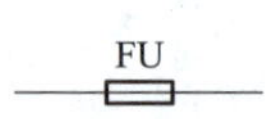

图 2-5　熔断器外形及图形符号

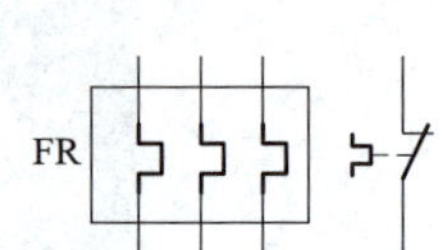

图 2-6　热继电器外形及图形符号

3. 单向运行保护环节

(1)短路保护(FU)

在电力拖动中的控制电路都具有短路保护功能,无论是主电路还是辅助电路,都串联着熔断器。而且这些熔断器也只能实现短路保护功能而不能实现过载保护和过电流保护功能。熔断器短路保护可以通过熔断器式刀开关等组合元件来实现,学习安装的各电路的主电路、辅助电路,也可直接将熔断器直接串联在电路中实现。熔断器不能实现过载保护功能有两个原因:一方面是熔断器的规格必须根据电动机起动电流的大小来适当选择;另一方面是熔断器的熔断保护特性具有不可避免的滞后性和分散性。滞后性是指时间上的滞后,当流过熔断器的电流为其额定电流的 1.6 倍时,也需要 1 h 以上才能熔断,这就造成了保护在时间上滞后。分散性是指性能的分散。

(2)欠电压、失电压保护(KM、KA)

由于某种原因,电源电压降低到额定电压的 85% 及以下时,保证电源不被接通的措施称为欠电压保护。通过这种保护措施,可以保证电动机或其他用电设备的安全使用。在具有接触器自锁的控制电路中,当电动机正常工作,电源电压降低到一定值,使接触器线圈磁通减弱,电磁吸力不足,动铁芯在反作用弹簧的作用下释放,自锁触点断开,失去自锁,同时主触点也断开,使电动机停转,从而实现欠电压保护。

运行中的用电设备或电动机,由于某种原因引起瞬时断电,当排除故障,恢复供电以后,使用电设备或电动机不能自行启动,用以保护设备和人身安全,这种保护措施称为失电压保护。带有接触器自锁的控制电路就具有这种功能。

综上所述,具有接触器自锁环节的控制电路,本身都具有失电压和欠电压保护作用。

(3)过载保护(FR)

很多生产机械,因负载过大、操作频繁等原因,致使电动机定子绕组长时间流过较大的电流,这将会引起定子绕组过热,影响电动机的使用寿命,严重时甚至能烧坏电动机。因此,在电动机的控制电路中必须加上过载保护的环节。通常是在电路中设置热继电器来实现过载保护。

在实际情况下,通常为了提高热继电器对三相不平衡过载电流保护的灵敏度,在电动机的三相负荷线上都串联上热继电器的热元件。

4. 自锁

接触器除了有3个常开的主触点外,还有若干个常开或常闭的辅助触点,它们和主触点一样,也是由衔铁的吸合与否来控制它们的开合的。这就是说,当接触器线圈得电之后,不但主触点会闭合,而且辅助常开触点也会闭合,辅助常闭触点会断开。这样就为获得自锁长动电路提供了可能性。于是在辅助电路的常开起动按钮SB2两端并联一个接触器的辅助常开触点如图2-7所示。这种依靠接触器辅助常开触点而使接触器线圈自身保持得电的现象称为自锁或自保持。在起动按钮两端并联的辅助常开触点称为自锁触点。电动机的长动控制与点动控制的最大区别就在于有无自锁,点动控制是没有自锁的。

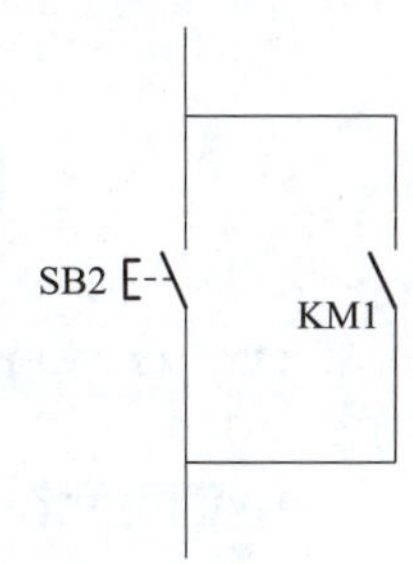

图2-7　自锁控制

5. 电气原理图

三相异步电动机连续正转控制电路原理图,如图2-8所示。

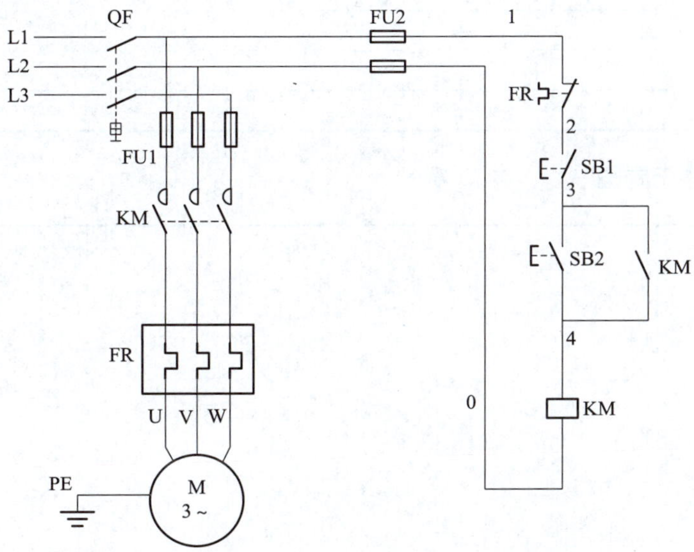

图2-8　三相异步电动机连续正转控制电路原理图

6. 工作原理

起动:合上 QF。

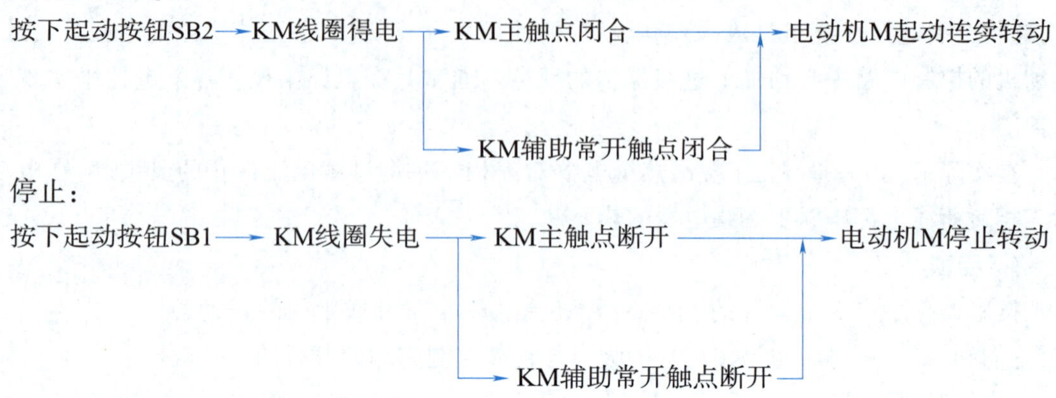

三、任务实施

1. 制定元件材料清单

将制定的元件材料清单填入表 2-1 中。

表 2-1　元件材料清单

序号	元件名称	型号	数量	备注
1				
2				
3				
4				
5				
6				
7				

2. 绘制配电箱布局图

3. 绘制接线图

4. 完成电路连接

①不要漏接接地线。严禁采用金属软管作为接地通道。

②在导线通道内敷设的导线进行接线时,必须集中思想,做到查出一根导线,立即套上编码套管,接上后再进行复验。

③在安装、调试过程中,工具、仪表的使用应符合要求。

④按钮内部接线时,不能用力过猛,以防螺钉打滑。

⑤电动机及按钮的金属外壳必须可靠接地。接至电动机导线必须穿在导线通道内加以保护,或采用坚韧的四芯橡皮或塑料护套线进行临时通电校验。

⑥带电检查和检修故障时,必须有指导教师在现场进行监护。

5. 通电试车

①通电空转试验时,应认真观察各电气元件、线路。

②通电带负载试验时, 应认真观察各电气元件、线路。

四、任务评价与总结

1. 考核评价表

完成上述任务学习之后,可按照表 2-2 中的内容进行学习评价。

表 2-2　考核评价表

评价项目	评价内容	评价标准	评价方法		
			自我评价	小组评价	教师评价
职业素养（30 分）	安全意识、责任意识	①作风严谨、自觉遵章守纪、出色完成任务(10 分)。 ②能够遵守规章制度、较好地完成任务(7 分)。 ③遵守规章制度,但未完成任务或虽完成任务但忽视规章制度(5 分)。 ④不遵守规章制度,未完成任务(0 分)			

续表

评价项目	评价内容	评价标准	评价方法		
			自我评价	小组评价	教师评价
职业素养（30 分）	学习态度	①积极参与教学活动，全勤（10 分）。 ②缺勤达本任务总学时的 10%（8 分）。 ③缺勤达本任务总学时的 20%（6 分）。 ④缺勤达本任务总学时的 30%（4 分）			
	团队合作意识	①与同学协作融洽、团队合作意识强（10 分）。 ②与同学能沟通、协同工作能力较强（8 分）。 ③与同学能沟通、协同工作能力一般（6 分）。 ④与同学沟通困难、协同工作能力较差（4 分）			
专业能力（70 分）	制定元件清单	材料、元件选取是否合理（5 分）			
	绘制配电箱布局图	布局图绘制是否合理（5 分）			
	绘制接线图	接线图绘制是否合理（5 分）			
	完成电路连接	能根据控制要求设计电路原理图并进行安装调试（30 分）			
	通电试车	通电失败，每次扣 5 分，直至扣完（15 分）			
	创新能力	学习过程中，提出创新性、可行性的建议（10 分）			
总评					

2. 任务总结

回顾总结在控制电路安装与调试过程中所遇到的问题及解决方法。

任务 2　三相异步电动机双重联锁的正反转控制电路的安装与调试

一、任务描述

在 SX-WSC18 电气装置实训系统中的模拟房中（见图 2-1），完成三相异步电动机双重联锁的正反转控制电路的安装与调试。需要进行元件的选择、控制柜布局以及按图进行接线。

二、任务准备

1. 工具的准备

万用表、一字螺丝刀、十字螺丝刀、剥线钳、斜口钳等。

2. 联锁的概念

在电动机的正反转控制电路中，若 KM1、KM2 同时得电，将会导致相间短路的严重后果。可采用联锁控制电路来避免这种相间短路故障。

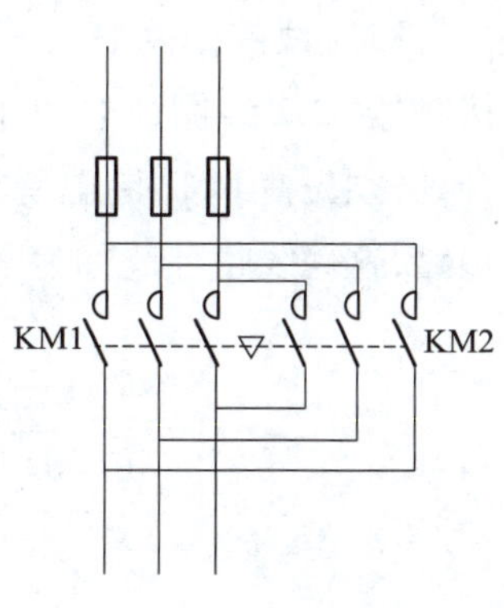

图 2-9　主电路

接触器联锁的正反转控制电路中，采用了两个接触器，即正转用的 KM1 和反转用的 KM2，如图 2-9 所示，它们分别由正转按钮 SB2 和反转按钮 SB3 控制。必须指出，接触器 KM1 和 KM2 的主触点绝不允许同时闭合，否则将造成两相电源短路事故。为了避免两个接触器 KM1 和 KM2 同时得电动作，就在正反转控制电路中分别串联了对方接触器的一对常闭触点，这样，当一个接触器得电动作时，通过其辅助常闭触点使另一个接触器不能得电动作，接触器间这种相互制约的作用称为接触器联锁，如图 2-10 所示。

按钮联锁的正反转控制电路中，虚线相连的两个按钮是指一个按钮的两组触点（常开和常闭），就是按这个按钮时两组触点同时工作，常开的一组触点在闭合的同时，常闭的一组触点变为常开。因为互锁，两个按钮在图样上出现交叉的虚线，实现联锁作用的辅助常闭触点称为联锁触点，如图 2-11 所示。

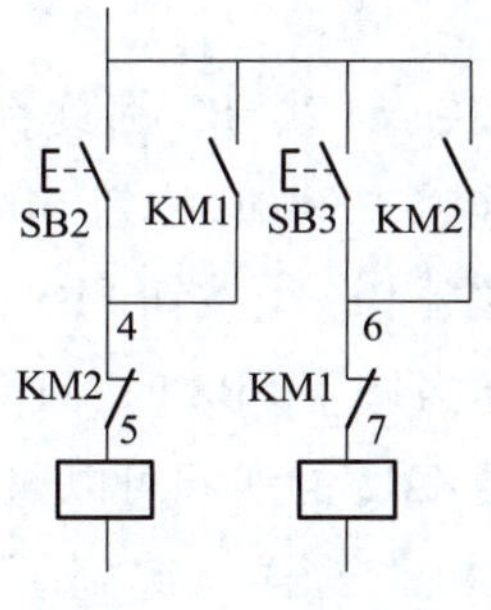

图 2-10　接触器联锁

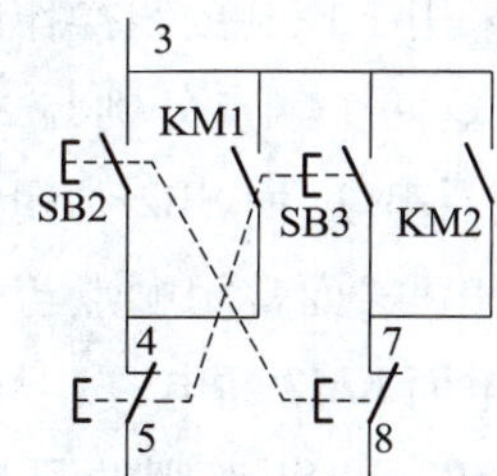

图 2-11　按钮联锁

3. 常用的电动机正反转控制电路

为了使电动机能够正转和反转，可采用两只接触器 KM1、KM2 换接电动机三相电源的相序，但两个接触器不能同时吸合，如果同时吸合将造成电源的短路事故。为了防止这种事故，在电路中应采取可靠的联锁，采用接触器联锁或按钮、接触器双重联锁的电动机正、反两方向运行的控制电路。

联锁（互锁）环节：具有禁止功能，在线路中起安全保护作用

（1）接触器联锁

KM1 线圈回路串入 KM2 的辅助常闭触点，KM2 线圈回路串入 KM1 的常闭触点。当正转接触器 KM1 线圈通电动作后，KM1 的辅助常闭触点断开 KM2 线圈回路，若使 KM1 得电吸合，必须先使 KM2 断电释放，其辅助常闭触点复位，这就防止了 KM1、KM2 同时吸合造成相间短路，这一线路环节称为联锁环节，如图 2-12 所示。

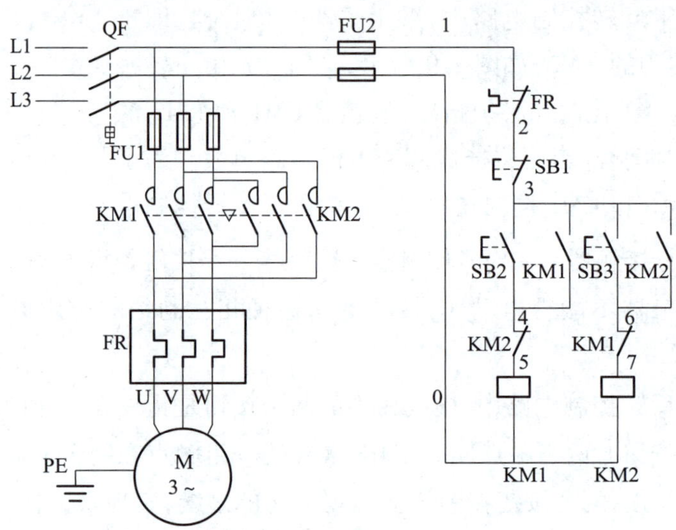

图 2-12　三相异步电动机接触器联锁正反转控制电路原理图

（2）按钮联锁

在电路中采用了控制按钮操作的正反转控制电路，按钮 SB2、SB3 都具有一对常开触点，一对常闭触点，这两个触点分别与 KM1、KM2 线圈回路连接。例如，按钮 SB2 的常开触点与接触器 KM1 线圈串联，而 SB2 常闭触点与接触器 KM2 线圈串联。按钮 SB3 的常开触点与接触器 KM2 线圈串联，而常闭触点与 KM1 线圈串联。这样当按下 SB2 时，只能有接触器 KM1 的线圈可以通电而 KM2 断电；按下 SB3 时，只能有接触器 KM2 的线圈可以通电而 KM1 断电；如果同时按下 SB2 和 SB3，则两只接触器线圈都不能通电。这样就起到了联锁的作用，如图 2-13 所示。

4. 工作原理

先合上电源开关 QF。

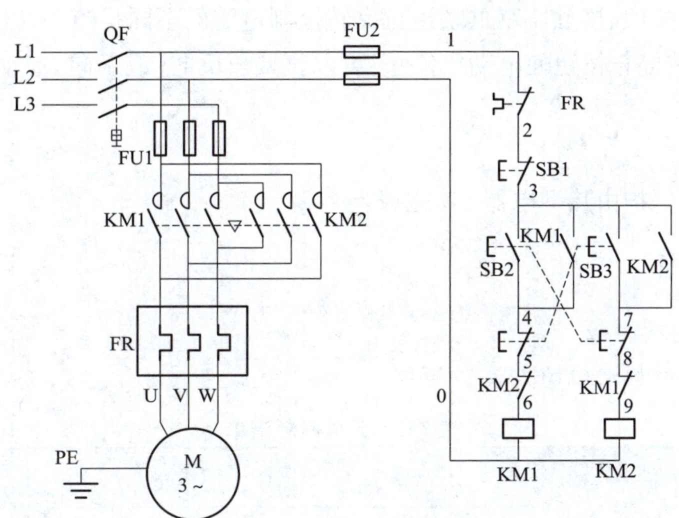

图 2-13　三相异步电动机按钮、接触器双重联锁正反转控制电路原理图

(1)正转控制

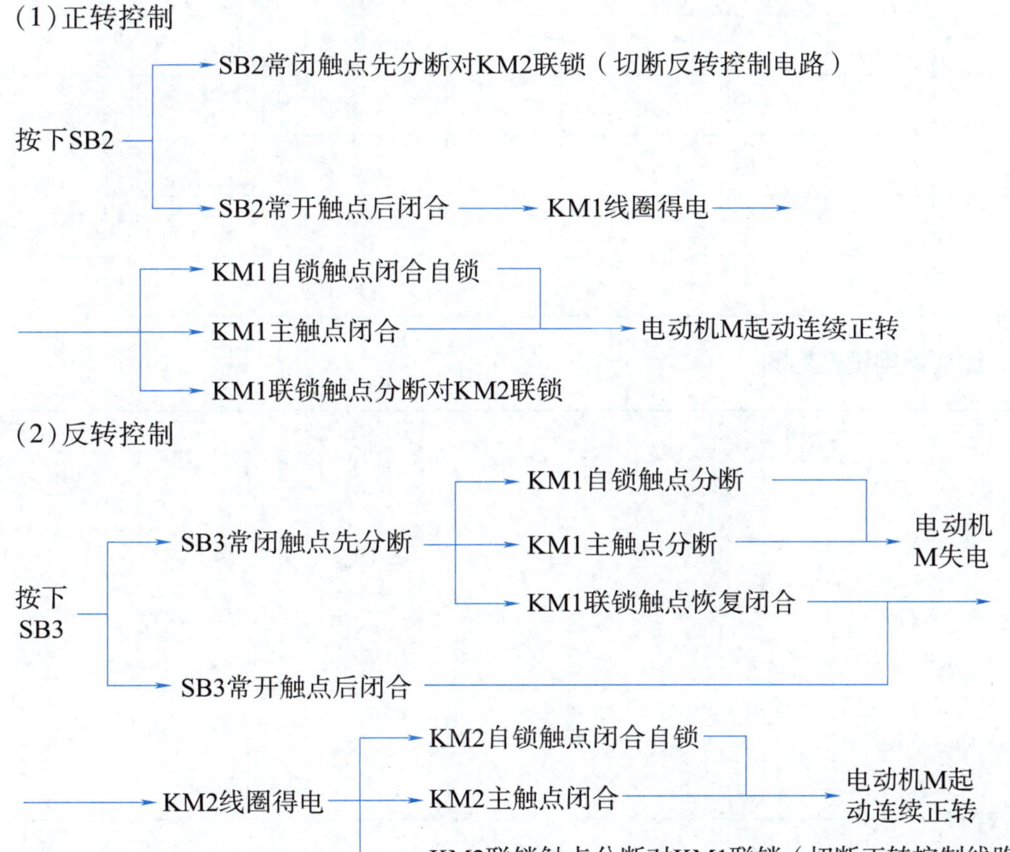

(2)反转控制

接触器联锁与按钮、接触器双重联锁正反转控制电路的不同是当电动机正向(或反向)启动运转后,不必先按停止按钮使电动机停止,可以直接按反向(或正向)起动按钮,使电动机变为反方向运行。

5. 过载保护

电动机的过载保护由热继电器 FR 完成。

三、任务实施

1. 制定元件材料清单

将制定的元件材料清单填入表 2-3 中。

表 2-3　元件材料清单

序号	元件名称	型号	数量	备注
1				
2				
3				
4				
5				
6				
7				

2. 绘制配电箱布局图

3. 绘制接线图

4. 完成电路连接

①不要漏接接地线。严禁采用金属软管作为接地通道。

②在导线通道内敷设的导线进行接线时，必须集中思想，做到查出一根导线，立即套上编码套管，接上后再进行复验。

③在安装、调试过程中，工具、仪表的使用应符合要求。

④按钮内部接线时，不能用力过猛，以防螺钉打滑。

⑤电动机及按钮的金属外壳必须可靠接地。接至电动机导线必须穿在导线通道内加以保护，或采用坚韧的四芯橡皮或塑料护套线进行临时通电校验。

⑥带电检查和检修故障时，必须有指导教师在现场监护。

5. 通电试车

①通电空转试验时，应认真观察各电气元件、线路。

②通电带负载试验时，应认真观察各电气元件、线路。

四、任务评价与总结

1. 考核评价表

完成上述任务学习之后，可按照表2-4中的内容进行学习评价。

表2-4　考核评价表

评价项目	评价内容	评价标准	评价方法		
			自我评价	小组评价	教师评价
职业素养（30分）	安全意识、责任意识	①作风严谨、自觉遵章守纪、出色完成任务（10分）。 ②能够遵守规章制度、较好地完成任务（7分）。 ③遵守规章制度，但未完成任务或虽完成任务但忽视规章制度（5分）。 ④不遵守规章制度，未完成任务（0分）			

续表

评价项目	评价内容	评价标准	评价方法		
			自我评价	小组评价	教师评价
职业素养（30分）	学习态度	①积极参与教学活动，全勤（10分）。 ②缺勤达本任务总学时的10%（8分）。 ③缺勤达本任务总学时的20%（6分）。 ④缺勤达本任务总学时的30%（4分）			
	团队合作意识	①与同学协作融洽、团队合作意识强（10分）。 ②与同学能沟通、协同工作能力较强（8分）。 ③与同学能沟通、协同工作能力一般（6分）。 ④与同学沟通困难、协同工作能力较差（4分）			
专业能力（70分）	制定元件清单	材料、元件选取是否合理（5分）			
	绘制配电箱布局图	布局图绘制是否合理（5分）			
	绘制接线图	接线图绘制是否合理（5分）			
	完成电路连接	能根据控制要求设计电路原理图并进行安装调试（30分）			
	通电试车	通电失败，每次扣5分，直至扣完（15分）			
	创新能力	学习过程中，提出创新性、可行性的建议（10分）			
总评					

2. 任务总结

回顾总结在控制电路安装与调试过程中所遇到的问题及解决方法。

任务3　三相异步电动机星-三角降压控制电路的安装与调试

一、任务描述

在SX-WSC18电气装置实训系统中的模拟房中（见图2-1），完成三相异步电动机星-三角降压控制电路的安装与调试。需要进行元件的选择、控制柜布局以及按图进行接线。

二、任务准备

1. 工具的准备

万用表、一字螺丝刀、十字螺丝刀、剥线钳、斜口钳等。

2. 电动机星形、三角形接法

三相电源的连接方式有星形和三角形两种。

(1)星形、三角形接法基本简介

把三相电源3个绕组的末端U_2、V_2、W_2连接在一起,成为一公共点O,从始端U_1、V_1、W_1引出3根相线,这种接法称为星形接法又称Y接法(见图2-14)。三相电源是由频率相同、振幅相等而相位依次相差120°的3个正弦电源以一定方式连接向外供电的系统。

三相电源的三角形接法是将各相电源或负载依次首尾相连,并将每个相连的点引出,作为三相电源的3根相线。三角形接法没有中性点,也不可引出中性线,因此只有三相三线制。添加地线后,成为三相四线制。

三角形接法的三相电源,线电压等于相电压,线电流等于相电流的$\sqrt{3}$倍。

(2)星-三角降压控制原理

电动机起动时接成星形,加在每相定子绕组上的起动电压只有三角形接法的$1/\sqrt{3}$,起动电流为三角形接法的1/3。所以这种降压起动方法只适用于轻载或空载下起动。凡是在正常运行时定子绕组作为三角形连接的异步电动机,均可采用这种降压起动方法。两种接线方法如图2-14所示。

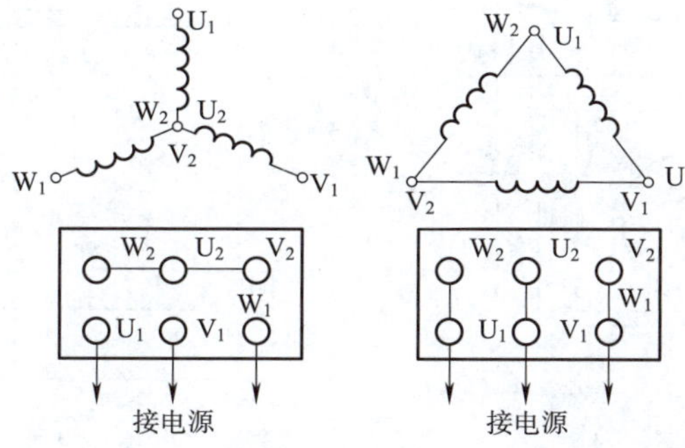

图2-14　电动机的星形与三角形接法

3. 时间继电器

时间继电器是一种利用电磁原理或机械动作原理来实现触点延时闭合或分断的自动控制电器。它从得到动作信号到触点动作有一定的延时,因此广泛应用于需要按时间顺序进行自动控制的电气线路中。时间继电器外形及图形符号如图2-15所示。

时间继电器的种类很多，常用的主要有电磁式、电动式、空气阻尼式、晶体管式等类型。按照延时方式分可分为通电延时型、断电延时型及带瞬动触点的通电延时型3类。

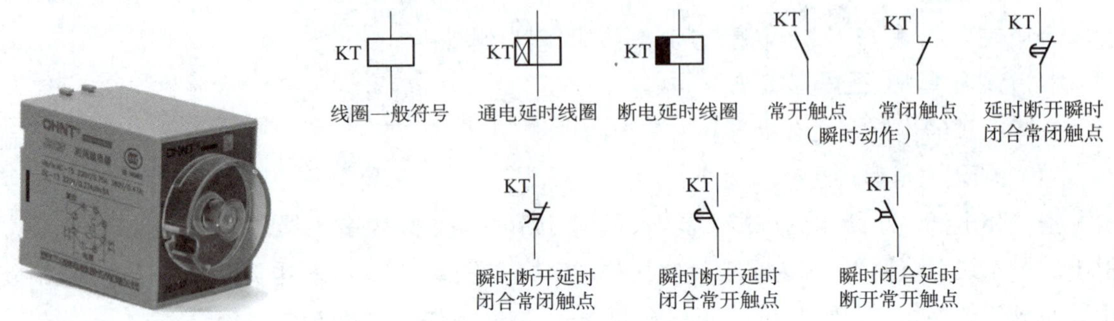

图2-15 时间继电器外形及图形符号

4. 电气原理图

三相异步电动机星-三角降压控制电路原理图，如图2-16所示。

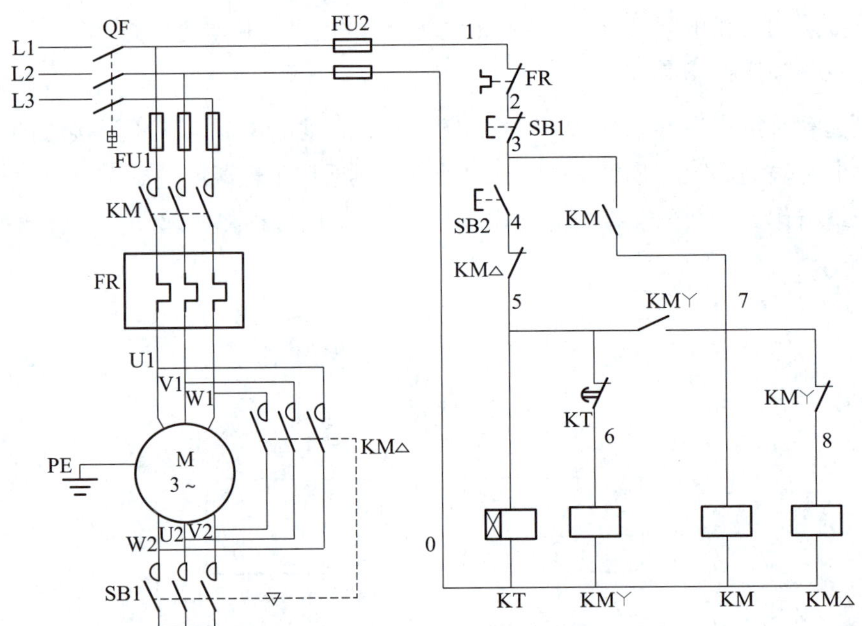

图2-16 三相异步电动机星-三角降压控制电路原理图

5. 工作原理

降压起动：

先合上电源开关QF。

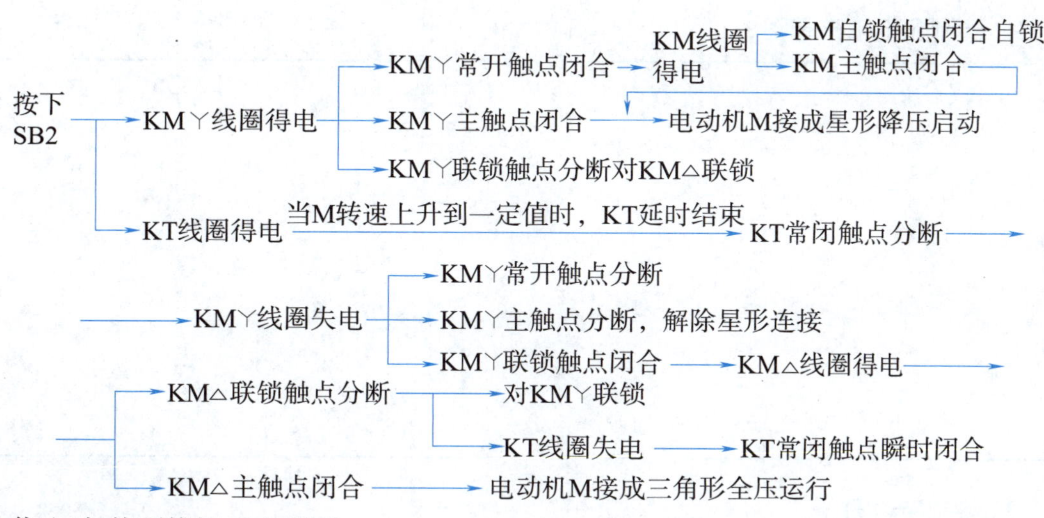

停止时,按下按钮 SB1 即可。

该控制电路中,接触器 KM丫得电以后,通过 KM丫的辅助常开触点使接触器 KM 得电动作,这样 KM丫的主触点是在无负载的条件下进行闭合的,故可延长接触器 KM丫主触点的使用寿命。

三、任务实施

1. 制定元件材料清单

将制定的元件材料清单填入表 2-5 中。

表 2-5　元件材料清单

序号	元件名称	型号	数量	备注
1				
2				
3				
4				
5				
6				
7				

2. 绘制配电箱布局图

3. 绘制接线图

4. 完成电路连接

①不要漏接接地线。严禁采用金属软管作为接地通道。

②在导线通道内敷设的导线进行接线时,必须集中思想,做到查出一根导线,立即套上编码套管,接上后再进行复验。

③在安装、调试过程中,工具、仪表的使用应符合要求。

④按钮内部接线时,不能用力过猛,以防螺钉打滑。

⑤电动机及按钮的金属外壳必须可靠接地。接至电动机导线必须穿在导线通道内加以保护,或采用坚韧的四芯橡皮或塑料护套线进行临时通电校验。

⑥带电检查和检修故障时,必须有指导教师在现场监护。

5. 通电试车

①通电空转试验时,应认真观察各电气元件、线路。

②通电带负载试验时, 应认真观察各电气元件、线路。

四、任务评价与总结

1. 考核评价表

完成上述任务学习之后,可按照表 2-6 中的内容进行学习评价。

表 2-6　考核评价表

评价项目	评价内容	评价标准	评价方法		
			自我评价	小组评价	教师评价
职业素养(30 分)	安全意识、责任意识	①作风严谨、自觉遵章守纪、出色完成任务(10 分)。 ②能够遵守规章制度、较好地完成任务(7 分)。 ③遵守规章制度,但未完成任务或虽完成任务但忽视规章制度(5 分)。 ④不遵守规章制度,未完成任务(0 分)			
	学习态度	①积极参与教学活动,全勤(10 分)。 ②缺勤达本任务总学时的 10% (8 分)。 ③缺勤达本任务总学时的 20% (6 分)。 ④缺勤达本任务总学时的 30% (4 分)			
	团队合作意识	①与同学协作融洽、团队合作意识强(10 分)。 ②与同学能沟通、协同工作能力较强(8 分)。 ③与同学能沟通、协同工作能力一般(6 分)。 ④与同学沟通困难、协同工作能力较差(4 分)			
专业能力(70 分)	制定元件清单	材料、元件选取是否合理(5 分)			
	绘制配电箱布局图	布局图绘制是否合理(5 分)			
	绘制接线图	接线图绘制是否合理(5 分)			
	完成电路连接	能根据控制要求设计电路原理图并进行安装调试(30 分)			
	通电试车	通电失败,每次扣 5 分,直至扣完(15 分)			
	创新能力	学习过程中,提出创新性、可行性的建议(10 分)			
总评					

2. 任务总结

回顾总结在控制电路安装与调试过程中所遇到的问题及解决方法。

任务 4　LOGO！逻辑控制器照明电路的安装与调试

一、任务描述

在 SX-WSC18 电气装置实训系统中的模拟房中(见图 2-1),完成 LOGO！逻辑控制器照明电路的安装与调试,并完成相应的功能控制。

二、任务准备

1. 工具的准备

万用表、一字螺丝刀、十字螺丝刀、3 mm 宽螺丝刀、剥线钳、斜口钳等。

2. LOGO！简介

LOGO！是一款简易型的微型可编程控制器,适用于小型机械设备、电气装置、控制柜等一系列应用。可在家庭和安装工程中使用,例如,用于楼梯照明、室外照明、遮阳篷、百叶窗等,也可在开关柜和机电设备中使用,例如,门控系统、空调系统或者雨水泵等。

LOGO！本机模块由微处理器(CPU)、存储器、输入/输出接口、通信接口和电源电路等组成。LOGO！有 8 种本机模块,按是否带显示面板将其分为两种类型:基础型和经济型。基础型带显示面板,经济型不带显示面板。本机模块外形如图 2-17 所示。常用的开关量输出接口按输出开关器件不同分为两种类型:继电器输出和晶体管输出。继电器输出接口可驱动交流或直流负载,但其响应时间长,动作频率低;而晶体管输出接口的响应速度快,动作频率高,只能用于驱动直流负载。

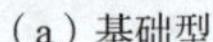
(a) 基础型

(b) 经济型

图 2-17　本机模块外形

3. LOGO！的结构

LOGO！的结构说明见表 2-7。

表 2-7　LOGO！的结构说明

LOGO！的结构图示	LOGO！的结构说明
	①电源； ②数字量输入端子； ③数字量输出端子； ④带盖板的模块槽； ⑤控制面板； ⑥LCD(液晶显示屏)

4. 电路连接

LOGO！的电路连接及说明见表 2-8。

表 2-8　LOGO！的电路连接及说明

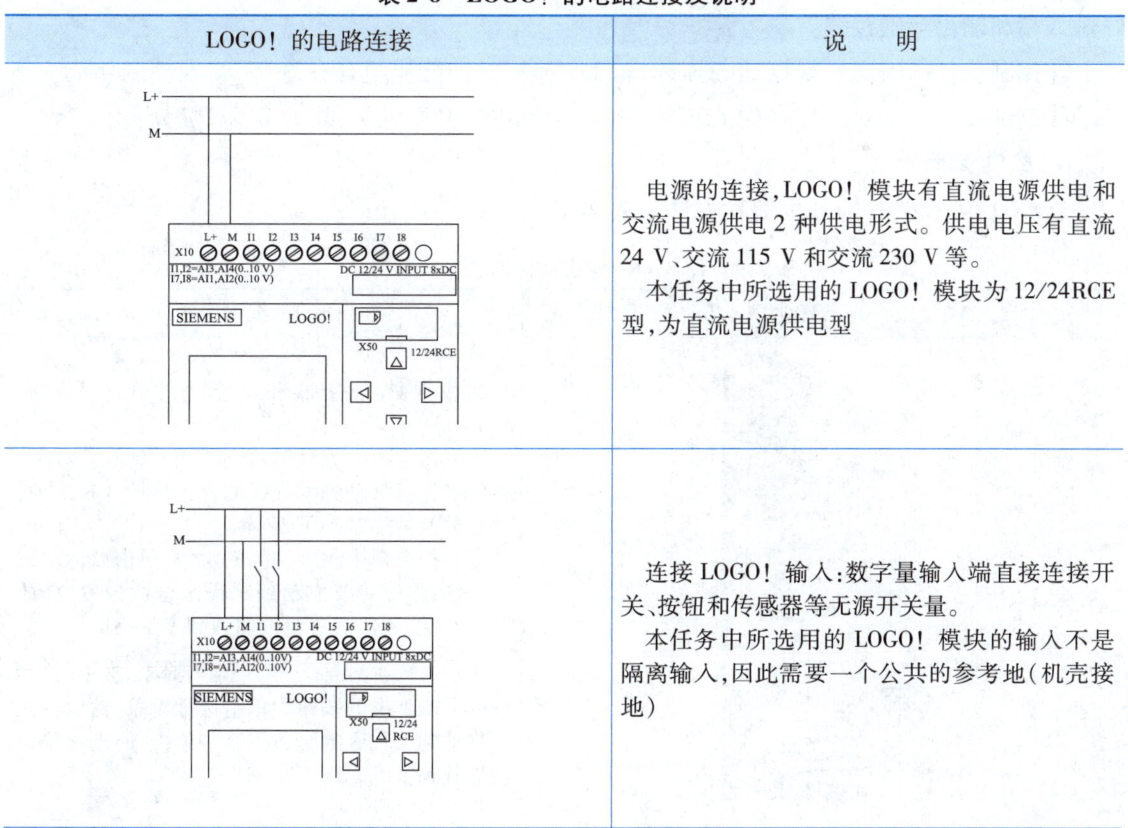

LOGO！的电路连接	说　明
	电源的连接，LOGO！模块有直流电源供电和交流电源供电 2 种供电形式。供电电压有直流 24 V、交流 115 V 和交流 230 V 等。 本任务中所选用的 LOGO！模块为 12/24RCE 型，为直流电源供电型
	连接 LOGO！输入：数字量输入端直接连接开关、按钮和传感器等无源开关量。 本任务中所选用的 LOGO！模块的输入不是隔离输入，因此需要一个公共的参考地(机壳接地)

续表

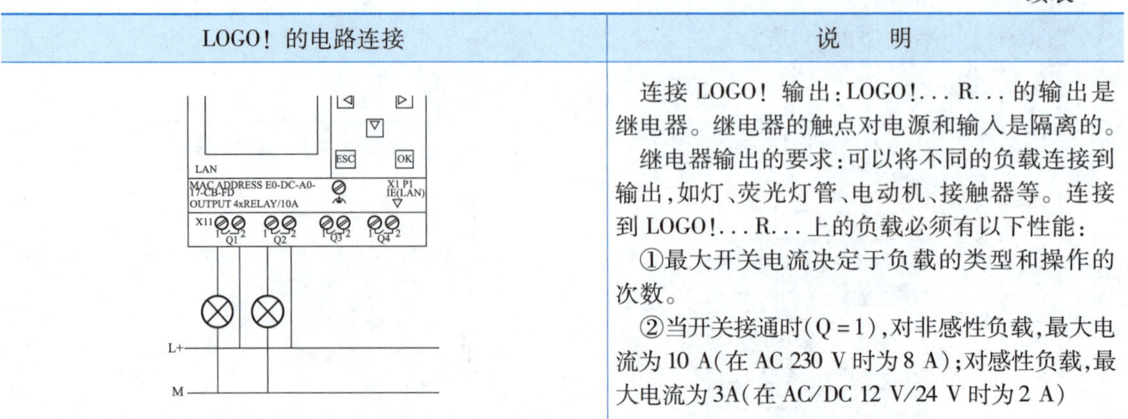

LOGO！的电路连接	说　明
（见上图）	连接 LOGO！输出：LOGO!...R...的输出是继电器。继电器的触点对电源和输入是隔离的。 继电器输出的要求：可以将不同的负载连接到输出，如灯、荧光灯管、电动机、接触器等。连接到 LOGO!...R...上的负载必须有以下性能： ①最大开关电流决定于负载的类型和操作的次数。 ②当开关接通时（Q＝1），对非感性负载，最大电流为 10 A（在 AC 230 V 时为 8 A）；对感性负载，最大电流为 3A（在 AC/DC 12 V/24 V 时为 2 A）

注：LOGO！基础型的一些输入可以选择使用，I1、I2 和 I7、I8 可设置 4 个模拟量输入（0～10 V）。

5. 使用 LOGO！的简化步骤

①描述控制任务。即确定控制对象的工艺要求。

②LOGO！的配置及制作安装 LOGO！控制系统。根据工艺要求，选择所需的模块配置 LOGO！控制系统，将 LOGO！固定在 DIN（35 mm）标准导轨（平轨）上，根据控制系统图样，做好输入端和输出端的接线。

③控制软件的编辑。根据任务描述，将 LOGO！的功能块组合在一起，实现控制功能。

④调试及运行。对制作好的 LOGO！控制系统进行必要的调试，确定无误后启动运行。

6. 软件编程

LOGO！编程软件的基本编程方法见表 2-9。

表 2-9　LOGO！编程软件的基本编程方法

LOGO！编程图示	LOGO！编程说明
指令 指令 常量 数字量 数字量输入 状态 0（低电平） 状态 1（高电平） 输出 模拟量 网络 基本功能块 AND（与） NAND（与非） OR（或） NOR（或非） XOR（异或） NOT（非） 特殊功能块 定时器 接通延时定时器 关断延时定时器 保持接通延时定时器 对称脉冲发生器 选择	加载常量/连接器和功能块的方式主要有 3 种： ①在指令树中找到选择的对象，单击该对象，然后将光标移动到编程区的合适位置并单击，所选对象就被加载到了编程区。 ②在指令树中找到选择的对象，单击鼠标左键并按住，将该对象拖动到编程区合适位置，释放鼠标左键，所选对象就被加载到了编程区。 ③在左侧工具栏中单击 Co GF SF 按钮，在编程区下侧弹出的按钮中单击选择对象，然后将光标移动到编程区的合适位置并单击，所选对象就被加载到了编程区

续表

LOGO！编程图示	LOGO！编程说明
	输入及输出的设置：双击输入或右击输入块并在弹出的快捷菜单中选择“块属性”命令，打开块属性对话框。在“输入点号”下拉列表中对输入地址进行选择设定。还可以在此对话框中选择“注释”选项卡，对输入端口添加必要的文字注释。输出端口的设置与此类似。 一般将输入放置在左侧，输出放置在右侧，连接放置在中间，这样，线路程序就可以从左至右读取
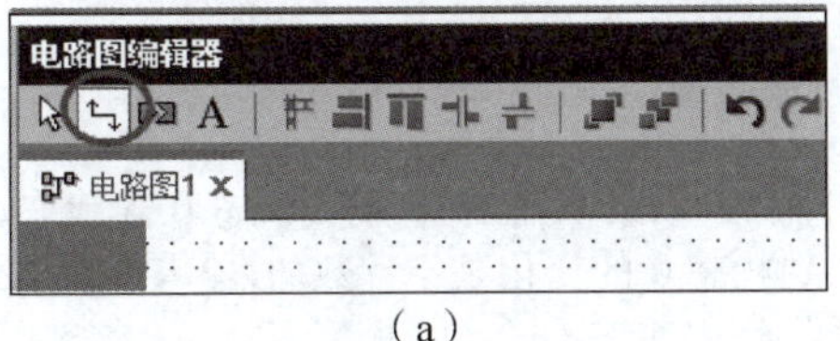 （a） 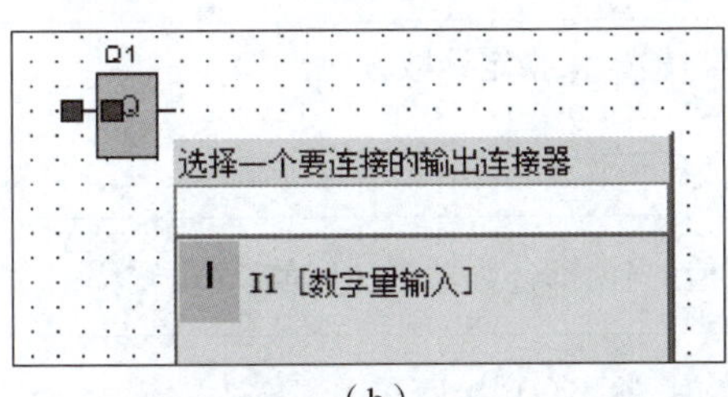 （b）	连线： ①单击左侧工具栏中的按钮，激活连线命令，然后将光标移动到块输入或者输出，单击鼠标左键并按住，将光标从所选择的源端子拖动到目标端子，然后释放鼠标左键以将连接线固定到两个端子，如图（a）所示。 ②还有一种连线方法，特别适合在连线较多且范围大的程序中使用。激活连线命令，双击相应块的输出或输入端子，会显示一个带有程序中已有的且此端子可以连接的全部块的列表，双击选择目标或在空白栏输入块编号然后按【Enter】键，将自动进行接线，如图（b）所示
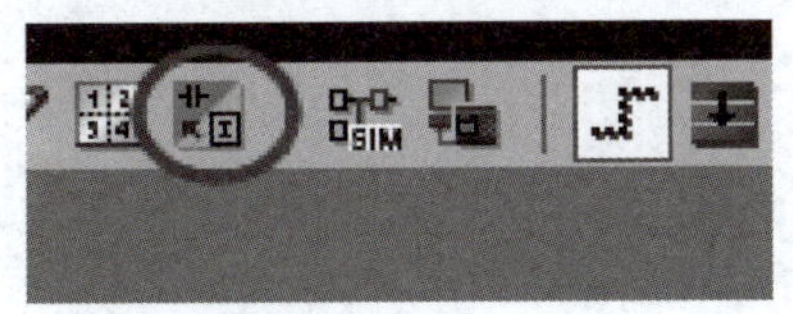	编程方式：LOGO！中有两种编程语言，分别为LAD和FBD，可以通过左图所示进行语言转换。本书中以LAD语言为例

7. 特殊功能表（部分）

LOGO！编程软件特殊功能指令说明，见表2-10。

表 2-10　LOGO！编程软件特殊功能指令说明

LOGO！中的符号	接线	说明
Trg T Q 接通延时定时器	Trg(输入)	由 Trg 设置接通延时定时器的接通时长
	T(参数)	*T* 时间后，输出接通(输出信号由 0 变 1)
	Q(输出)	如触发信号仍存在，当时间 *T* 到后，输出接通
Trg R T Q 断开延时定时器	Trg(输入)	在 Trg 输入(触发器)的下降沿(从 1 变 0)起动断开延时定时器
	R(输入)	通过 R(复位输入)，复位断开延时继电器的定时并将输出设置为 0
	T(参数)	输出经历 *T* 时间后断开(输出信号从 1 变为 0)
	Q(输出)	Trg 输入接通，则输出 Q 接通；Trg 输入断开，输出 Q 保持接通状态到定时时间 *T* 到达后断开
R Cnt Dir Par +/− Q 加/减计数器	R(输入)	通过 R(复位)输入复位内部计数器值并将输出清零
	Cnt(输入)	在 Cnt(计数)输入时，计数器只计数从状态 0 到状态 1 的变化，而从状态 1 到状态 0 的变化是不计数的，输入连接器最大的计数频率为 5 Hz
	Dir(输入)	通过 Dir(方向)输入来指定计数方向： Dir = 0：加计数； Dir = 1：减计数
	Par(参数)	Par 为计数阈值，当内部计数器到达该值，输出置位
	Q(输出)	当计数值到达时，输出(Q)接通

注：详细特殊功能指令说明可在 SIEMENS 官网查找 LOGO！设备手册。

三、任务实施

1. 控制要求

LOGO！作为多功能开关系统，具有以下功能：

照明接通：按开关(在设定的时间间隔后，照明自动断开)。

照明长接通：按开关 2 次。

照明断开：按开关 2 s。

2. 绘制照明系统的接线图

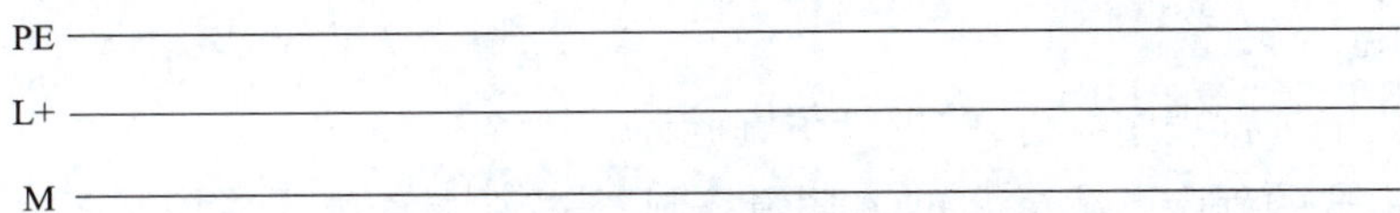

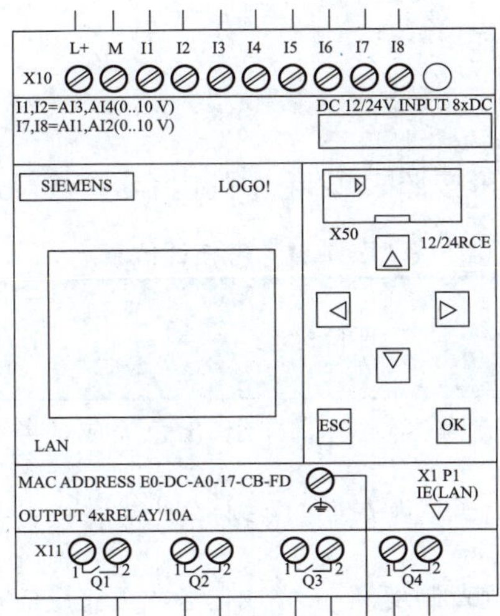

3. 编写程序

4. 完成电路连接

①不要漏接接地线。严禁采用金属软管作为接地通道。

②在导线通道内敷设的导线进行接线时，必须集中思想，做到查出一根导线，立即套上编码套管，接上后再进行复验。

③在安装、调试过程中，工具、仪表的使用应符合要求。

④按钮内部接线时，不能用力过猛，以防螺钉打滑。

⑤带电检查和检修故障时，必须有指导教师在现场监护。

5. 编程调试

①在计算机上进行程序编写，并进行仿真验证。

②将编写完成的程序下载至LOGO!逻辑控制器，检验是否能完成控制要求。

四、任务评价与总结

1. 考核评价表

完成上述任务学习之后，可按照表2-11中的内容进行学习评价。

表2-11 考核评价表

评价项目	评价内容	评价标准	评价方法		
			自我评价	小组评价	教师评价
职业素养(30分)	安全意识、责任意识	①作风严谨、自觉遵章守纪、出色完成任务(10分)。 ②能够遵守规章制度、较好地完成任务(7分)。 ③遵守规章制度，但未完成任务或虽完成任务但忽视规章制度(5分)。 ④不遵守规章制度，未完成任务(0分)			
	学习态度	①积极参与教学活动，全勤(10分)。 ②缺勤达本任务总学时的10%(8分)。 ③缺勤达本任务总学时的20%(6分)。 ④缺勤达本任务总学时的30%(4分)			
	团队合作意识	①与同学协作融洽、团队合作意识强(10分)。 ②与同学能沟通、协同工作能力较强(8分)。 ③与同学能沟通、协同工作能力一般(6分)。 ④与同学沟通困难、协同工作能力较差(4分)			
专业能力(70分)	照明系统的接线图	接线图绘制是否合理(5分)			
	程序编写	按照控制要求完成程序编写(25分)			
	编程调试	能否按控制要求实现对照明系统的控制(30分)			
	创新能力	学习过程中，提出创新性、可行性的建议(10分)			
总评					

2. 任务总结

回顾总结在照明电路安装、编程与调试过程中所遇到的问题及解决方法；是否还能用其他方法实现控制。

任务 5　LOGO！逻辑控制器水泵控制电路的安装与调试

一、任务描述

在 SX-WSC18 电气装置实训系统中的模拟房中（见图 2-1），完成 LOGO！逻辑控制器水泵控制电路的安装与调试，并完成相应的功能控制。

二、任务准备

1. 工具的准备

万用表、一字螺丝刀、十字螺丝刀、3 mm 宽螺丝刀、剥线钳、斜口钳等。

2. 特殊功能表（部分）

LOGO！编程软件特殊功能指令说明，见表 2-12。

表 2-12　LOGO！编程软件特殊功能指令说明

LOGO！中的符号	接线	说明
En、Inv、Par、Q 异步脉冲发生器	En（输入）	异步脉冲发生器由 En 输入接通和断开
	Inv（输入）	Inv 输入用于在异步时钟脉冲发生器运行时将其输出信号反转
	Par（参数）	用于设置脉冲持续时间 TH 和脉冲间隔 TL
	Q（输出）	Q 以脉冲计时参数 TH 和 TL 为基础，周期性接通和断开
No1、No2、No3、Q 周定时器	No1，No2，No3（参数）	用“No”参数设置 3 个时间段接通和断开时间。可以日期和时间的方式定义时间。 每个时间开关可以设置 3 个时间段，每个时间段可用来配置一个时间窗口。 用时间段为时间窗口设置开关时间。在接通时间，如果输出未接通则时间开关将输出接通；在断开时间，如果输出未断开则时间开关将输出断开。 如果在一个时间段上设置的接通时间与时间开关的另一个时间段上设置的断开时间相同，则接通时间和断开时间发生冲突。在这种情况下，时间段 3 优先于时间段 2，而时间段 2 优先于时间段 1

续表

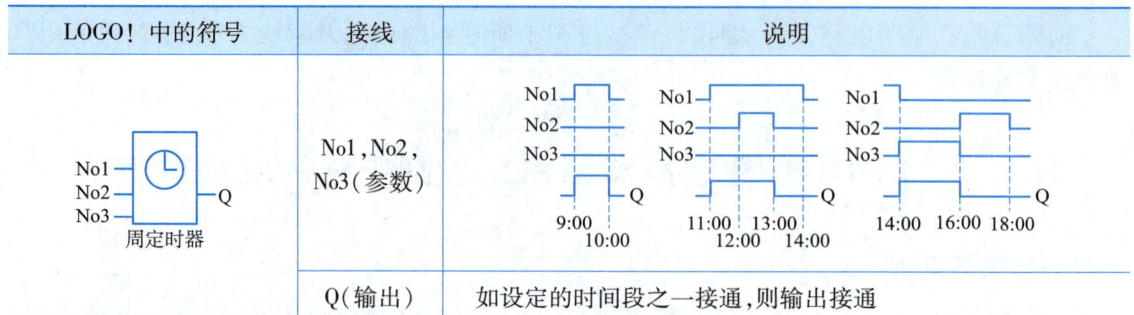

LOGO！中的符号	接线	说明
No1 No2 No3 Q 周定时器	No1，No2，No3（参数）	No1 No2 No3 Q 9:00 10:00 No1 No2 No3 Q 11:00 12:00 13:00 14:00 No1 No2 No3 Q 14:00 16:00 18:00
	Q（输出）	如设定的时间段之一接通，则输出接通

注：详细特殊功能指令说明可在 SIEMENS 官网查找 LOGO！设备手册。

三、任务实施

1. 控制要求

随着现在节约水源的呼声越来越高，家庭雨水回收利用系统也备受人们的关注，这样可以省钱并改善环境。现请设计一个家庭雨水回收水泵控制电路，如图 2-18 所示，能够实现以下功能：

①能整天供水，如果雨水收集罐中雨水量不足，水位在 S3 与 S4 之间，能够自动切换到饮用水源。

②如切换到饮用水源，饮用水系统不能混入雨水，水位到达 S2 时则饮用水源自动断开。

③如雨水罐中没有足够的水源，水位降低至 S4 以下，泵不能接通（雨水干涸保护系统），同时报警指示灯 1 Hz 闪烁。

④当压力低于压力罐所允许的最低值时，泵必须接通。

⑤在某些特定时间使泵能自行启动。

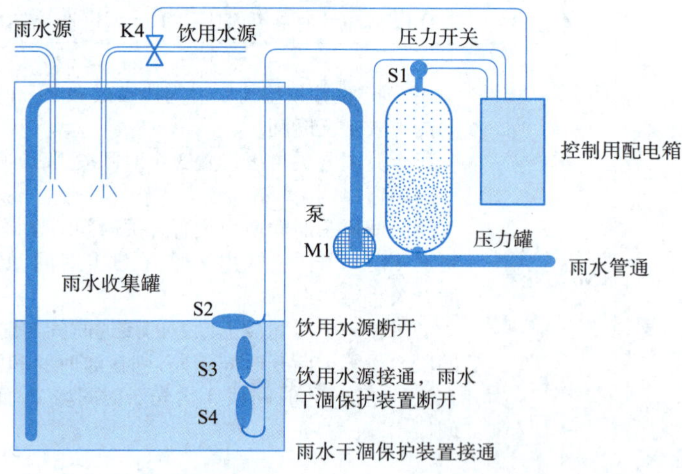

图 2-18　水泵控制电路示意图

2. 绘制水泵控制电路的接线图

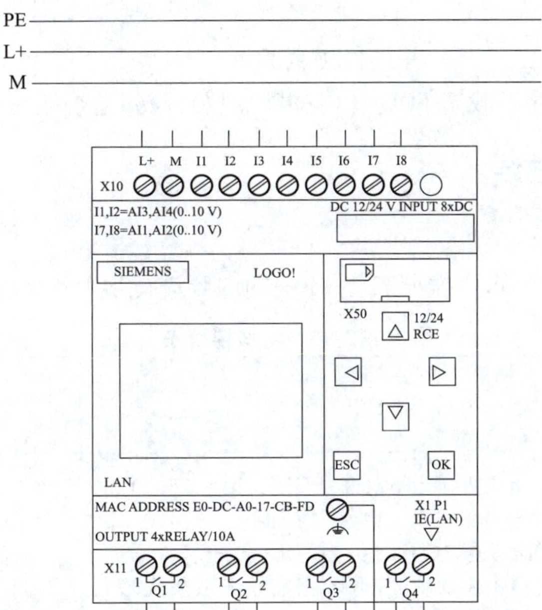

3. 编写程序

4. 完成电路连接

①不要漏接接地线。严禁采用金属软管作为接地通道。

②在导线通道内敷设的导线进行接线时，必须集中思想，做到查出一根导线，立即套上编码套管，接上后再进行复验。

③在安装、调试过程中，工具、仪表的使用应符合要求。

④按钮内部接线时,不能用力过猛,以防螺钉打滑。

⑤带电检查和检修故障时,必须有指导教师在现场监护。

5. 编程调试

①在计算机上进行程序编写,并进行仿真验证。

②将编写完成的程序下载至 LOGO! 逻辑控制器,检验是否能完成控制要求。

四、任务评价与总结

1. 考核评价表

完成上述任务学习之后,可按照表 2-13 中的内容进行学习评价。

表 2-13 考核评价表

评价项目	评价内容	评价标准	评价方法		
			自我评价	小组评价	教师评价
职业素养(30 分)	安全意识、责任意识	①作风严谨、自觉遵章守纪、出色完成任务(10 分)。 ②能够遵守规章制度、较好地完成任务(7 分) ③遵守规章制度,但未完成任务或虽完成任务但忽视规章制度(5 分)。 ④不遵守规章制度,未完成任务(0 分)			
	学习态度	①积极参与教学活动,全勤(10 分)。 ②缺勤达本任务总学时的 10% (8 分)。 ③缺勤达本任务总学时的 20% (6 分)。 ④缺勤达本任务总学时的 30% (4 分)			
	团队合作意识	①与同学协作融洽、团队合作意识强(10 分)。 ②与同学能沟通、协同工作能力较强(8 分)。 ③与同学能沟通、协同工作能力一般(6 分)。 ④与同学沟通困难、协同工作能力较差(4 分)			
专业能力(70 分)	水泵控制电路的接线图	接线图绘制是否合理(5 分)			
	程序编写	按照控制要求完成程序编写(25 分)			
	编程调试	能否按控制要求实现对水泵控制电路的控制(30 分)			
	创新能力	学习过程中,提出创新性、可行性的建议(10 分)			
总评					

2. 任务总结

回顾总结在水泵控制电路的安装、编程与调试过程中所遇到的问题及解决方法；是否还能用其他方法实现控制。

任务6　电气控制综合实训

一、任务描述

在SX-WSC18电气装置实训系统中的模拟房中（见图2-1），完成LOGO！逻辑控制器电气控制综合实训。

二、任务准备

本任务所需准备主要工具：万用表、一字螺丝刀、十字螺丝刀、3 mm宽螺丝刀、剥线钳、斜口钳等。

三、任务实施

1. 控制要求

根据客户提供的布局图完成施工，并按照客户提出的要求完成线路设计，实现客户提出的要求。

①电动机额定电压为380 V，额定电流为1.8 A。

②电动机控制：M1为正反双向运行（需过载保护）。

③控制设备：

SB1：NO + NC（绿色按钮）；SB2：NO + NC（红色按钮）；SB3：NO + NC（急停按钮）。

SQ1：NO + NC；SQ2：NO + NC。

④信号指示灯要求：

H1：信号灯显示电动机正向运行（绿色），电动机正向运行时闪烁（频率为1 Hz）。

H2：信号灯显示电动机反向运行（红色），电动机反向运行时闪烁（频率为1 Hz）。

H3：显示报警信息（黄色），仅过载时闪烁1 Hz，仅按下急停按钮时闪烁2 Hz，过载且按下急停按钮时则长亮。

H4：显示电动机正转（绿色），电动机正转时长亮。

H5：显示电动机反转（红色），电动机反转时长亮。

⑤LOGO！编程说明。设计工厂用的传送带电路，KM1控制电动机正向运行，KM2控制电动机反向运行（正向运行为顺时针旋转）。

a. 小车停止在原点时，按下启动按钮 SB1，KM1 得电，电动机正转运行。

b. SQ1 被压合，KM1 断电，电动机停止 5 s。

c. 5 s 时间到，KM2 得电，电动机反转运行。

d. SQ2 被压合，KM2 断电，电动机停止 5 s。

e. 5 s 时间到，KM1 得电，电动机正转运行。

f. SQ1 被压合，KM1 断电，循环运行。

g. 当按下停止按钮 SB2 时，电动机立即停止；当过载时，电动机立即停止，且在热继电器未复位时，电路不能启动。

h. 按下启动按钮 SB1 并可再次启动小车，来回往返运行 3 次后停止。

i. 按下启动按钮 SB1 后，可再次启动小车。

j. 当按下 SB3 急停按钮时，电动机立即停止，当急停恢复后，小车自动回到原点后，来回往返运行 3 次后停止。

2. 制定元件材料清单

将制定的元件材料清单填入表 2-14 中。

表 2-14 元件材料清单

序号	元件名称	型号	数量	备注
1				
2				
3				
4				
5				
6				
7				

3. 绘制配电箱布局图

4. 绘制系统的接线图

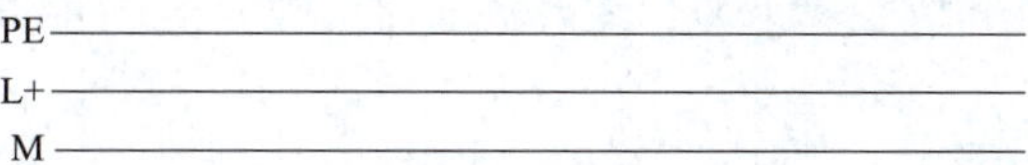

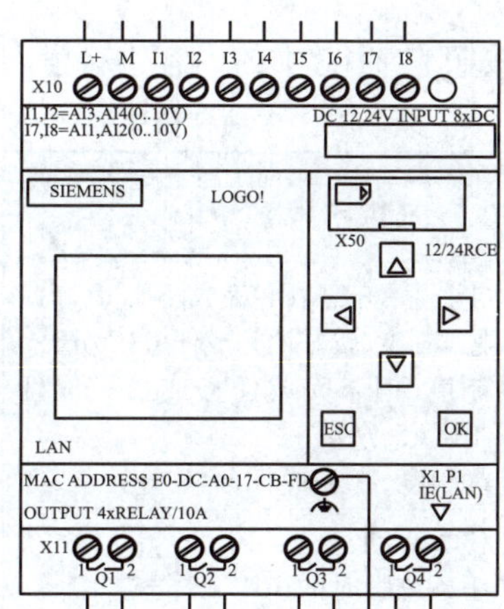

5. 编写程序

6. 完成电路连接

①不要漏接接地线。严禁采用金属软管作为接地通道。

②在导线通道内敷设的导线进行接线时，必须集中思想，做到查出一根导线，立即套上编码套管，接上后再进行复验。

③在安装、调试过程中，工具、仪表的使用应符合要求。

④按钮内部接线时，不能用力过猛，以防螺钉打滑。

⑤电动机及按钮的金属外壳必须可靠接地。接至电动机导线必须穿在导线通道内加以保护，或采用坚韧的四芯橡皮或塑料护套线进行临时通电校验。

⑥带电检查和检修故障时，必须有指导教师在现场监护。

7. 编程调试

①在计算机上进行程序编写，并进行仿真验证。

②完成控制柜硬件安装和接线。

③将编写完成的程序下载至 LOGO！逻辑控制器，检验是否能完成控制要求。

四、任务评价与总结

1. 考核评价表

完成上述任务学习之后，可按照表 2-15 中的内容进行学习评价。

表 2-15　考核评价表

评价项目	评价内容	评价标准	评价方法		
			自我评价	小组评价	教师评价
职业素养（30 分）	安全意识、责任意识	①作风严谨、自觉遵章守纪、出色完成任务（10 分）。 ②能够遵守规章制度、较好地完成任务（7 分）。 ③遵守规章制度，但未完成任务或虽完成任务但忽视规章制度（5 分） ④不遵守规章制度，未完成任务（0 分）			
	学习态度	①积极参与教学活动，全勤（10 分）。 ②缺勤达本任务总学时的 10%（8 分）。 ③缺勤达本任务总学时的 20%（6 分）。 ④缺勤达本任务总学时的 30%（4 分）			
	团队合作意识	①与同学协作融洽、团队合作意识强（10 分）。 ②与同学能沟通、协同工作能力较强（8 分）。 ③与同学能沟通、协同工作能力一般（6 分）。 ④与同学沟通困难、协同工作能力较差（4 分）			
专业能力（70 分）	制定元件清单	材料元件选取是否合理（5 分）			
	绘制配电箱布局图	布局图绘制是否合理（5 分）			
	电气控制综合实训的接线图	接线图绘制是否合理（5 分）			
	完成线路连接	能根据绘制的接线图进行线路连接（15 分）			
	程序编写	按照控制要求完成程序编写（15 分）			
	编程调试	能否实现电气控制系统综合实训的控制要求（15 分）			
	创新能力	学习过程中，提出创新性、可行性的建议（10 分）			
总评					

2. 任务总结

回顾总结在电气综合实训中所遇到的问题及解决方法；是否还能用其他方法实现电气控制系统综合实训的控制要求。

电气控制电路的故障分析与排查

项目描述

故障考核模块采用铝合金型材作为主框架，安装板和底座使用铁板制作，4 个脚安装有轮子，模块移动方便。模块具有完整的楼宇中的室内照明电路、风扇和卷帘电动机控制电路，可进行室内照明电路、风扇和卷帘电动机控制电路故障分析排除。故障盒内有 32 个故障开关，可自由设置故障点，故障设置切换方便。控制电路采用全开放式设计，可以在控制电路上直接进行检测，实训接近生产实际，方便在实训中积累方法和经验。

学习目标

①了解排故设备的性能；

②知道电气控制电路中常见的故障类型；

③掌握电阻测量法、电压测量法等常见分析和检修故障的方法；

④掌握对照明电路故障进行分析与排除的方法；

⑤掌握对风扇和卷帘电动机控制电路故障进行分析与排除的方法；

⑥具备基本电气控制电路故障检修的能力。

任务 1　照明电路的故障分析与排查

一、任务描述

在 SX-WSC18 电气装置实训系统中的故障考核模块，配置了一个照明电路如图 3-1 所示。设备的照明电路部分出现故障，需要进行分析与排查。

二、任务准备

1. 工具的准备

万用表、验电笔、相序表、笔、故障考核模块原理图等。

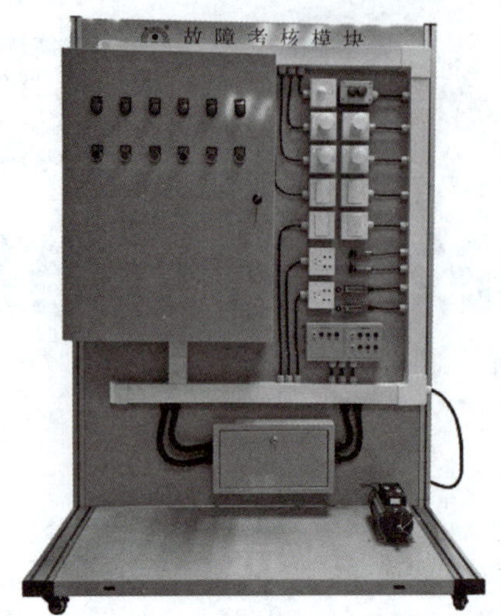

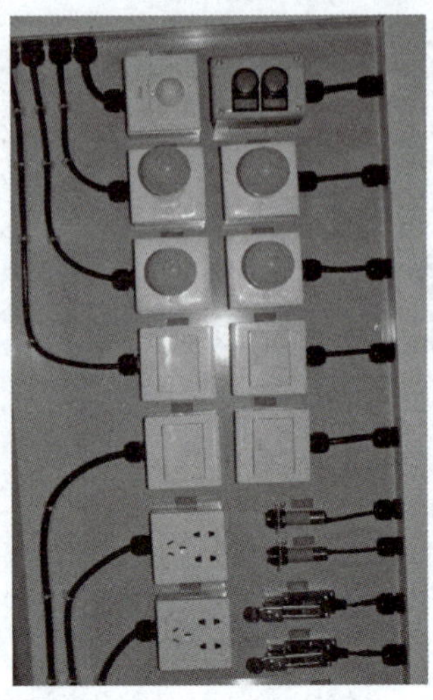

图 3-1　故障考核模块

2. 电路图的识读

具体电路参见附录 B 中图 B-2。照明电路中的 HL1 与 HL2 是单控灯,HL3 是双控灯,HL4 是感应开关控制灯;插座 1 和插座 2 是带地线的三脚插座,提供 220 V 电源。

3. 照明电路常见故障

(1)开路

相线、中性线均可能出现开路。开路故障发生后,负载将不能正常工作。三相四线制供电线路负载不平衡时,如中性线断线会造成三相电压不平衡,负载大的一相相电压降低,负载小的一相相电压增高,如负载是白炽灯,则会出现一相灯光暗淡,而接在另一相上的灯又变得很亮。此外,中性线开路,负载侧将出现对地电压。

产生开路的原因:熔丝熔断、线头松脱、断线、开关没有接通、铝线接头腐蚀等。

(2)短路

短路故障表现为熔断器熔丝熔断;短路点处有明显烧痕、绝缘碳化,严重的会使导线绝缘层烧焦甚至引起火灾。

产生短路的原因:用电器具接线不好,以致接头碰在一起。灯座或开关进水,螺口灯头内部松动或灯座顶芯歪斜碰及螺口,造成内部短路。导线绝缘层损坏或老化,并在中性线和相线的绝缘处碰线。当发现短路打火或熔丝熔断时应先查出发生短路的原因,找出短路故障点,处理后更换熔丝,恢复送电。

(3)漏电

漏电保护装置一般采用漏电保护器。当漏电电流超过整定电流值时,漏电保护器动作,切断电路。漏电不但造成电力浪费,还可能造成人身触电事故。

产生漏电的原因:相线绝缘损坏而接地、用电设备内部绝缘损坏使外壳带电等。

漏电故障的检查:若发现漏电保护器动作,则应查出漏电接地点并进行绝缘处理后再通电。照明电路的接地点多发生在穿墙部位和靠近墙壁或天花板等部位,查找接地点时,应注意查找这些部位。

4. 故障点标注

故障点必须用统一符号在图样上进行标注。表 3-1 为常见故障类型的标注符号。

表 3-1　常见故障类型的标注符号

符号	表示故障类型
	短路
	开路
	低电阻绝缘故障
S	错误设定(定时器/过载)
V	值(错误元器件)
	极性错误
	高电阻接地

三、任务实施

1. 故障的分析

(1)开路故障分析(见表 3-2)

表 3-2　开路故障分析

故障分析	分析图示
如右图所示,HL3 处有开路故障,使用万用表,验证故障是否存在,并记录到图样中	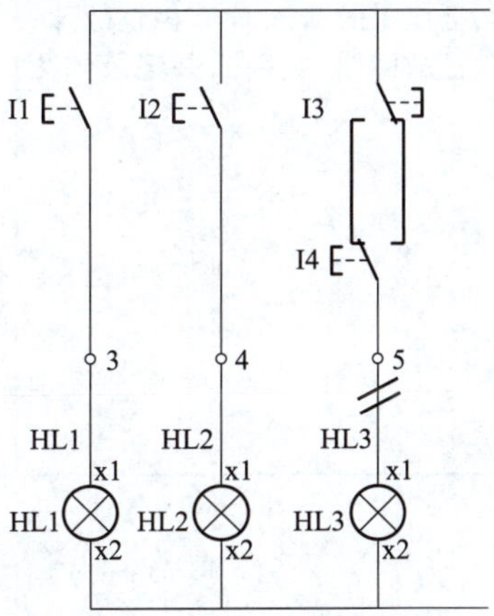 I1　I2　I3　I4　3　4　5　HL1　HL2　HL3　x1　x2

(2)短路故障分析(见表 3-3)

表 3-3　短路故障分析

故障分析	分析图示
如右图所示,HL1 和 HL2 之间有短路故障,使用万用表,验证故障是否存在,并记录到图样中	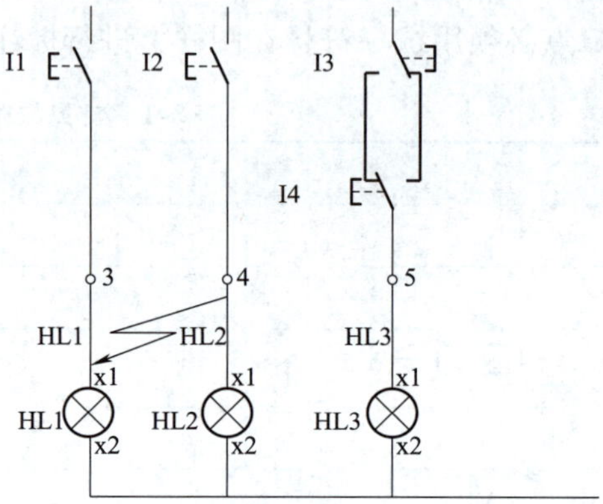 I1 I2 I3 I4 3 4 5 HL1 HL2 HL3 x1 x2

(3)极性错误故障分析(见表 3-4)

表 3-4　极性错误故障分析

故障分析	分析图示
如右图所示,插座 1 的 L 和 N 有极性故障,使用万用表,验证故障是否存在,并记录到图样中	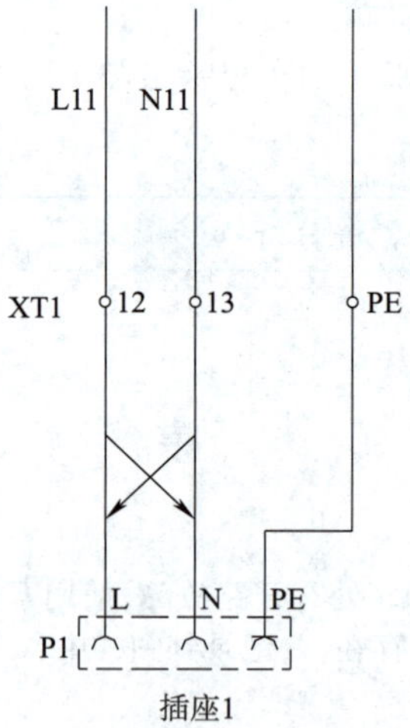 L11 N11 XT1 12 13 PE L N PE P1 插座1

(4)接地电阻过高故障分析(见表3-5)

表3-5　接地电阻过高故障分析

故障分析	分析图示
如右图所示,PE接地线有高电阻故障,使用万用表,验证故障是否存在,并记录到图样中	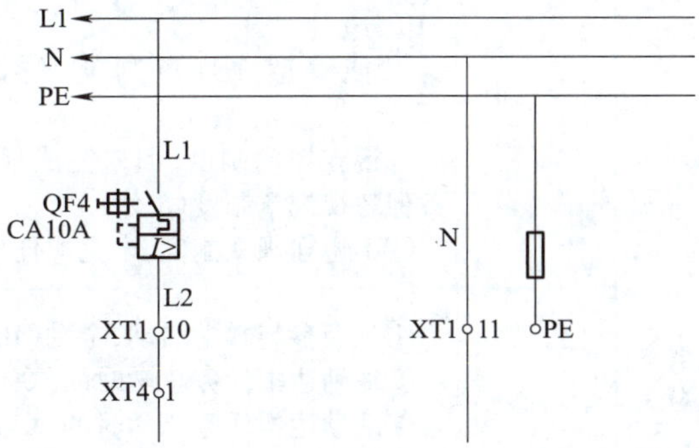 L1 N PE L1 QF4 CA10A N L2 XT1 10 XT1 11 PE XT4 1

(5)外观不整故障分析(见表3-6)

表3-6　外观不整故障分析

故障分析	分析图示
如右图所示,现场设备的HL1和HL2标识没有依图施工,外观不整,使用万用表,验证故障是否存在,并记录到图样中	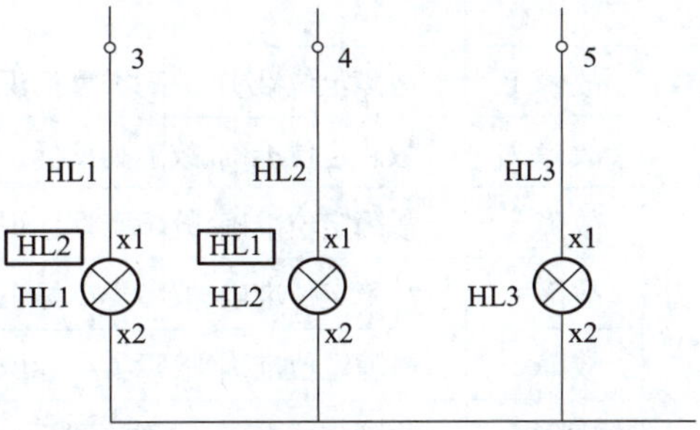 3 4 5 HL1 HL2 HL3 HL2 x1 HL1 x1 x1 HL1 HL2 HL3 x2 x2 x2

2. 查找故障

①测试电气装置并确定故障:短路、开路、极性错误、接地电阻过高、外观不整等。

②装置隐蔽处设置了总计6处故障。

③查找到的每个故障都需要在原理图上的对应位置用表3-1所示的符号精准标明故障类型。

四、任务评价与总结

1. 考核评价表

完成上述任务学习之后,可按照表3-7中的内容进行学习评价。

表 3-7 考核评价表

评价项目	评价内容	评价标准	评价方法		
			自我评价	小组评价	教师评价
职业素养(30分)	安全意识、责任意识	①作风严谨、自觉遵章守纪、出色完成任务(10分)。 ②能够遵守规章制度、较好地完成任务(7分)。 ③遵守规章制度,但未完成任务或虽完成任务但忽视规章制度(5分)。 ④不遵守规章制度,未完成任务(0分)			
	学习态度	①积极参与教学活动,全勤(10分)。 ②缺勤达本任务总学时的10%(8分)。 ③缺勤达本任务总学时的20%(6分)。 ④缺勤达本任务总学时的30%(4分)			
	团队合作意识	①与同学协作融洽、团队合作意识强(10分)。 ②与同学能沟通、协同工作能力较强(8分)。 ③与同学能沟通、协同工作能力一般(6分)。 ④与同学沟通困难、协同工作能力较差(4分)			
专业能力(70分)	故障1	故障定位准确、故障类型标识准确(10分)			
	故障2	故障定位准确、故障类型标识准确(10分)			
	故障3	故障定位准确、故障类型标识准确(10分)			
	故障4	故障定位准确、故障类型标识准确(10分)			
	故障5	故障定位准确、故障类型标识准确(10分)			
	故障6	故障定位准确、故障类型标识准确(10分)			
	创新能力	学习过程中,提出创新性、可行性的建议(10分)			
总评					

2. 任务总结

在课后完成任务总结,应包括以下内容:

①对本任务工作内容进行归纳。

②本任务学习中的主要收获。

③本任务学习中的不足及今后的打算。

任务2　风扇和卷帘电动机控制电路的故障分析与排查

一、任务描述

在SX-WSC18电气装置实训系统中的故障考核模块，配置了一个风扇和卷帘电动机控制电路如图3-2所示。设备的风扇和卷帘电动机控制电路部分出现故障，需要进行分析和排查。

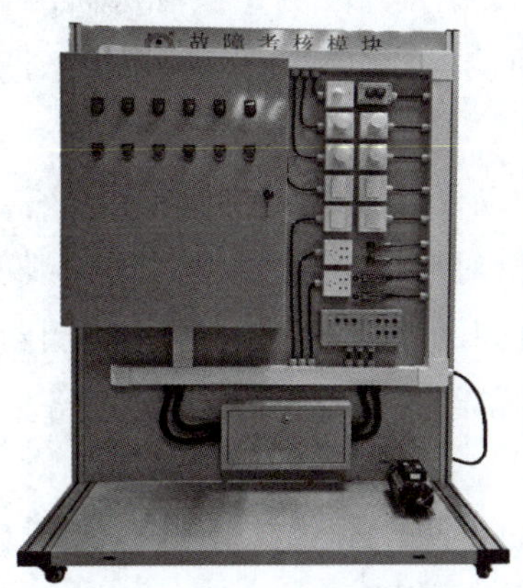

图3-2　故障考核模块

故障类型包含高接地电阻故障、低绝缘电阻故障、极性错误故障、参数设置故障、定时器参数设置不正确、过载设置不正确、短路故障、开路故障、连接处高电阻、相互连接（线路交叉）、极性错误、外观不整等。

二、任务准备

1. 工具的准备

万用表、验电笔、相序表、笔、故障考核模块原理图等。

2. 电路图的识读

具体电路参见附录B中图B-1、图B-3、图B-4。一台卷帘电动机带延时起停，并采用星-三角起动，一台风扇电动机通过改变磁极对数实现变速运行，两台电动机均有运行指示和过载报警指示等。

3. 电气控制电路的检修方法

制作好控制电路后，必须经过认真检查才能通电试车，以防止错接、漏接及电器故障引起控制电路动作不正常，甚至造成短路事故。具体步骤如下：

(1)核对接线

对照原理图、接线图,从电源端开始逐段核对端子接线的线号,排除漏接、错接现象。重点检查控制电路中易接错处的线号,还应核对同一根导线的两端是否错号。

(2)检查端子接线是否牢固

检查所有端子上接线的接触情况,用手一一摇动、拉拨端子上的接线,不允许有松脱现象。

(3)电阻测量法检查电路

电阻测量法必须断电进行。电阻测量法可以分为分段测量法和分阶测量法。若用分段测量法,就逐段测量各个触点之间的电阻。若所测电路并联了其他电路,测量时必须将被测电路与其他电路断开。

用手动来模拟电器的操作动作,根据电路的动作来确定检查步骤和内容。若测得某两点间的电阻很大,说明该触点接触不良或导线断开,对于接触器线圈,其进出线两端的电阻值应与铭牌上标注的电阻值相符;若测得接触器线圈间的电阻为无穷大,则线圈断线或接线脱落;若测得接触器线圈间的电阻接近于零,则线圈内部绝缘损坏,线圈可能短路。

(4)电压测量法检查电路

电压测量法可以分为分段测量法和分阶测量法。

分段测量法如图 3-3 所示。将万用表调到交流 500 V 挡,接通电源,按下起动按钮 SB2,正常时,KM1 吸合并自锁。这时电路中 1-2、2-3、3-4 各段电压均为 0 V,4-5 之间为线圈的工作电压 380 V。

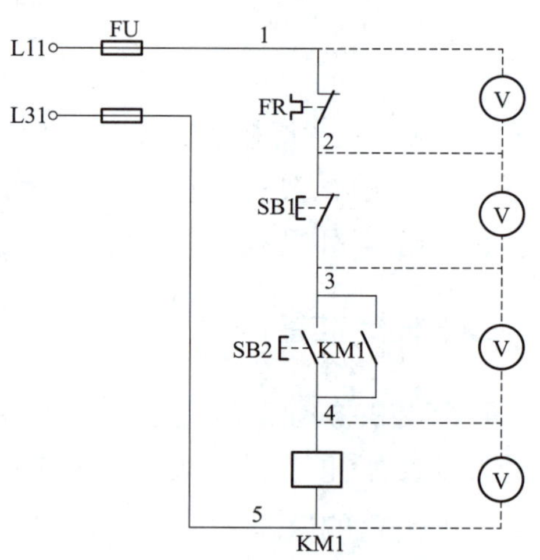

图 3-3 电压测量法检查电路

当触点故障时,按下起动按钮 SB2,若 KM1 不吸合,先测电源两端的电压,若测得电压为 380 V,说明电源电压正常,熔断器完好。接着测量各个触点之间的电压,若测得热继电器触点之间的电压为 380 V,说明热继电器 FR 保护触点已动作或接触不良,应检查触点本身是否接触不好或连线松脱,若测得 KM1 两端(3-4 之间)的电压为 380 V,则 KM1 的触点没有吸合或连接导线断开,依此类推。

当线圈故障时,若各个触点之间的各段电压均为 0 V,KM1 线圈两端的电压为 380 V,而 KM1 不吸合,则故障是 KM1 线圈或连接导线断开。

分阶测量法是将电压表的一支表笔固定在线路电源的一端,如图 3-3 中的点 5,另一支表笔依次按顺序接到 4、3、2、1 的每个接点上。正常时,电压表的读数为电源电压;若没有读数,说明连线断开,将电压表的表笔逐级上移,当移至某点,电压表的读数又为电源电压,说明该点以上的触点接线完好,故障点就是刚跨过的接点。

三、任务实施

1. 故障的分析

(1)低绝缘电阻故障图样分析(见表3-8)

表3-8　低绝缘电阻故障分析

故障分析	分析图示
如右图所示,卷帘电动机的U相有对地绝缘电阻故障,使用万用表,验证故障是否存在,并记录到图样中	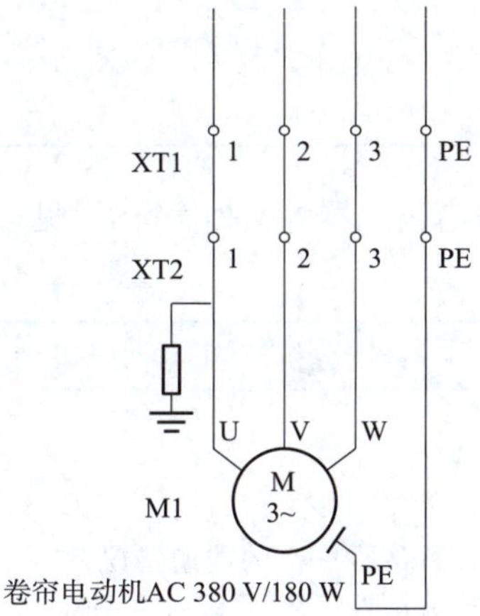 XT1 1 2 3 PE XT2 1 2 3 PE U V W M1 M 3~ PE 卷帘电动机AC 380 V/180 W

(2)定时器参数设置不正确故障分析(见表3-9)

表3-9　定时器参数设置不正确故障分析

故障分析	分析图示
如右图所示,定时器KT1的实际定时时间设置错误(定时器参数为5 s,设置值为1 s),使用万用表,验证故障是否存在,并记录到图样中	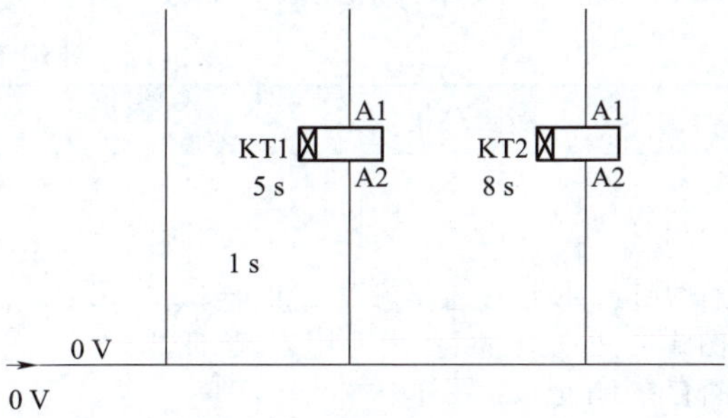 A1 KT1 5 s A2 A1 KT2 8 s A2 1 s 0 V 0 V

(3)过载设置不正确故障分析(见表3-10)

表3-10 过载设置不正确故障分析

故障分析	分析图示
如右图所示,热继电器FR1的实际过载设置值错误,使用万用表,验证故障是否存在,并记录到图样中 如0.35 A为热继电器的额定值,却用于0.5 A使用场合	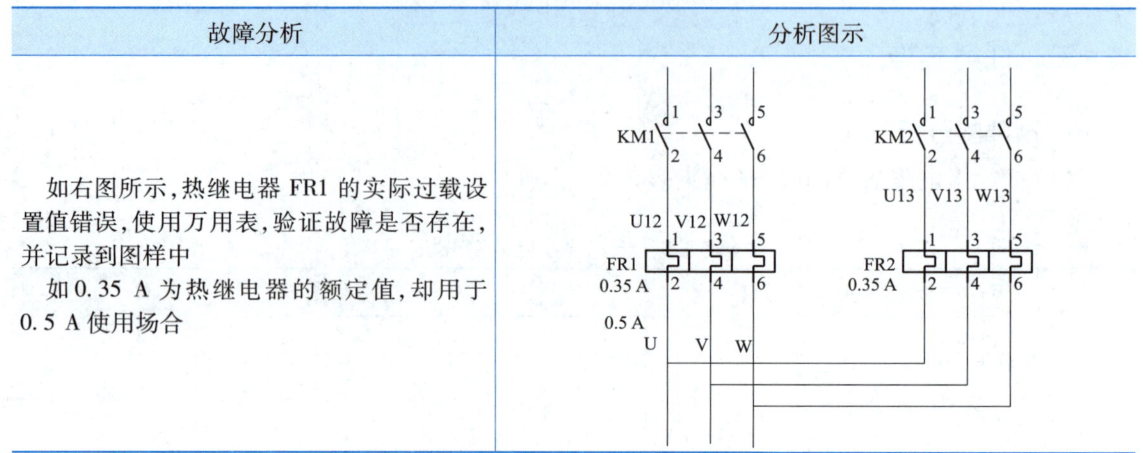

(4)值(错误元器件)故障分析(见表3-11)

表3-11 值(错误元器件)故障分析

故障分析	分析图示
如右图所示,断路器QF7的选型错误,使用万用表,验证故障是否存在,并记录到图样中 如断路器的额定电流为6 A,但却用于10 A负载	

(5)外观不整故障分析见表3-12。

表3-12 外观不整故障分析

故障分析	分析图示
如右图所示,现场设备接触器KM3标识没有依图施工,外观不整,使用万用表,验证故障是否存在,并记录到图样中 如实际接触器编号为KM3,但却用了KM2	

2. 查找故障

①测试电气装置并确定故障:低绝缘电阻故障、定时器参数不正确、过载设置不正确、错误元器件、外观不整等。

②装置隐蔽处设置了总计 6 处故障。

③查找到的每个故障需要在原理图上的对应位置用表 3-1 所示的符号精准标明故障类型。

四、任务评价与总结

1. 考核评价表

完成上述任务学习之后,可按照表 3-13 中的内容进行学习评价。

表 3-13　考核评价表

评价项目	评价内容	评价标准	评价方法		
			自我评价	小组评价	教师评价
职业素养(30 分)	安全意识、责任意识	①作风严谨、自觉遵章守纪、出色完成任务(10 分)。 ②能够遵守规章制度、较好地完成任务(7 分)。 ③遵守规章制度,但未完成任务或虽完成任务但忽视规章制度(5 分)。 ④不遵守规章制度,未完成任务(0 分)			
	学习态度	①积极参与教学活动,全勤(10 分)。 ②缺勤达本任务总学时的 10% (8 分)。 ③缺勤达本任务总学时的 20% (6 分)。 ④缺勤达本任务总学时的 30% (4 分)			
	团队合作意识	①与同学协作融洽、团队合作意识强(10 分)。 ②与同学能沟通、协同工作能力较强(8 分)。 ③与同学能沟通、协同工作能力一般(6 分)。 ④与同学沟通困难、协同工作能力较差(4 分)			
专业能力(70 分)	故障 1	故障定位准确、故障类型标识准确(10 分)			
	故障 2	故障定位准确、故障类型标识准确(10 分)			
	故障 3	故障定位准确、故障类型标识准确(10 分)			
	故障 4	故障定位准确、故障类型标识准确(10 分)			
	故障 5	故障定位准确、故障类型标识准确(10 分)			
	故障 6	故障定位准确、故障类型标识准确(10 分)			
	创新能力	学习过程中,提出创新性、可行性的建议(10 分)			
总评					

2. 任务总结

在课后完成任务总结,应包括以下内容:

①对本任务工作内容进行归纳。

②本任务学习中的主要收获。

③本任务学习中的不足及今后的打算。

任务3　故障考核模块综合实训

一、任务描述

在SX-WSC18电气装置实训系统中的故障考核模块中的照明电路部分与风扇和卷帘电动机控制电路如图3-4所示,设置了10处故障,要求在60 min内完成分析和排查。

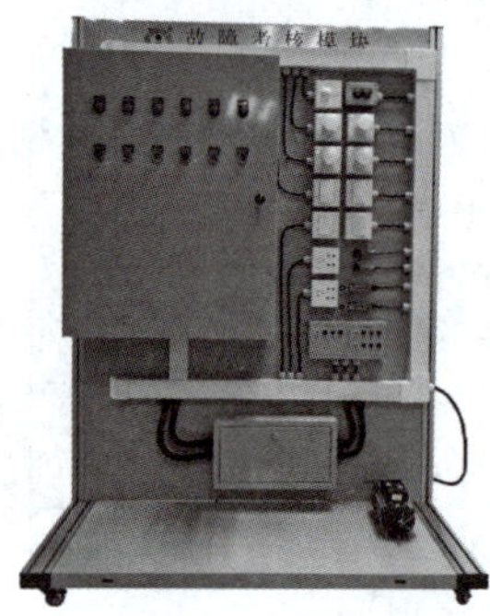

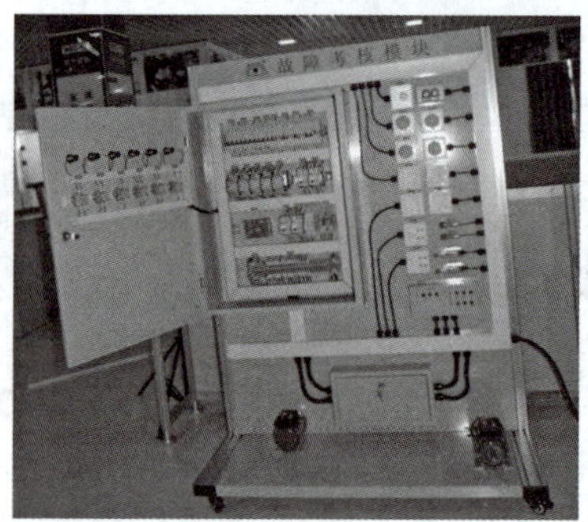

图3-4　故障考核模块

二、任务准备

本任务准备主要是工具的准备,包括万用表、验电笔、相序表、笔、故障考核模块原理图等。

三、任务实施

1. 测试电路

测试电路时包含以下内容:照明电路、供电电路(如断路器供电电路)、控制电路(如电动机控制电路)。

2. 查找故障

①测试电气装置并确定故障主要有:短路、开路、极性错误、高电阻接地、低电阻绝缘、元器件设置不正确、元器件错误、交叉错误等。

②装置隐蔽处设置了总计10处故障。

③查找到的每个故障需要在原理图上的对应位置用表3-1所示的符号精准标明故障类型。

四、任务评价与总结

1. 考核评价表

完成上述任务学习之后，可按照表3-14中的内容进行学习评价。

表3-14　考核评价表

评价项目	评价内容	评价标准	评价方法		
			自我评价	小组评价	教师评价
职业素养（30分）	安全意识、责任意识	①作风严谨、自觉遵章守纪、出色完成任务(10分)。 ②能够遵守规章制度、较好地完成任务(7分)。 ③遵守规章制度，但未完成任务或虽完成任务但忽视规章制度(5分)。 ④不遵守规章制度，未完成任务(0分)			
	学习态度	①积极参与教学活动，全勤(10分)。 ②缺勤达本任务总学时的10%（8分）。 ③缺勤达本任务总学时的20%（6分）。 ④缺勤达本任务总学时的30%（4分）			
	团队合作意识	①与同学协作融洽、团队合作意识强(10分)。 ②与同学能沟通、协同工作能力较强(8分)。 ③与同学能沟通、协同工作能力一般(6分)。 ④与同学沟通困难、协同工作能力较差(4分)			
专业能力（70分）	故障1	故障定位准确、故障类型标识准确(5分)			
	故障2	故障定位准确、故障类型标识准确(5分)			
	故障3	故障定位准确、故障类型标识准确(5分)			
	故障4	故障定位准确、故障类型标识准确(5分)			
	故障5	故障定位准确、故障类型标识准确(5分)			
	故障6	故障定位准确、故障类型标识准确(5分)			
	故障7	故障定位准确、故障类型标识准确(5分)			
	故障8	故障定位准确、故障类型标识准确(5分)			
	故障9	故障定位准确、故障类型标识准确(5分)			
	故障10	故障定位准确、故障类型标识准确(5分)			
	创新能力	学习过程中，提出创新性、可行性的建议(20分)			
总评					

2. 任务总结

在课后完成任务总结，应包括以下内容：

①对本任务工作内容进行归纳。

②本任务学习中的主要收获。

③本任务学习中的不足及今后的打算。

项目四 智能家居安装与调试

项目描述

本项目以KNX楼宇智能控制系统作为控制系统,对区域内各类照明、空调、窗帘等电气设备进行自动化和集中控制管理,实现能源监测,不仅可有效管理楼宇的电气设备,而且还可以进一步拓展控制烟雾探测器、入侵传感器和警报器组成的安全系统等。

学习目标

①掌握所用智能设备的性能;
②了解智能控制面板的使用;
③了解定时器模块与继电器模块的基本功能;
④了解红外传感器与光线传感器的基本功能;
⑤掌握百叶窗控制电路的设计与调试;
⑥掌握灯光控制电路的设计与调试;
⑦掌握排风扇控制电路的设计与调试。

任务1　ETS5使用入门

一、任务描述

在了解SX-KNX住宅与楼宇智能控制实训系统(见图4-1)中包含的基本模块的型号、版本等信息后,借助于工程设计软件ETS5进行基本组态与参数配置。

二、任务准备

熟悉KNX标准并完成ETS5软件安装。

1. 软件安装

提前安装ETS5并授权。

2. 住宅与智能楼宇控制标准(KNX)介绍

KNX 是家居和楼宇控制领域唯一的开放式国际标准，是由欧洲三大总线协议 EIB、BatiBus 和 EHS 合并发展而来的，已被批准为欧洲标准、国际标准、美国标准和中国指导性标准。通过 KNX 总线系统，不仅可以实现对家居和楼宇的照明、遮光/百叶窗、安防系统、能源管理、供暖、通风、空调系统、信号和监控系统、服务界面及楼宇系统、视频/音频、大型家电等的控制，还可以实现远程控制和计量。因此，在项目设计与安装、调试、总线系统的工作与维护等方面，KNX 的要求完全与电力行业的要求一致。为了更加直观地了解 KNX 的用途，以传统灯光控制与智能灯光控制方式对比为例（见图 4-2），简单了解 KNX 的基本用途。

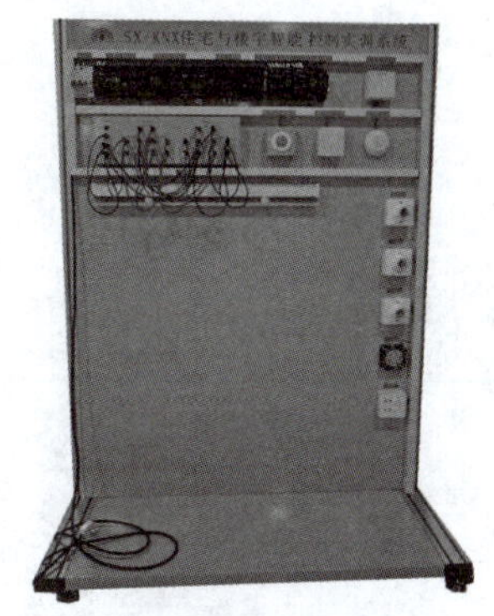

图 4-1　SX-KNX 住宅与楼宇智能控制实训系统

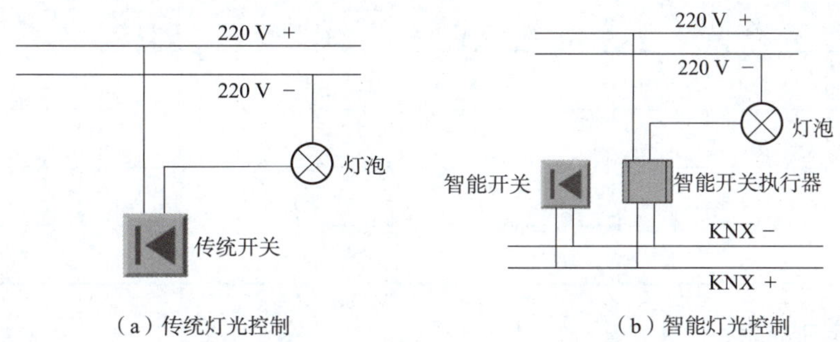

图 4-2　传统灯光控制与智能灯光控制方式对比

3. ETS 简介

关于 KNX 系统的规划、项目设计和调试等工作，由规划者和安装商负责决定 KNX 系统统一的项目设计与调试方案。ETS 即工程设计工具软件，ETS5 为 ETS 的当前最新版本。

ETS 项目设计按照时间先后顺序可以归纳为如图 4-3 所示的流程图。

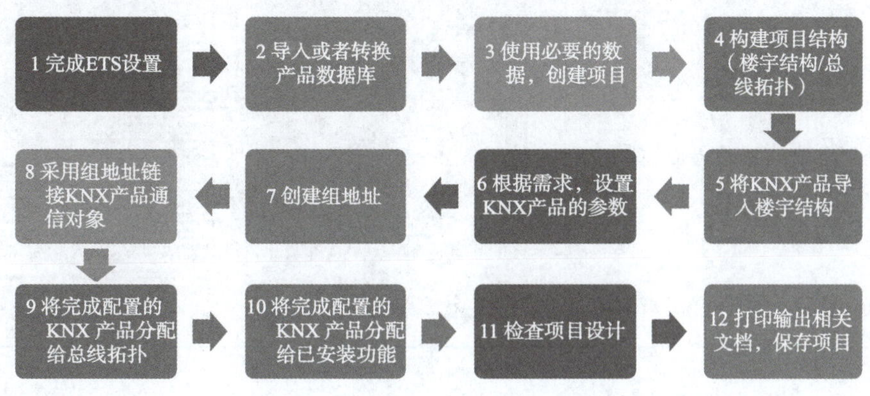

图 4-3　ETS 项目设计流程图

三、任务实施

1. 模块铭牌信息统计

结合实训平台，观察各个模块铭牌，填写表4-1的相关内容。

表4-1　模块信息登记表

序号	模块	型号	版本	备注

2. 启动ETS5软件

(1)启动界面(见表4-2)

表4-2　ETS5软件启动界面

软件安装说明	软件安装图示
软件正常安装与授权后，双击软件图标启动ETS5。 首次启动会出现英文版界面，如右图所示	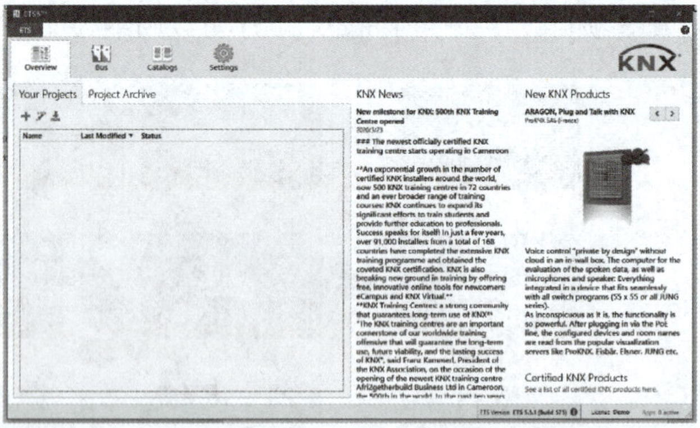

(2)切换界面语言(见表4-3)

表4-3　ETS5软件界面语言切换设置

语言切换设置说明	语言切换设置图示
为了便于快速入门,可以切换界面语言为中文,设置方法如右图所示,操作完成后提示是否重启软件,选择Restart选项即可	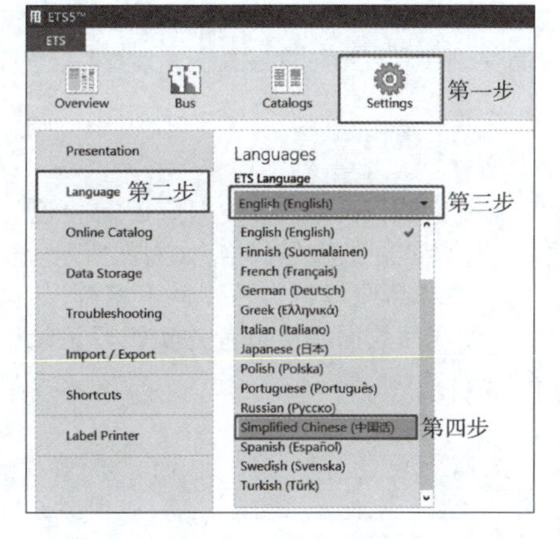

3. 设置数据库

通常,首次使用EST5软件时,需要将所需产品的数据库导入软件中。具体设置方法如下:

(1)导入产品数据库(见表4-4)

表4-4　导入产品数据库

导入产品数据库说明	导入产品数据库图示
首次使用软件时,ETS5的数据库为空。导入数据库是正常设置模块参数实现功能的必备条件。通常数据库可以向模块供应商获取。 为了使用ETS5,必须将实训设备中所使用的产品数据导入该数据库,因此查阅表4-1所填写的模块信息,便可以快速、正确地导入相关产品的数据库。导入数据库操作是按照右图步骤,依次添加的	
根据数据库路径,导入相应模块的数据库,通常数据库扩展名为.vd5。右图以导入智能面板数据库为例	

(2)选择具体产品类型

根据产品的型号规格选择具体的产品类型，见表 4-5。

表 4-5　具体产品类型选择

产品类型选择说明	产品类型选择图示
以 EIB 面板为例，导入产品数据库后需要设计人员选择与设备匹配的型号规格，如右图所示。 问题 1：如果产品选择与实际硬件不相符，如何删除已导入的产品数据库？思考并实践后记录于任务总结中	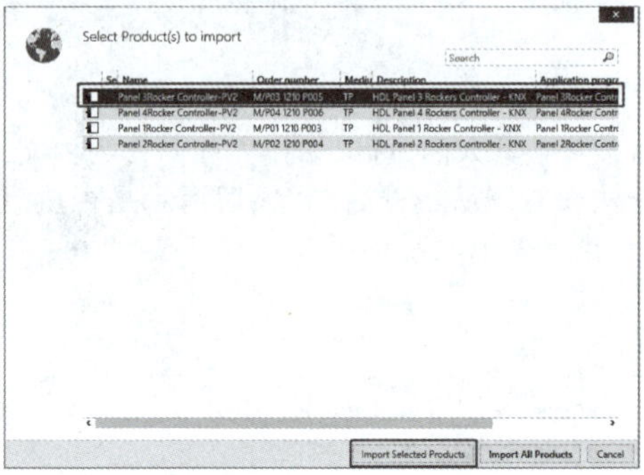

4. 项目设计

项目设计的步骤包括：创建新项目、选择项目视图、分配物理地址、设置模块参数、设置组地址、配置总线接口、下载组态信息。

(1)创建新项目

ETS5 创建新项目的方法见表 4-6，其中项目名称必须定义。

表 4-6　创建新项目

创建新项目说明	创建新项目图示
在总览页面单击“创建新项目”按钮，弹出“新项目”对话框，在该对话框中，必须输入新项目的名称，如右图所示。此外，还可以指定已经使用的介质(TP 表示双绞线；PL 表示电力线；IP 表示以太网)。如果已经选择了功能“创建支线 1.1”，则会直接生成区 1、主线 1.0 和线路 1.1；否则，该项目没有拓扑结构。最后定义组地址类型，常用为三级组地址。确定以上信息后，单击“创建项目”按钮完成。	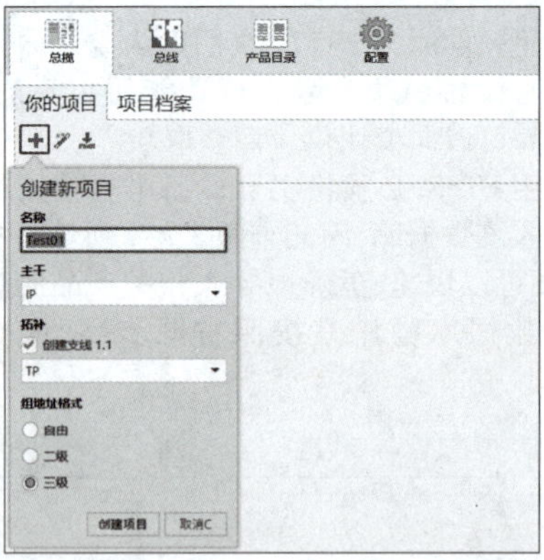

(2)选择项目视图

视图选项提供了建筑、群组地址、拓扑、项目根、设备以及报告 6 种视图选项。这里只介绍常用的建筑视图和拓扑视图，见表 4-7。

表 4-7　两种项目视图界面

项目视图界面说明	项目视图界面图示
建筑视图是 ETS 的主要视图。采用建筑视图,可以根据实际的楼宇结构,完成 KNX 项目的构建和 KNX 设备的插入工作。构建楼宇时,可以使用的元素有:建筑局部、楼层、楼梯、走廊、房间、功能。楼宇、楼宇部件和地板仅用于结构,不得直接包含任何设备。设备可以插入至房间、走廊、楼梯或者储物间之内。对于大型项目,维护总图时,层级视图非常有价值。具体视图效果如右图所示	
拓扑视图用于定义实际的总线结构,并可以为设备分配物理地址。该视图可以与其他视图同时使用,也可以显示与总线结构有关的 KNX 项目。分配给不同线路的设备,必须检测。双绞线、电力线盒 IP 网络线路,采用不同的符号表示。树视图显示 KNX 项目的当前总线拓扑。具体视图效果如右图所示	

(3)分配物理地址

ETS5 软件中的设备物理地址分配见表 4-8,可采用系统自动分配,也可人为修改。

表 4-8　ETS5 软件中的设备物理地址分配

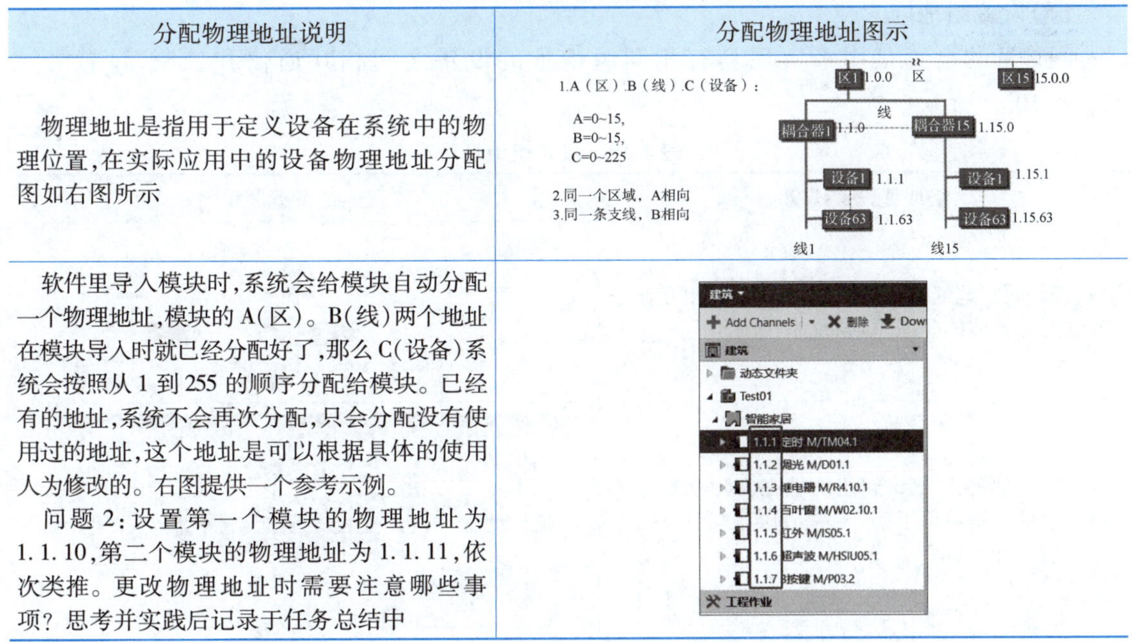

分配物理地址说明	分配物理地址图示
物理地址是指用于定义设备在系统中的物理位置,在实际应用中的设备物理地址分配图如右图所示	
软件里导入模块时,系统会给模块自动分配一个物理地址,模块的 A(区)。B(线)两个地址在模块导入时就已经分配好了,那么 C(设备)系统会按照从 1 到 255 的顺序分配给模块。已经有的地址,系统不会再次分配,只会分配没有使用过的地址,这个地址是可以根据具体的使用人为修改的。右图提供一个参考示例。 问题 2:设置第一个模块的物理地址为 1.1.10,第二个模块的物理地址为 1.1.11,依次类推。更改物理地址时需要注意哪些事项?思考并实践后记录于任务总结中	

(4)设置模块参数

为了使用模块的特定功能,需按照项目要求完成模块的参数设置,见表4-9。

表4-9 设置模块参数

模块参数设置说明	模块参数设置图示
各个模块功能是通过参数设置来实现的,具体的设置方法如右图所示。每个模块具体参数的设置方法在后续的学习任务中会逐一讲解,这里只做简单介绍	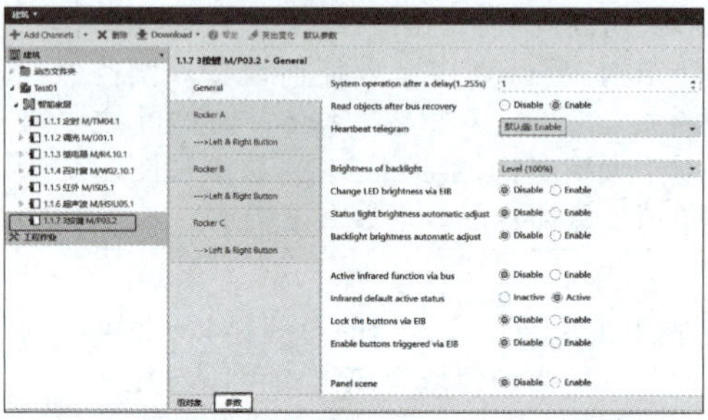
问题3:完成EIB面板A键的参数设置,更改其工作模式为Independent button mode,出现右图所示界面。完成后将操作步骤记录于任务总结中	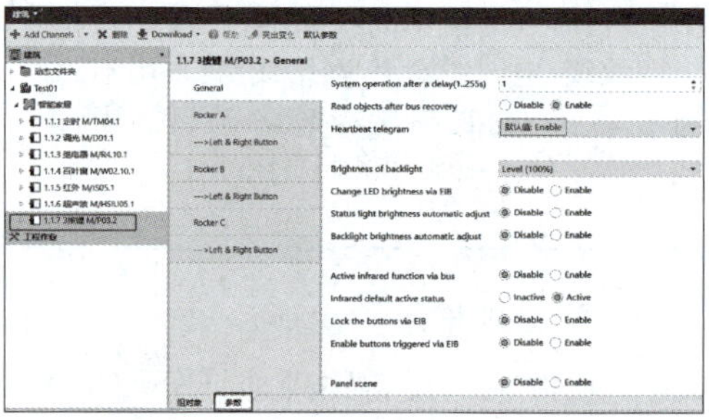

(5)设置组地址

组地址的设置是用来实现具有相同组地址的设备之间相互通信和控制,设置方法见表4-10。

表4-10 设置组地址

组地址设置说明	组地址设置图示
具有相同组地址的设备对象可以实现相互通信与控制,其具体的分配原则如右图所示	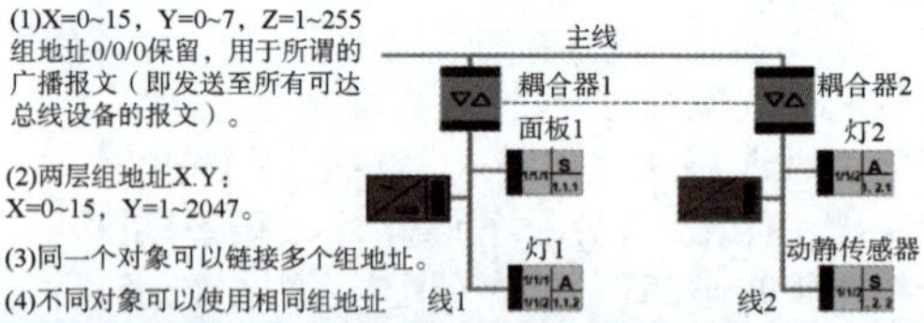 (1)X=0~15,Y=0~7,Z=1~255 组地址0/0/0保留,用于所谓的广播报文(即发送至所有可达总线设备的报文)。 (2)两层组地址X.Y: X=0~15,Y=1~2047。 (3)同一个对象可以链接多个组地址。 (4)不同对象可以使用相同组地址 主线 耦合器1 耦合器2 面板1 灯2 灯1 动静传感器 线1 线2
后续学习中会详细讲解组地址在实际项目中的应用,这里只做简单了解。右图为实际项目中,组地址设置后的效果	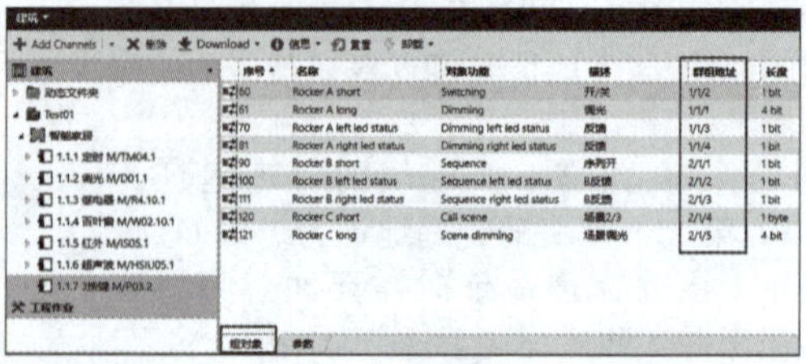

（6）配置总线接口

配置总线接口方法见表4-11。

表4-11　配置总线接口

配置总线接口说明	配置总线接口图示
完成以上步骤后，进入下载数据环节。在下载之前，需要配置总线接口，确保上位机（如计算机）与现场硬件通信成功。设置方式如右图所示	

（7）下载组态信息（见表4-12）

表4-12　下载组态信息

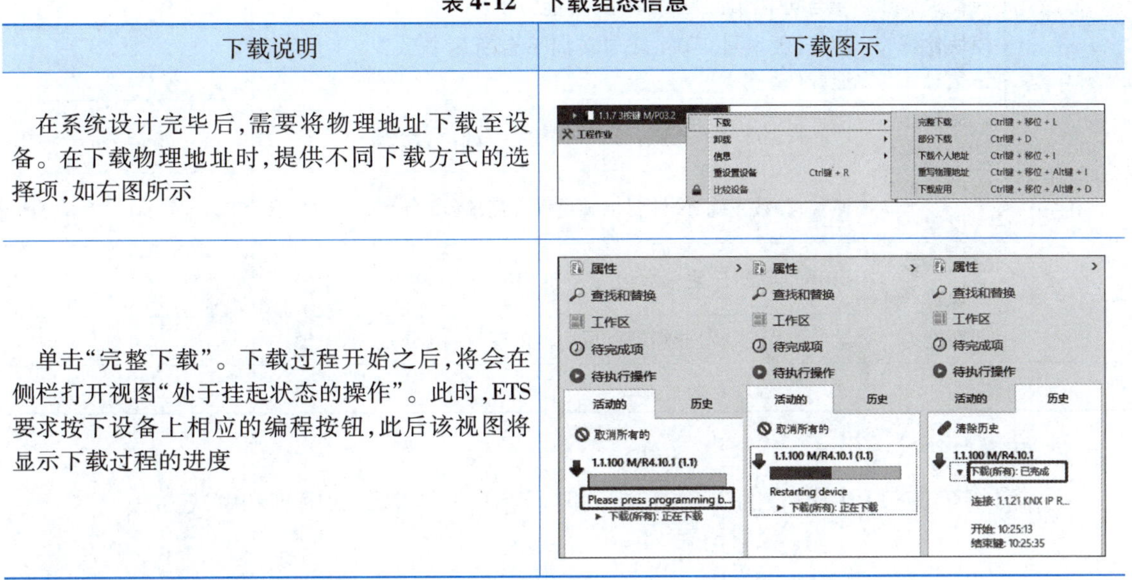

下载说明	下载图示
在系统设计完毕后，需要将物理地址下载至设备。在下载物理地址时，提供不同下载方式的选择项，如右图所示	
单击“完整下载”。下载过程开始之后，将会在侧栏打开视图“处于挂起状态的操作”。此时，ETS要求按下设备上相应的编程按钮，此后该视图将显示下载过程的进度	

四、任务评价与总结

1. 考核评价表

完成上述任务学习之后，可按照表4-13中的内容进行学习评价。

表 4-13 考核评价表

评价项目	评价内容	评价标准	评价方法		
			自我评价	小组评价	教师评价
职业素养（30 分）	安全意识、责任意识	①作风严谨，自觉遵章守纪，出色完成任务（10 分）。 ②能够遵守规章制度，较好地完成工作任务（7 分）。 ③遵守规章制度，但未完成工作任务或虽完成工作任务但忽视规章制度（5 分）。 ④不遵守规章制度，未完成工作任务（0 分）			
	学习态度	①积极参与教学活动，全勤（10 分）。 ②缺勤达本任务总学时的 10%（8 分）。 ③缺勤达本任务总学时的 20%（6 分）。 ④缺勤达本任务总学时的 30%（4 分）			
	团队合作意识	①与同学协作融洽、团队合作意识强（10 分）。 ②与同学能沟通、协同工作能力较强（8 分）。 ③与同学能沟通、协同工作能力一般（6 分）。 ④与同学沟通困难、协同工作能力较差（4 分）			
专业能力（70 分）	模块铭牌信息	型号、版本号正确，且与实训平台所用一致，无遗漏（15 分）			
	产品数据库导入	产品数据库导入正确，与实训平台一致（15 分）			
	物理地址设置	型号、参数正确，设计要求满足任务需求（15 分）			
	模块参数设置	EIB 面板 A 开关参数设置正确（15 分）			
	创新能力	学习过程中，提出创新性、可行性的建议（10 分）			
总评					

2. 任务总结

总结任务实施过程中设置的 3 个问题，同时回顾总结所遇到的困难和解决办法。

任务 2 EIB 智能面板的使用

一、任务描述

结合三按键智能面板的基本功能，实现智能开关控制器执行开关动作，实物图如图 4-4 所示。根据在应用场景中的实际需求，智能开关控制器的其中两路输出上分别接灯 HL1 和灯 HL2，具体的控制要求如下：

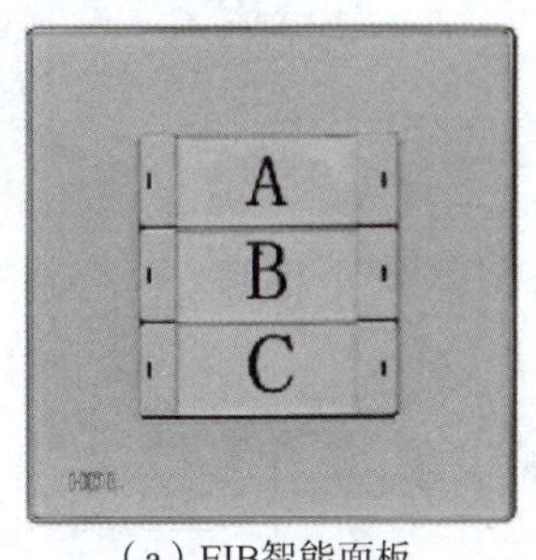

（a）EIB智能面板

（b）智能开关控制器

图 4-4　EIB 智能面板与智能开关控制器实物图

①面板 A 键左键短按，打开 HL1；长按（大于 2 s）打开 HL2。

②面板 A 键右键短按，关闭 HL1；长按（大于 3 s）关闭 HL2。

③面板 B 键左键或右键短按，可以执行关闭 HL1 或 HL2。

二、任务准备

熟悉 EIB 智能面板和智能开关控制器的主要功能和作用。

1. EIB 智能面板简介

①每个按键均有背光灯及 HL 指示灯。

②多功能墙面板设有 3 个大按键，每个大按键又可分为左/右键，每个按键可分别设置不同的功能。

③每个按键有 2 种工作模式：组合按键和左/右独立按键。

④支持多种功能：开关控制、调光控制、窗帘控制、场景控制、序列控制、组合控制、背光亮度设置、按键锁定、按键触发等。

⑤编程模式：同时长按第 1 个大按键的左键和最后一个大按键的右键，约 2 s，HL 指示灯闪烁，进入编程模式。

⑥编程时需要设置的 3 部分：物理地址、参数设置以及群组地址设置。

2. 智能开关控制器简介

①智能开关控制器可以驱动 4 路负载。

②每回路最大 10 A 输出，支持手动操作。

③支持多种功能：继电器开关、场景控制、窗帘控制、阈函数等。

④逻辑功能：与、或、非。

⑤编程时需要设置的 3 部分：物理地址、参数设置以及群组地址设置。

三、任务实施

1. 导入数据库，创建新项目

首先需要导入 EIB 智能面板和智能开关控制器两个模块，然后创建新项目，见表 4-14。

2. 添加设备

添加设备时须先添加房间，然后再添加所需设备，见表 4-15。

3. 修改物理地址

修改智能面板和智能开关控制器的物理地址的方法见表 4-16。

表 4-14　导入 EIB 智能面板和智能开关控制器并创建新项目

导入设备及创建新项目说明	导入设备及创建新项目图示
本任务使用到 SX-KNX 住宅与楼宇智能控制实训系统中的 EIB 智能面板和智能开关控制器这两个模块，首先从数据库中导入这两款产品的相关信息。导入后效果图如右图所示	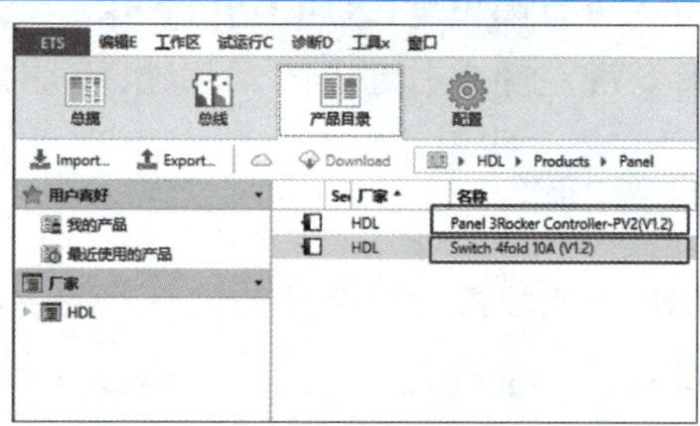
产品信息导入成功后，创建项目“智能面板”。创建项目如右图所示	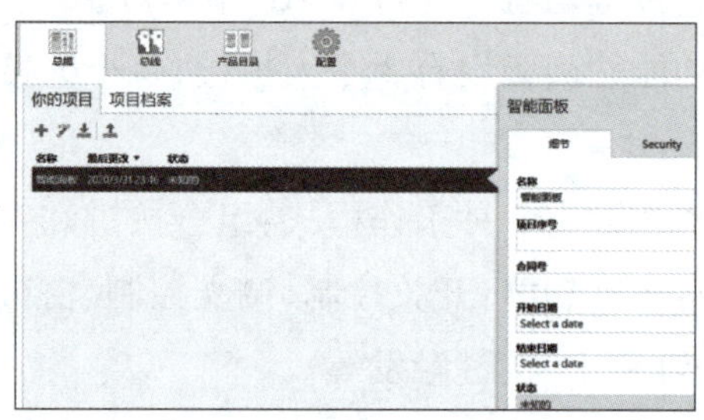

表 4-15　添加智能面板设备

添加智能面板设备说明	添加智能面板设备图示
在“智能面板”中不能直接添加设备，必须先添加房间。在“智能面板”上右击，选择添加 A→房间→命名为 switch controller。 右击房间 switch controller，选择添加 A→设备→从产品目录中依次双击所需产品，即可完成设备添加。 设备添加完成后，如右图所示	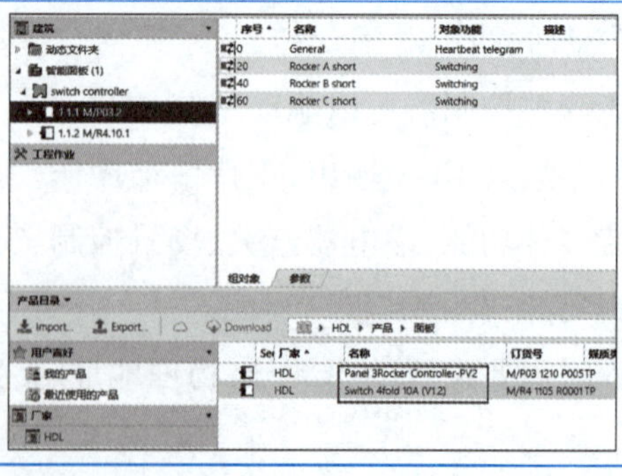

表 4-16　修改智能面板和智能开关控制器的物理地址

修改物理地址说明	修改物理地址图示
为了防止物理地址冲突,往往不使用系统默认的物理地址。本任务中将智能面板和智能开关控制器的物理地址分别修改为 1.1.30 和 1.1.31。 修改方法:单击选中需要修改的设备→属性窗口→修改物理地址即可	

4. 设置智能面板参数

设置智能面板参数的步骤和方法如下:

(1)打开参数设置界面

智能面板的参数设置见表 4-17。

表 4-17　智能面板的参数设置

智能面板参数设置说明	智能面板的参数设置图示
在本任务中,需要设置智能面板的 A 开关左右键、B 开关相关参数。打开参数设置界面如右图所示	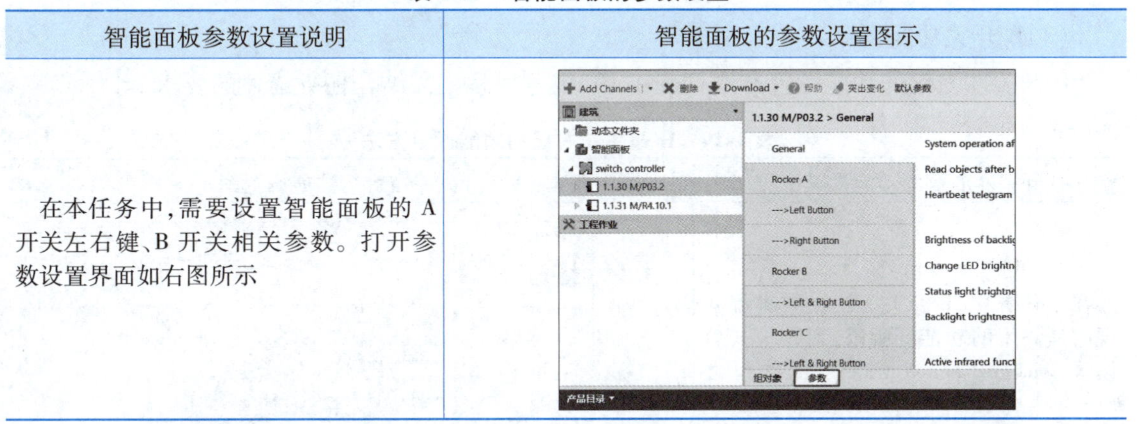

(2)A 开关功能设置

A 开关左右键的功能设置方法见表 4-18,设置过程中需结合任务描述的要求。

表 4-18　A 开关左右键的功能设置方法

A 开关左右键的功能设置说明	A 开关左右键的功能设置图示
在本任务中,A 开关左右键的功能分别控制 HL1 和 HL2 的开关状态,为了更加直观地展示其功能,将左右键分开设置。选择 Independent button mode 单选按钮。 问题 1:此处是否可以选择 Combined button mode 单选按钮,再进行设置	

续表

A 开关左右键的功能设置说明	A 开关左右键的功能设置图示
设置 A 开关左键:短按的功能是 ON,长按的功能也是 ON,且设置按下左键大于 2 s 才算长按	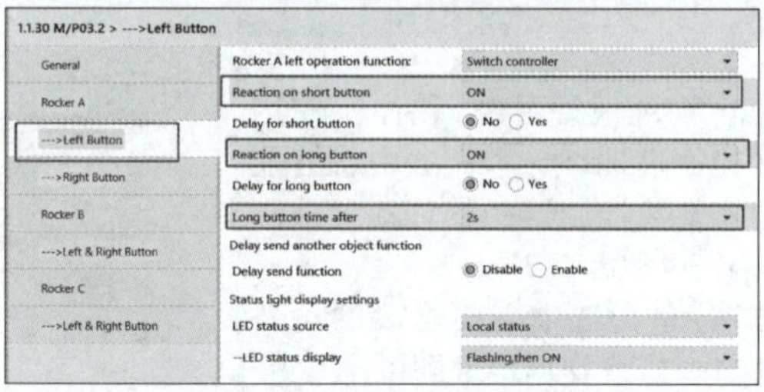
同理,设置 A 开关右键:短按的功能是 OFF,长按的功能也是 OFF,且设置按下左键大于 3 s 才算长按	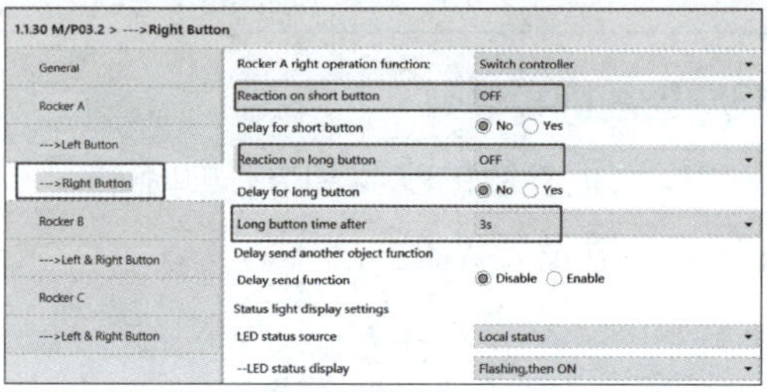

(3)B 开关功能设置

B 开关左右键的功能设置方法见表 4-19,设置过程中需结合任务描述的要求。

表 4-19　B 开关左右键的功能设置方法

B 开关左右键的功能设置说明	B 开关左右键的功能设置图示
在本任务中,B 开关无论左右键都实现的是关闭的功能。所以,工作模式就设置 Combined button mode	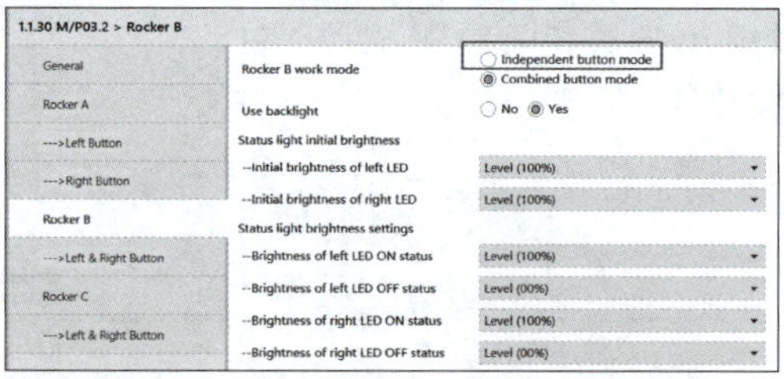
设置 B 开关:只设置短按的功能且左右键都是实现关闭功能	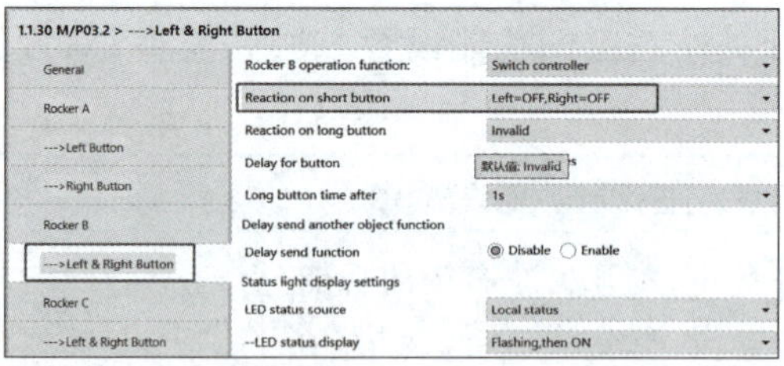

5. 设置群组地址

设置智能面板的群组地址方法见表 4-20。因为 B 开关的工作模式是 Combined button mode,所以 B 开关只有一个群组地址

表 4-20　设置智能面板的群组地址方法

智能面板的群组地址设置说明	智能面板的群组地址设置图示
从参数界面回到组对象界面，查阅智能面板的对象功能，如 Rocker A left short 等是否存在，再到相应的位置上右击链接组地址，详见右图	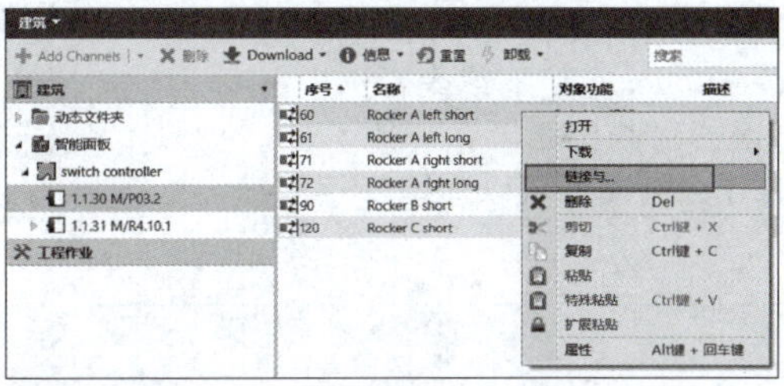
新建组地址，根据控制要求，将智能面板所有的功能新建群组地址并命名，如 1 1 1(1 空格 1 空格 1)-1 1 5。链接结束后，如右图所示。 问题 2：可否设置组地址为“1 10 1”，并解释原因	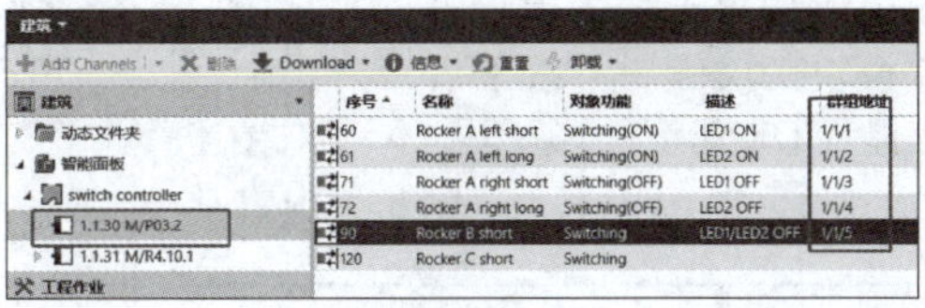
对于智能开关控制器来说，A 路控制 HL1 的开关状态，B 路控制 HL2 的开关状态。链接到“现存的”群组地址，如右图所示	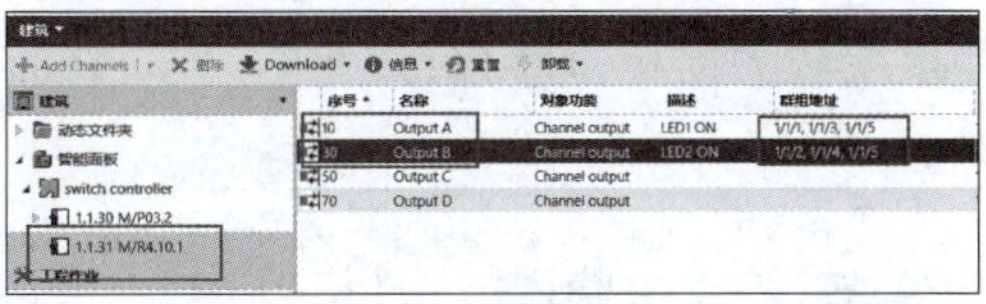

6. 配置总线接口

按照表 4-21 所示，完成总线接口的配置，以使通信正确、下载成功。

表 4-21　配置总线接口

配置总线接口说明	配置总线接口图示
完成以上步骤后，进入下载数据环节。在下载之前，需要配置总线接口，确保上位机（如计算机）与现场硬件通信成功。设置方式如右图所示	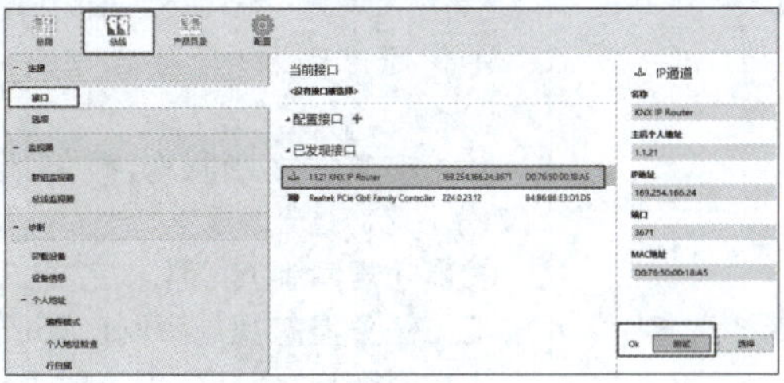

7. 完整下载

可以完整下载或者选中每一个设备逐一完整下载，见表 4-22。下载过程中，需按照提示按下相应模块的编程键。

表 4-22　智能面板的完整下载

下载说明	下载图示
参数及群组地址设置完毕后，选中房间 switch controller 完整下载或者选中每一个设备逐一完整下载。 问题 3：什么情况下可以选择“下载应用”	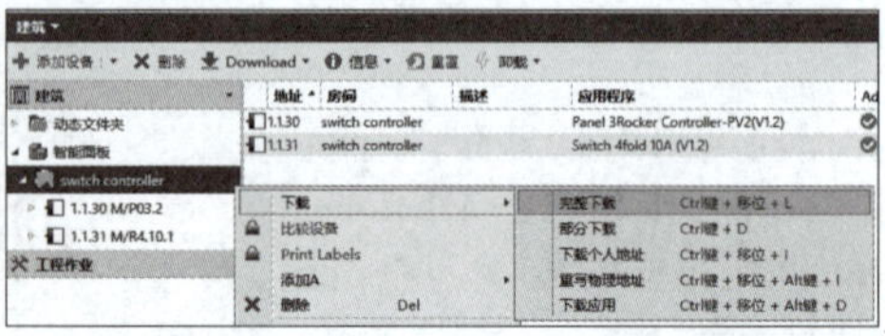
下载过程中，提示按下编程键，请注意当前是哪个模块提示按下编程键，则只按下相应模块的编程键。按下后，等待下载结束提示 OK 即可	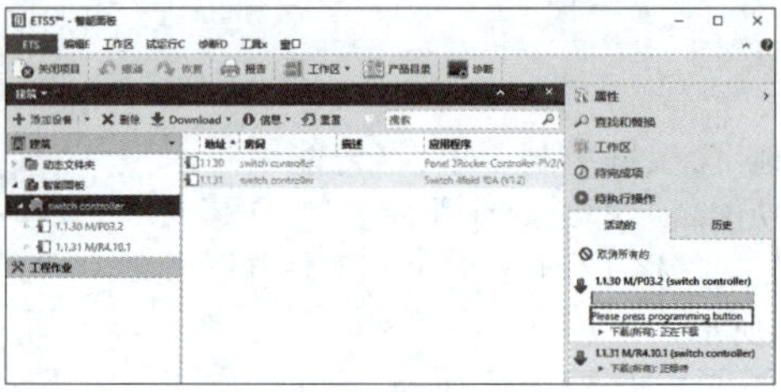

8. 负载接线，现场调试

外部接线较为简单，请自行参照附录 C，将智能开关控制器的 A 路和 B 路输出分别接到两个照明回路中。

四、任务评价与总结

1. 考核评价表

完成上述任务学习之后，可按照表 4-23 中的内容进行学习评价。

表 4-23　考核评价表

评价项目	评价内容	评价标准	评价方法		
			自我评价	小组评价	教师评价
职业素养（30 分）	安全意识、责任意识	①作风严谨，自觉遵章守纪，出色完成任务（10 分）。 ②能够遵守规章制度，较好地完成工作任务（7 分） ③遵守规章制度，但未完成工作任务或虽完成工作任务但忽视规章制度（5 分）。 ④不遵守规章制度，未完成工作任务（0 分）			
	学习态度	①积极参与教学活动，全勤（10 分）。 ②缺勤达本任务总学时的 10%（8 分）。 ③缺勤达本任务总学时的 20%（6 分）。 ④缺勤达本任务总学时的 30%（4 分）			

续表

评价项目	评价内容	评价标准	评价方法		
			自我评价	小组评价	教师评价
职业素养（30分）	团队合作意识	①与同学协作融洽、团队合作意识强（10分）。 ②与同学能沟通、协同工作能力较强（8分）。 ③与同学能沟通、协同工作能力一般（6分）。 ④与同学沟通困难、协同工作能力较差（4分）			
专业能力（70分）	添加设备	型号、版本号正确，且与实训平台所用一致，无遗漏（10分）			
	物理地址设置	型号、参数正确，设计要求满足任务需求（10分）			
	模块参数设置	参数设置正确，项目任务的功能得以实现（10分）			
	群组地址设置	地址设置正确，连接合理且无误（10分）			
	下载操作	正确使用编程键，确保设备组态得以正常下载（10分）			
	外部接线	接线正确合理，无错接、漏接现象（10分）			
	创新能力	学习过程中，提出创新性、可行性的建议（10分）			
总评					

2. 任务总结

总结任务实施过程中设置的3个问题，同时回顾总结所遇到的困难和解决办法。

任务3　逻辑定时控制器的使用

一、任务描述

结合逻辑定时控制器的基本功能，实现智能开关控制器执行开关动作，实物图如图4-5所示。根据在应用场景中的实际需求，智能开关控制器的其中两路输出上分别接灯泡和排风扇，具体的控制要求：2020年4月1日，7:00灯泡点亮；18:15排风扇打开；22:30灯泡、排风扇都关闭。

（a）逻辑定时控制器

（b）智能开关控制器

图4-5　逻辑定时控制器与智能开关控制器实物图

二、任务准备

逻辑定时控制器的功能包括：

①支持多种日程模式：年日程、月日程、周日程、天日程、特别天。

②控制目标包括：开关控制、警报控制、场景控制、序列控制、百分比控制、阈值控制。

③掉电恢复功能。

④逻辑定时控制器控制按键功能见表 4-24。

表 4-24　逻辑定时控制器控制按键功能

控制按键区域分布图示	控制按键功能说明
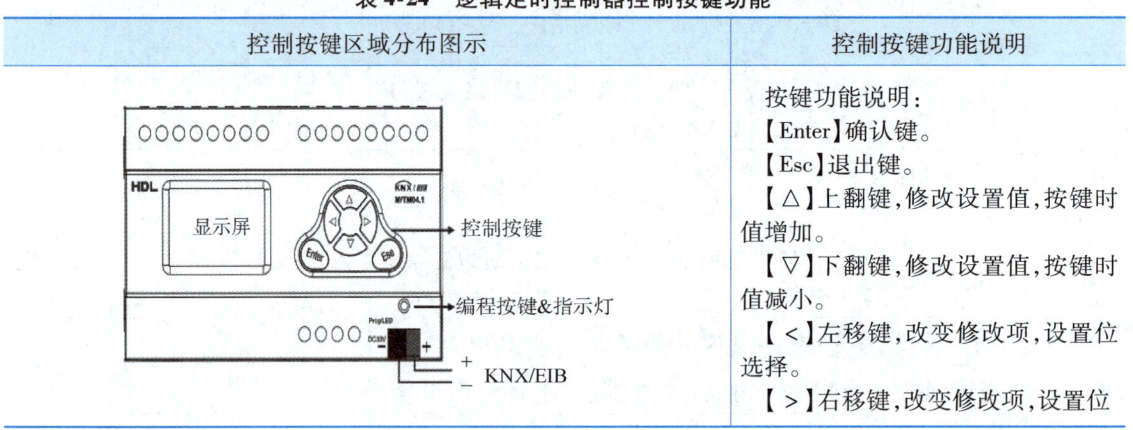	按键功能说明： 【Enter】确认键。 【Esc】退出键。 【△】上翻键，修改设置值，按键时值增加。 【▽】下翻键，修改设置值，按键时值减小。 【<】左移键，改变修改项，设置位选择。 【>】右移键，改变修改项，设置位

三、任务实施

1. 创建项目

创建项目见见表 4-25。

表 4-25　创建项目

创建项目说明	创建项目图示
在本项目任务 1 和任务 2 中，介绍了创建项目的一些基本操作。在这里只是简单介绍基本流程：①导入数据库→②添加设备→③修改物理地址，完成后如右图所示	建筑 动态文件夹 定时器控制 亮度控制 1.1.31 M/R4.10.1 1.1.32 M/TM04.1 工程作业 1.1.32 M/TM04.1 > General General Timer routine A Timer routine B Timer routine C Timer routine D 组对象　参数

2. 设置逻辑定时控制器参数

设置逻辑定时控制器参数的，具体步骤和方法如下：

(1)打开逻辑定时控制器参数设置界面

打开逻辑定时控制器参数设置界面见表4-26。

表4-26　逻辑定时控制器的参数设置

参数设置说明	参数设置图示
在本任务中，涉及特殊日期的3个时间段，需要在定时器中进行参数设置。打开参数设置界面如右图所示	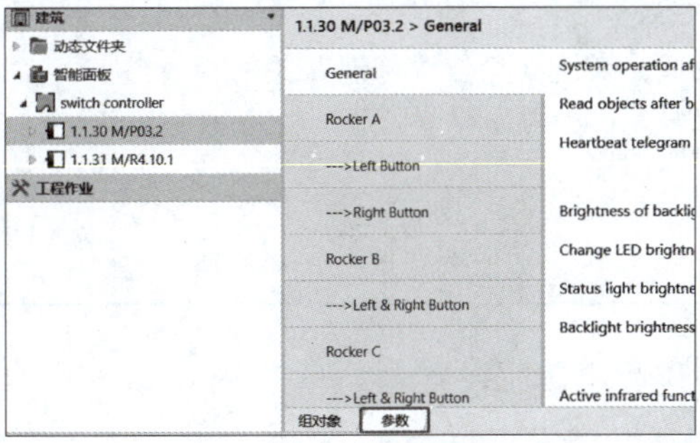

(2)A通道功能设置

在本任务中，涉及两组开关控制(一组控制灯泡，一组控制排风扇)，所以需要设置两个通道的参数。A通道功能设置见表4-27。

表4-27　A通道功能设置

A通道功能设置说明	A通道功能设置图示
首先打开通道A，根据控制要求，涉及特定的某天，所以还需要打开"特别天(Special day page)"的功能，操作方法如右图所示。 问题1：如果需要设置每天重复控制的任务，那么此处应该选择哪个功能	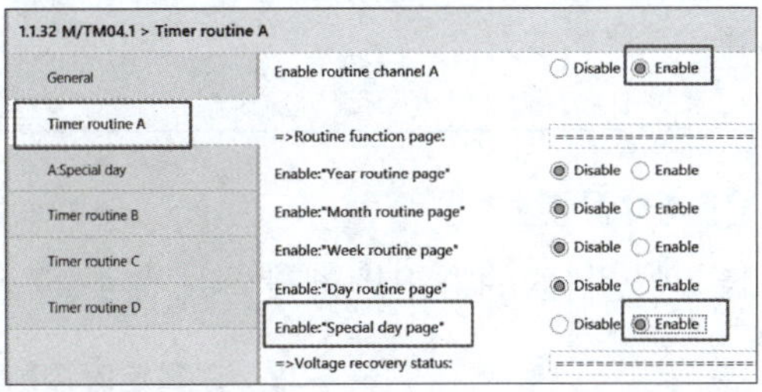
在"特别天"的设置中启动具体到某天的功能	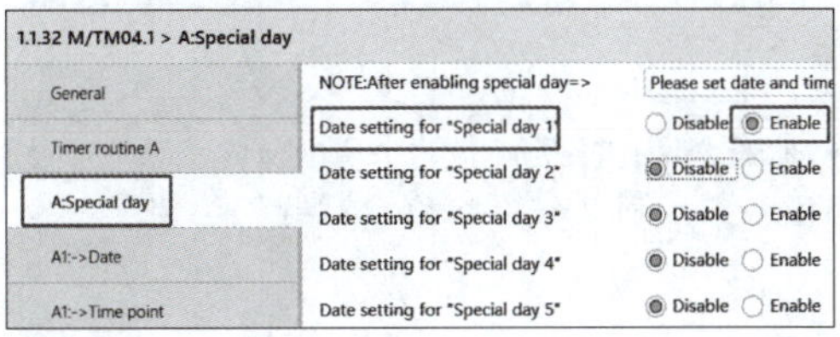

续表

A 通道功能设置说明	A 通道功能设置图示
具体设置“2020 年 4 月 1 日”,操作方法如右图所示。 问题 2:如果要设定 2020 年 4 月第一个星期的星期五,如何设置参数	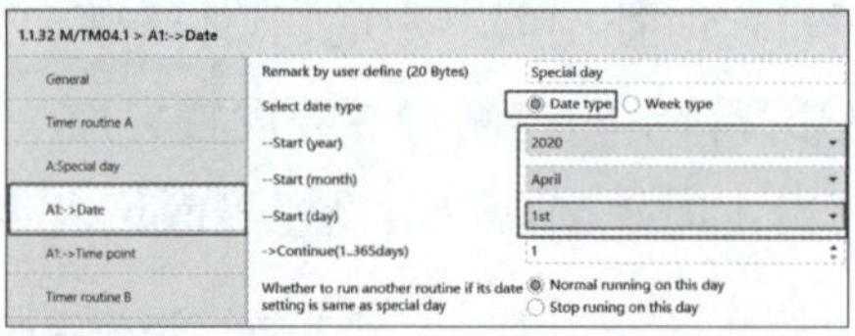
设定时间点。此处只设置灯泡开关的两个时间点:7:00 开灯,22:30 关灯	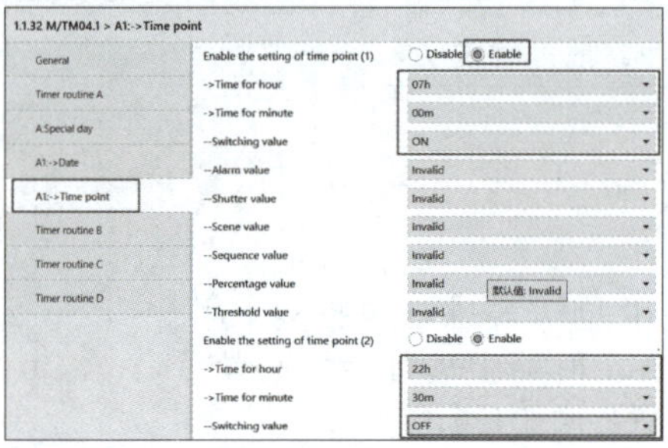

(3)B 通道功能设置

B 通道功能设置见表 4-28。

表 4-28　B 通道功能设置

B 通道功能设置说明	B 通道功能设置图示
B 通道负责排风扇通断控制,与 A 通道只是时间点这一组参数有不同,所以前面的设置方法与 A 通道相同,这里不再赘述。排风扇通断的时间点为 18:15 开排风扇、22:30 关排风扇,右图是 B 通道设置完毕的最终状态	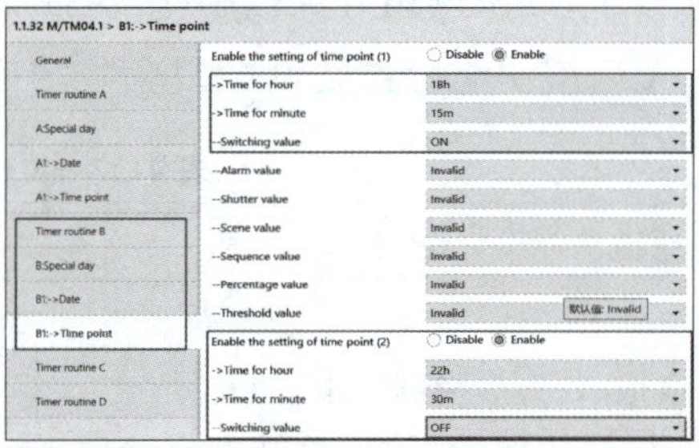

3. 设置群组地址

逻辑定时控制器的群组地址设置见表 4-29。

表 4-29　逻辑定时控制器的群组地址设置

群组地址设置说明	群组地址设置图示
首先分别为逻辑定时控制器的 A 通道和 B 通道中开关控制这一组参数设置群组地址	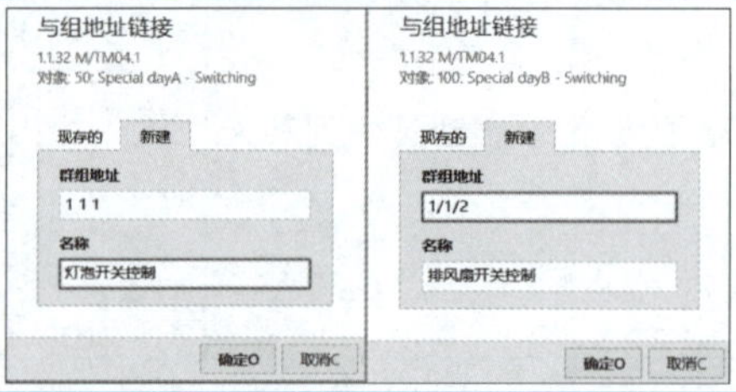

续表

群组地址设置说明	群组地址设置图示
群组地址设置完毕后，如右图所示	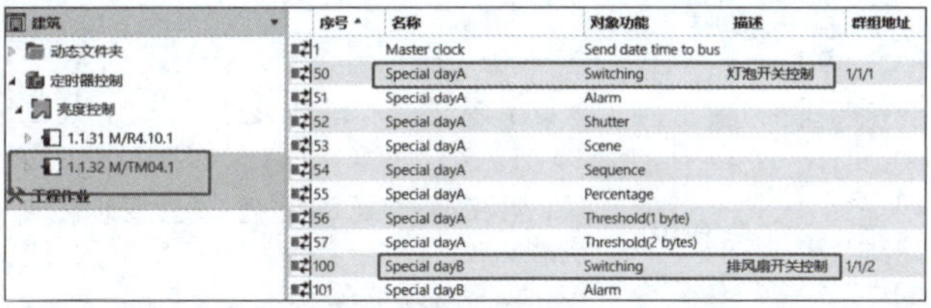
对于智能开关控制器来说，A 通道控制灯泡的开关状态，B 通道控制排风扇的开关状态。链接到“现存的”群组地址，如右图所示。 问题 3：如果错误将智能开关控制器的 C 路链接到群组地址 1 1 1，将如何更改	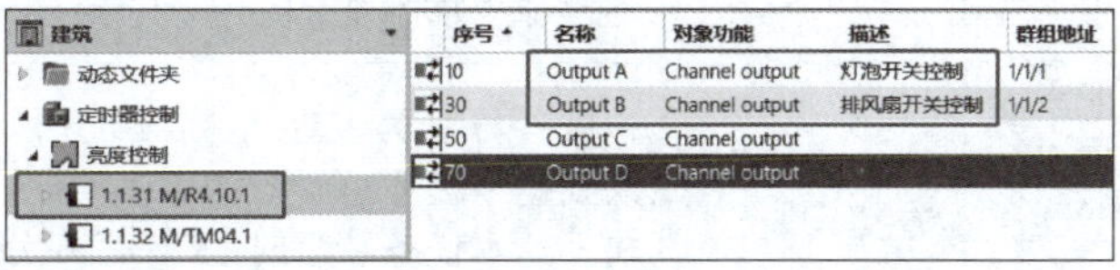

4. 完成下载

逻辑定时控制器的设置下载见表 4-30。

表 4-30　逻辑定时控制器的设置下载

下载说明	下载图示
组地址关联结束后，完成整个项目各设备的下载任务：①配置总线接口→②完整下载。 需要注意的是，定时器下载时间较其他模块要长，需耐心等待。待设备数据下载结束后，组态结束	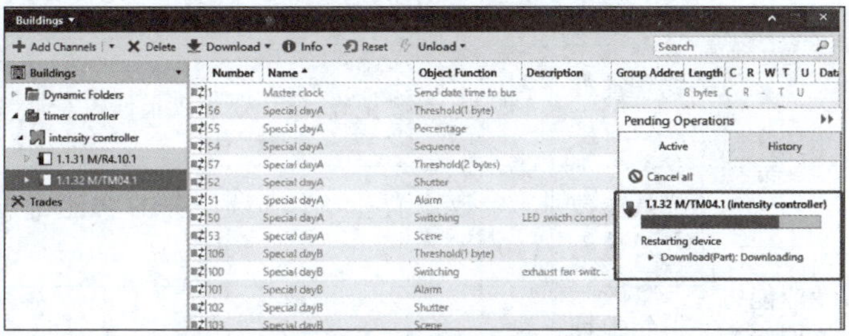

5. 负载接线和调试

外部接线较为简单，请自行参照附录 C，将智能开关控制器的 A 路和 B 路输出分别接到照明回路和排风扇回路中。

四、任务评价与总结

1. 考核评价表

完成上述任务学习之后，可按照表 4-31 中的内容进行学习评价。

表 4-31 考核评价表

评价项目	评价内容	评价标准	评价方法		
			自我评价	小组评价	教师评价
职业素养（30分）	安全意识、责任意识	①作风严谨，自觉遵章守纪，出色完成任务（10分）。 ②能够遵守规章制度，较好地完成工作任务（7分）。 ③遵守规章制度，但未完成工作任务或虽完成工作任务但忽视规章制度（5分）。 ④不遵守规章制度，未完成工作任务（0分）			
	学习态度	①积极参与教学活动，全勤（10分）。 ②缺勤达本任务总学时的10%（8分）。 ③缺勤达本任务总学时的20%（6分）。 ④缺勤达本任务总学时的30%（4分）			
	团队合作意识	①与同学协作融洽、团队合作意识强（10分）。 ②与同学能沟通、协同工作能力较强（8分）。 ③与同学能沟通、协同工作能力一般（6分）。 ④与同学沟通困难、协同工作能力较差（4分）			
专业能力（70分）	添加设备	型号、版本号正确，且与实训平台所用一致，无遗漏（10分）			
	物理地址设置	型号、参数正确，设计要求满足任务需求（10分）			
	模块参数设置	参数设置正确，项目任务的功能得以实现（10分）			
	群组地址设置	地址设置正确，连接合理且无误（10分）			
	下载操作	正确使用编程键，确保设备组态得以正常下载（满分10分）			
	外部接线	接线正确合理，无错接、漏接现象（满分10分）			
	创新能力	学习过程中，提出创新性、可行性的建议（满分10分）			
总评					

2. 任务总结

总结任务实施过程中设置的3个问题，同时回顾总结所遇到的困难和解决办法。

任务4　移动红外传感器的使用

一、任务描述

结合移动红外传感器的基本功能，实现智能开关控制器执行开关动作，实物图如图4-6所示。根据在应用场景中的实际需求，智能开关控制器的一路输出上接灯泡。具体的控制要求：当室内亮度值处于0～300 lx且有人移动时，灯泡点亮，否则延时5 s关闭。

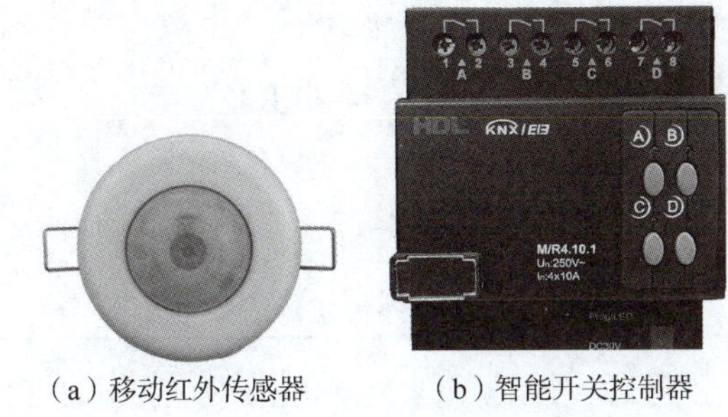

（a）移动红外传感器　　（b）智能开关控制器

图4-6　移动红外传感器与智能开关控制器实物图

二、任务准备

移动红外传感器的功能包括：

①移动红外传感器内设移动传感器、亮度传感器和外部输入。

②具有2通道灯光控制功能，支持开关控制和调光。应用调光功能时，可设置4个亮度值，经过4次延时，最终达到设置的亮度。

③移动红外传感器有5个逻辑功能模块，可以设置与、或逻辑关系，每个逻辑块有10个控制目标。

④推荐的装配高度是2～3 m。传感器的感应范围随着安装高度增加而增大。

⑤目标控制功能：开关控制、绝对值调光、窗帘控制、报警、百分比控制、序列控制、场景控制、字符串控制、临界值控制、温度采样、温度报告、温度控制、照度报告、移动状态报告、多功能逻辑组合。

⑥具有恒照度功能。当设置一个恒定值时，传感器会根据当前亮度进行补偿以达到恒定值输出。

三、任务实施

1. 创建项目

创建项目见表4-32。

表 4-32　创建项目

创建项目说明	创建项目图示
在前面几个任务中，介绍了创建项目的一些基本操作。其基本流程：①导入数据库→②添加设备→③修改物理地址，完成后如右图所示	

2. 设置移动红外传感器参数

设置移动红外传感器参数的具体步骤和方法如下：

(1) 打开移动红外传感器参数设置界面

打开移动红外传感器参数设置界面见表 4-33。

表 4-33　移动红外传感器的参数设置

参数设置说明	参数设置图示
在本任务中，涉及亮度及移动控制，需要在移动红外传感器中进行参数设置。打开参数设置界面如右图所示	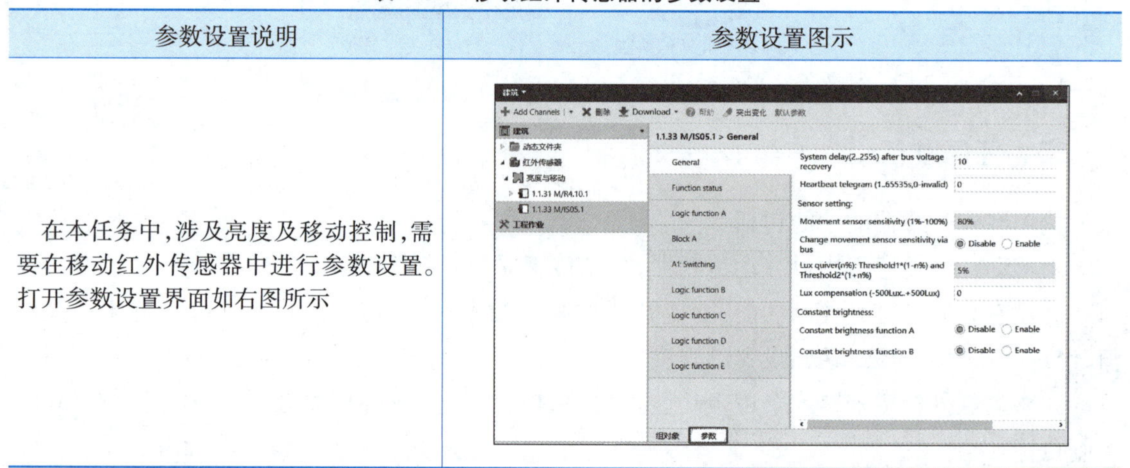

(2) 功能状态监测设置

为了方便调试，可启动移动状态监测和光度值实时反馈功能，见表 4-34。

表 4-34　移动红外传感器的功能状态监测设置

状态监测设置说明	状态监测设置图示
在功能状态中，启动移动状态监测和光度值实时反馈功能，便于调试时监控移动红外传感器的状态（非必要，也可以不设置）	

(3)A 通道功能设置

移动红外传感器的 A 通道功能设置见表 4-35,设置移动和光亮监测功能。

表 4-35　移动红外传感器的 A 通道功能设置

A 通道功能设置说明	A 通道功能设置图示
设置移动功能,并指定移动发生时输出信号为 True,否则为 False;设置亮度传感器的监测范围为 0 ~ 300 lx。同时实际应用中需要同时满足亮度和移动功能这两个条件,所以逻辑关系为 AND。 问题 1:如果场景的条件是亮度 100 ~ 300 lx 或有人移动,负载有输出,此处该如何设置	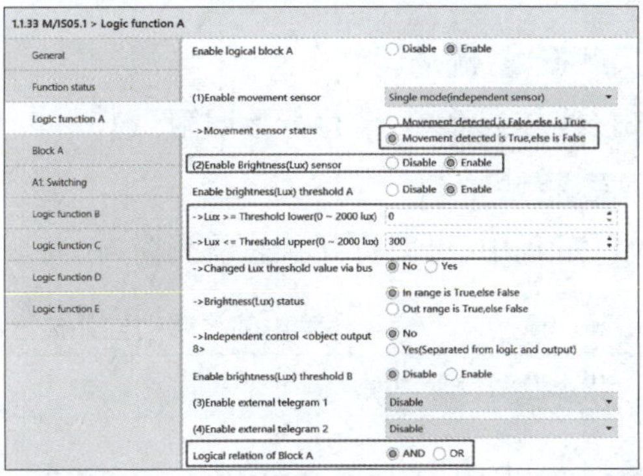
当基本条件设置完毕后,选择开关控制功能,同时设置当条件不满足时,延时 5 s 关闭的功能。 问题 2:如果场景需要条件满足时,延时 3 s 才有动作,此处该如何设置	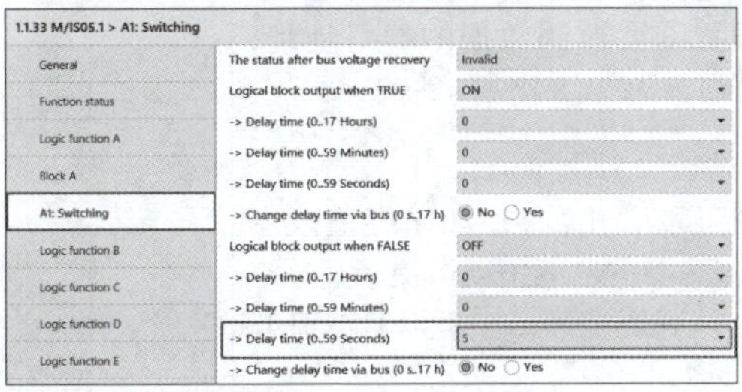

3. 设置群组地址

移动红外传感器的群组地址设置见表 4-36。

表 4-36　移动红外传感器的群组地址设置

群组地址设置说明	群组地址设置图示
移动红外传感器模块的群组地址设置完毕后,如右图所示	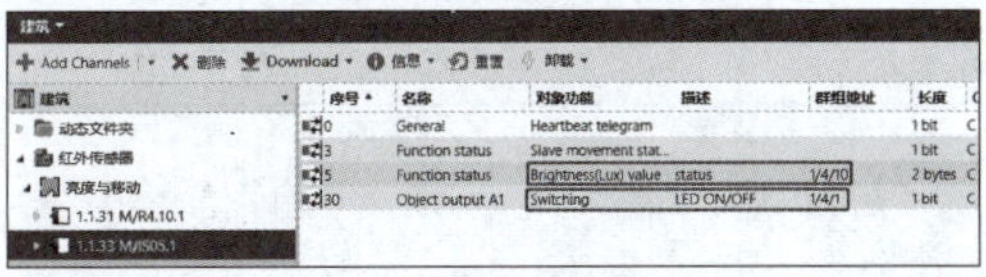
对于智能开关控制器来说,只需要指定某一路接通灯泡即可,故指定 A 通道为输出通道。设置如右图所示	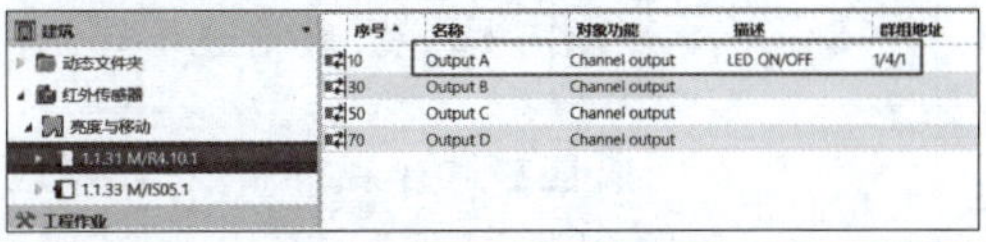

4. 完成下载

移动红外传感器的下载见表 4-37。

表 4-37 移动红外传感器的下载

下载说明	下载图示
组地址关联结束后，完成整个项目各设备的下载任务：①配置总线接口→②完整下载	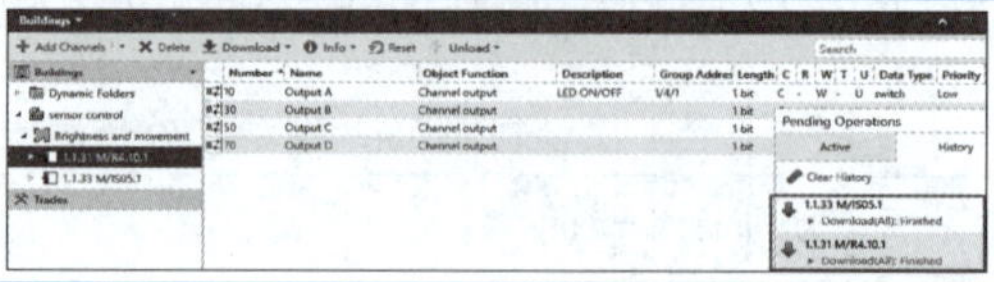

5. 负载接线，现场调试

外部接线较为简单，请自行参照附录 C。

6. 状态监测

在调试过程中，可以打开状态监测窗口，获取当前的光度值，见表 4-38。

表 4-38 移动红外传感器的状态监测设置

状态监测设置说明	状态监测图示
打开群组监视器方法如右图所示，在其窗口设置需要监测数据的群组地址，如光度值(1 4 10)。	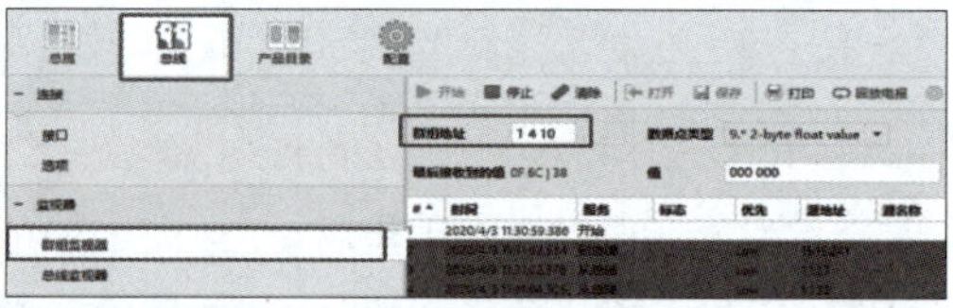
从右图可以看出，当外部光度值改变时，状态监测器的监测值就会更新。 问题 3：从状态监测图中可以获取哪些信息	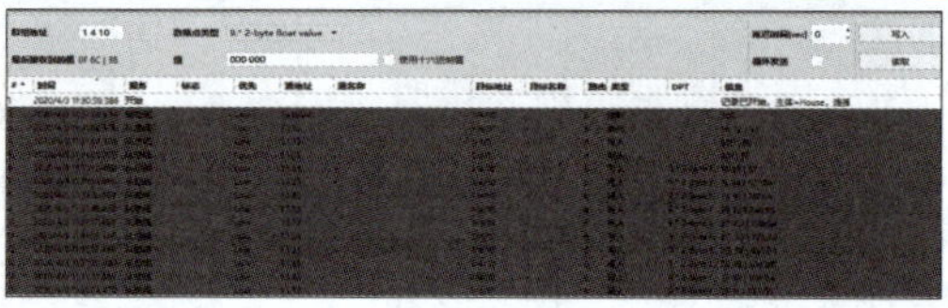

四、任务评价与总结

1. 考核评价表

完成上述任务学习之后，可按照表 4-39 中的内容进行学习评价。

表 4-39 考核评价表

评价项目	评价内容	评价标准	评价方法		
			自我评价	小组评价	教师评价
职业素养(30 分)	安全意识、责任意识	①作风严谨，自觉遵章守纪，出色完成任务(10 分)。 ②能够遵守规章制度，较好地完成工作任务(7 分)。 ③遵守规章制度，但未完成工作任务或虽完成工作任务但忽视规章制度(5 分)。 ④不遵守规章制度，未完成工作任务(0 分)			

续表

评价项目	评价内容	评价标准	评价方法		
			自我评价	小组评价	教师评价
职业素养（30分）	学习态度	①积极参与教学活动，全勤（10分）。 ②缺勤达本任务总学时的10%（8分）。 ③缺勤达本任务总学时的20%（6分）。 ④缺勤达本任务总学时的30%（4分）			
	团队合作意识	①与同学协作融洽、团队合作意识强（10分）。 ②与同学能沟通、协同工作能力较强（8分）。 ③与同学能沟通、协同工作能力一般（6分）。 ④与同学沟通困难、协同工作能力较差（4分）			
专业能力（70分）	添加设备	型号、版本号正确，且与实训平台所用一致，无遗漏（10分）			
	物理地址设置	型号、参数正确，设计要求满足任务需求（10分）			
	模块参数设置	参数设置正确，项目任务的功能得以实现（10分）			
	群组地址设置	地址设置正确，连接合理且无误（10分）			
	下载操作	正确使用编程键，确保设备组态得以正常下载（10分）			
	外部接线	接线正确合理，无错接、漏接现象（10分）			
	创新能力	学习过程中，提出创新性、可行性的建议（10分）			
总评					

2. 任务总结

总结任务实施过程中设置的3个问题，同时回顾总结所遇到的困难和解决办法。

任务5　光线传感器的使用

一、任务描述

结合光线传感器的基本功能，实现智能开关控制器执行开关动作，实物图如图4-7所示。根据在应用场景中的实际需求，智能开关控制器的两路输出分别接灯泡和排风扇。具体的控制要求：当亮度值大于 300 lx 时，开风扇并且关灯，否则延时 10 s 关风扇，开灯。

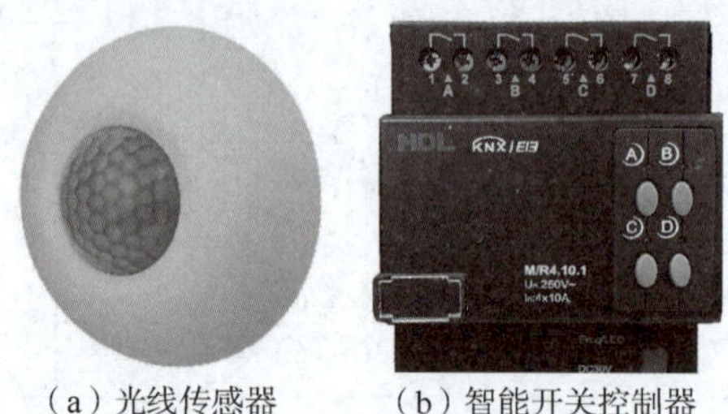

（a）光线传感器　　（b）智能开关控制器

图 4-7　光线传感器与智能开关控制器实物图

二、任务准备

光线传感器与本项目任务 4 中所介绍的移动红外传感器是同类型产品，其功能类似。

三、任务实施

1. 创建项目

创建项目见表 4-40。

表 4-40　创建项目

创建项目说明	创建项目图示
在前面几个任务中，介绍了创建项目的一些基本操作。其基本流程：①导入数据库→②添加设备→③修改物理地址，完成后如右图所示	

2. 设置光线传感器参数

设置光线传感器参数的具体步骤和方法如下：

（1）功能状态监测设置

为了便于调试，可启动亮度报告功能，见表 4-41。

表 4-41　光线传感器的功能状态监测设置

状态监测设置说明	状态监测设置图示
在功能状态中，启动亮度报告功能，便于调试时监控光线传感器的状态（非必要，但是推荐设置） 问题 1：目前参数设置中报告的差异值为 20，如何理解这个数字	

（2）逻辑功能 A 设置

光线传感器的逻辑功能 A 设置见表 4-42。

表 4-42　光线传感器的逻辑功能 A 设置

逻辑功能 A 设置说明	逻辑功能 A 设置图示
启动逻辑块 A，本任务中不需要启动运动传感器。根据控制要求设置光照度，此处选择设置下限为 500（上限取传感器量程最大值），在范围内为真。具体设置如右图所示。 问题 2：若光照度下限和上限分别设置为 0 和 500，是否可行	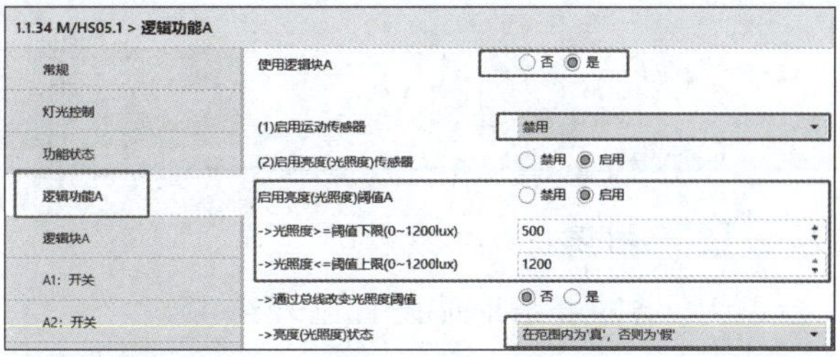

（3）逻辑功能 A 目标输出

光线传感器的逻辑功能 A 目标输出设置见表 4-43。

表 4-43　光线传感器的逻辑功能 A 目标输出设置

逻辑功能 A 目标输出设置说明	逻辑功能 A 目标输出设置图示
根据控制要求，设置两路开关量输出	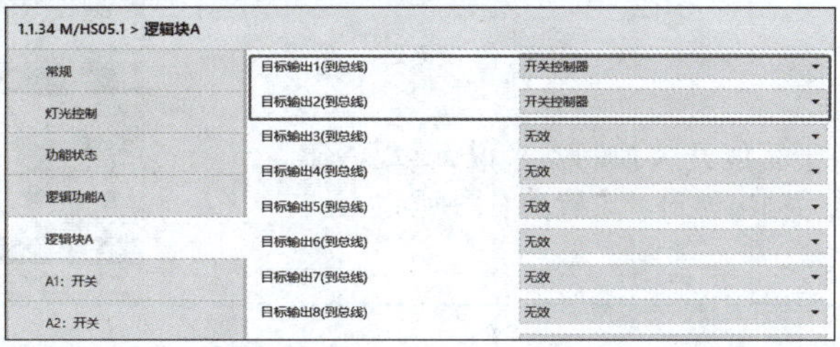

（4）开关输出设置

光线传感器的开关输出设置见表 4-44。

表 4-44　光线传感器的开关输出设置

开关输出设置说明	开关输出设置图示
根据控制要求，设置排风扇控制逻辑，此处使用默认即可	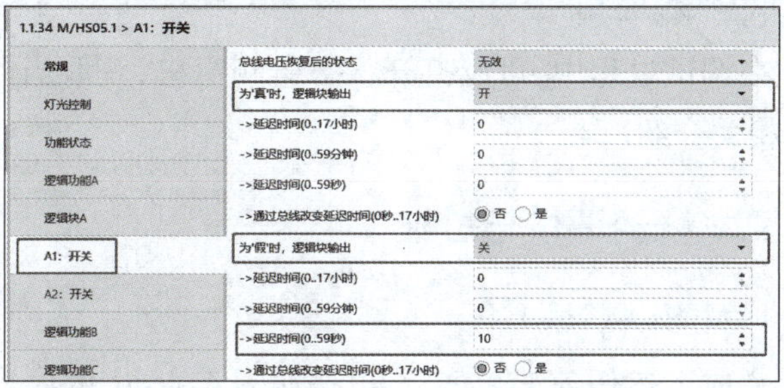

续表

开关输出设置说明	开关输出设置图示
根据控制要求，设置灯泡控制逻辑	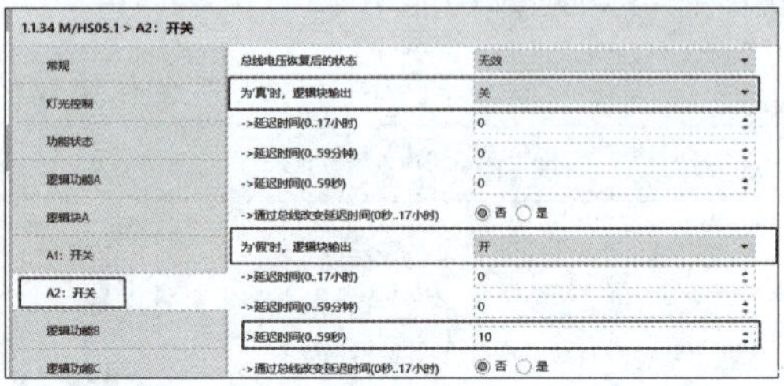

3. 设置群组地址

光线传感器的群组地址设置见表 4-45。

表 4-45 光线传感器的群组地址设置

群组地址设置说明	群组地址设置图示
光线传感器群组地址设置完毕后，如右图所示	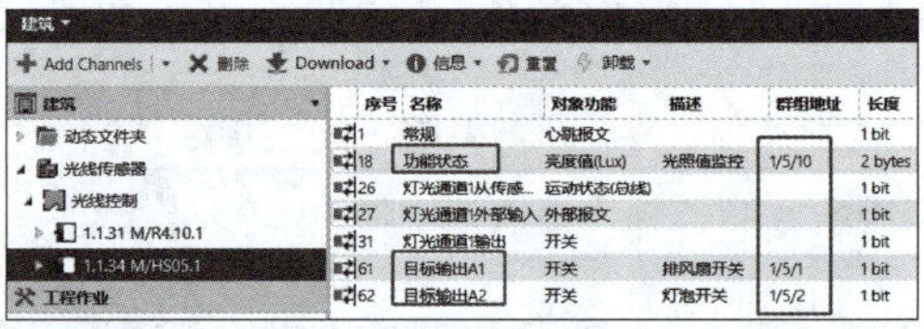
对于智能开关控制器来说，设置 A、B 通道为输出通道。设置如右图所示	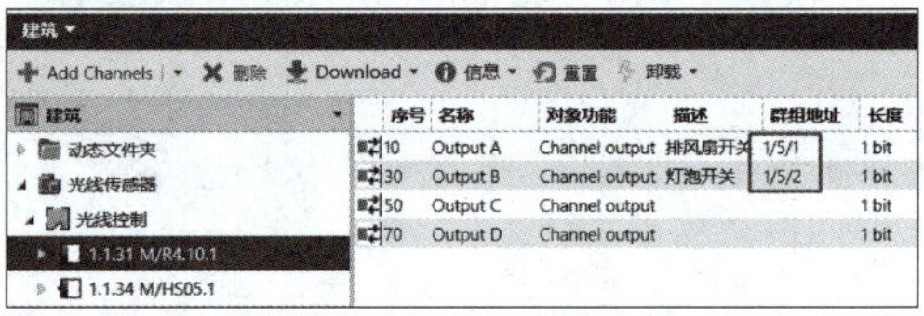

4. 完成下载

请参考之前的任务，此处不做详细介绍。

5. 负载接线，现场调试

外部接线较为简单，请自行参照附录 C，将智能开关控制器的 A 路和 B 路输出分别接到照明回路和排风扇回路中。

6. 状态监测

在调试过程中，可以打开状态监测窗口，获取当前的光度值，操作方法请参照本项目任务 4 的相关介绍。

四、任务评价与总结

1. 考核评价表

完成上述任务学习之后，可按照表 4-46 中的内容进行学习评价。

表 4-46　考核评价表

评价项目	评价内容	评价标准	评价方法		
			自我评价	小组评价	教师评价
职业素养(30分)	安全意识、责任意识	①作风严谨,自觉遵章守纪,出色完成任务(10分)。 ②能够遵守规章制度,较好地完成工作任务(7分)。 ③遵守规章制度,但未完成工作任务或虽完成工作任务但忽视规章制度(5分)。 ④不遵守规章制度,未完成工作任务(0分)			
	学习态度	①积极参与教学活动,全勤(10分)。 ②缺勤达本任务总学时的10%(8分)。 ③缺勤达本任务总学时的20%(6分)。 ④缺勤达本任务总学时的30%(4分)			
	团队合作意识	①与同学协作融洽、团队合作意识强(10分)。 ②与同学能沟通、协同工作能力较强(8分)。 ③与同学能沟通、协同工作能力一般(6分)。 ④与同学沟通困难、协同工作能力较差(4分)			
专业能力(70分)	添加设备	型号、版本号正确,且与实训平台所用一致,无遗漏(10分)			
	物理地址设置	型号、参数正确,设计要求满足任务需求(10分)			
	模块参数设置	参数设置正确,项目任务的功能得以实现(10分)			
	群组地址设置	地址设置正确,连接合理且无误(10分)			
	下载操作	正确使用编程键,确保设备组态得以正常下载(10分)			
	外部接线	接线正确合理,无错接、漏接现象(10分)			
	创新能力	学习过程中,提出创新性、可行性的建议(10分)			
总评					

2. 任务总结

总结任务实施过程中设置的2个问题,同时回顾总结所遇到的困难和解决办法。

任务6 灯光控制

一、任务描述

结合调光控制器基本功能及三按键智能面板,实现灯光调节,实物图如图4-8所示。根据在应用场景中的实际需求,将调光控制器的输出端接上需要进行灯光控制的灯泡。具体控制要求如下:

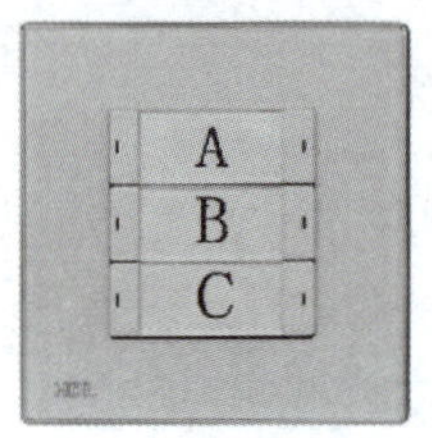

(a)EIB智能面板

(b)调光控制器

图4-8 EIB智能面板与调光控制器实物图

①面板A开关左键:短按,灯泡=ON;长按(>2 s),控制器调亮灯泡;

②面板A开关右键:短按,灯泡=OFF;长按(>2 s),控制器调暗灯泡。

二、任务准备

调光控制器的特点和功能包括:

①采用MOS管调光方式。

②手动控制:可手动操作每个回路。短按开关,长按调光。

③主要功能:时间统计功能、状态响应、状态恢复、短路保护、过载保护、超温保护、楼梯灯、闪烁灯、场景控制、温度读取、高温报警、超温减功率、调光上限限制、调光下限限制、序列控制、阈值开关、加热控制(PWM)。

④支持短路保护、过载保护、过热保护。

三、任务实施

1. 创建项目

创建项目见表4-47。

表 4-47　创建项目

创建项目说明	创建项目图示
请参考前面任务,这里不做具体介绍	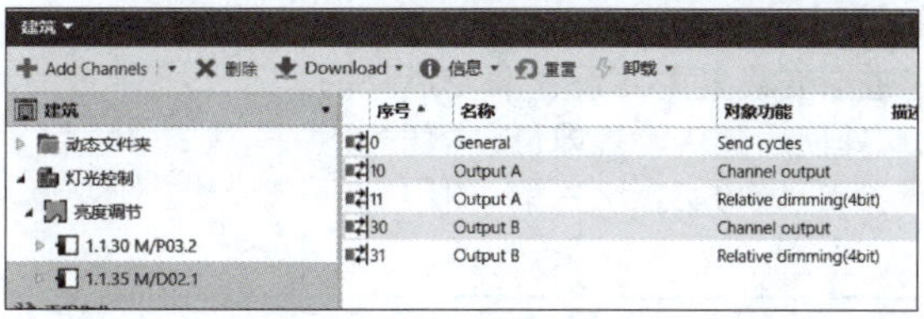

2. 设置调光控制器参数

设置调光控制器参数的具体步骤和方法如下:

(1)打开调光控制器参数设置界面

打开调光控制器参数设置界面见表 4-48。

(2)A 通道参数设置

调光控制器的 A 通道参数设置见表 4-49。

表 4-48　调光控制器的参数设置

参数设置说明	参数设置图示
在本任务中,涉及灯光亮度控制,需要在调光控制器中进行参数设置。打开参数设置界面如右图所示 问题 1:如果需要设置亮度最大为 80%,此处该如何设置	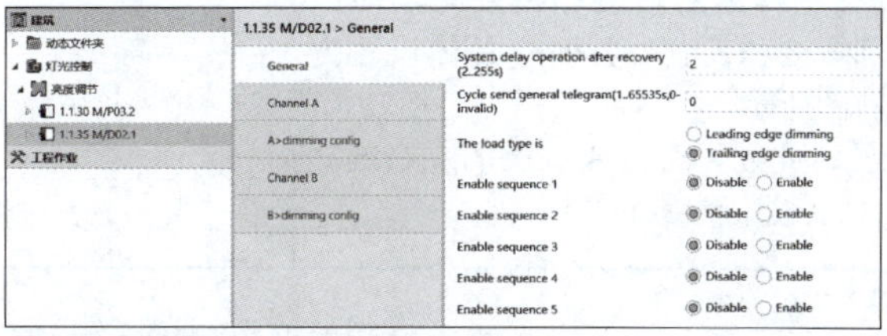

表 4-49　调光控制器的 A 通道参数设置

A 通道参数设置说明	A 通道参数设置图示
A 通道参数设置主要在本页面中,可以设置亮度的最大值和最小值,调光模块的拓展功能等,本任务中不需要设置(本任务不需要设置,只做功能介绍)	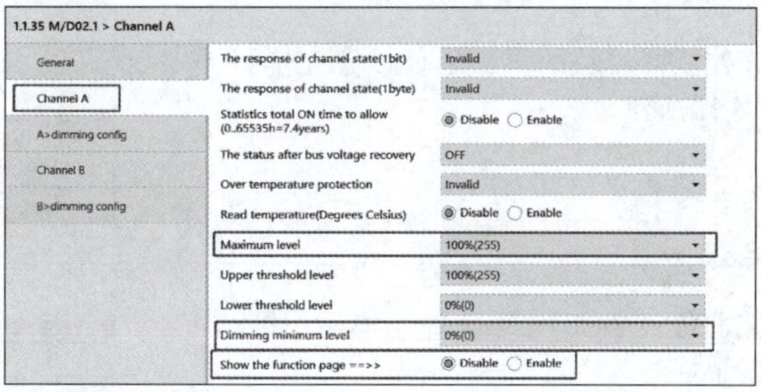

(3)A 通道渐变设置

调光控制器的 A 通道渐变设置见表 4-50。

表 4-50 调光控制器的 A 通道渐变设置

A 通道渐变设置说明	A 通道渐变设置图示
A 通道渐变设置主要设置渐变过程的时间，此处使用默认设置即可（本任务不需要设置，只做功能介绍）	

3. 设置智能面板参数

设置智能面板参数的具体步骤和方法见表 4-51。

4. 设置群组地址

调光控制器和智能面板的群组地址设置见表 4-52。

表 4-51 智能面板的参数设置

参数设置说明	参数设置图示
打开参数设置页面，设置智能面板 A 开关即可。 A 开关此时的运行功能是调光控制器，设置左右键的短按和长按的功能以及区别短按和长按（时间）。具体设置方法如右图所示。 问题 2：此处可否将 A 开关的左右键功能分开，再进行参数设置	

表 4-52 调光控制器和智能面板的群组地址设置

群组地址设置说明	群组地址设置图示
调光控制器模块的群组地址设置完毕后，如右图所示	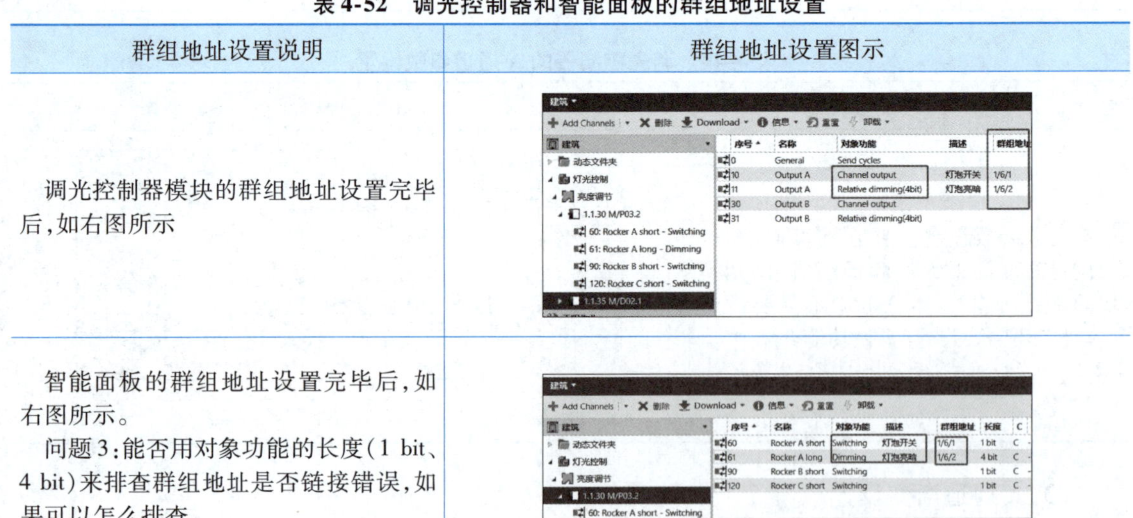
智能面板的群组地址设置完毕后，如右图所示。 问题 3：能否用对象功能的长度（1 bit、4 bit）来排查群组地址是否链接错误，如果可以怎么排查	

5. 完成下载

请参考之前的任务，此处不做详细介绍。

6. 负载接线，现场调试

外部接线较为简单，请自行参照附录 C，将调光控制器的 A 通道直接接到照明回路中。

四、任务评价与总结

1. 考核评价表

完成上述任务学习之后，可按照表 4-53 中的内容进行学习评价。

表 4-53　考核评价表

评价项目	评价内容	评价标准	评价方法		
			自我评价	小组评价	教师评价
职业素养（30 分）	安全意识、责任意识	①作风严谨，自觉遵章守纪，出色完成任务（10 分）。 ②能够遵守规章制度，较好地完成工作任务（7 分）。 ③遵守规章制度，但未完成工作任务或虽完成工作任务但忽视规章制度（5 分）。 ④不遵守规章制度，未完成工作任务（0 分）			
	学习态度	①积极参与教学活动，全勤（10 分）。 ②缺勤达本任务总学时的 10%（8 分）。 ③缺勤达本任务总学时的 20%（6 分）。 ④缺勤达本任务总学时的 30%（4 分）			
	团队合作意识	①与同学协作融洽、团队合作意识强（10 分）。 ②与同学能沟通、协同工作能力较强（8 分）。 ③与同学能沟通、协同工作能力一般（6 分）。 ④与同学沟通困难、协同工作能力较差（4 分）			
专业能力（70 分）	添加设备	型号、版本号正确，且与实训平台所用一致，无遗漏（10 分）			
	物理地址设置	型号、参数正确，设计要求满足任务需求（10 分）			
	模块参数设置	参数设置正确，项目任务的功能得以实现（10 分）			
	群组地址设置	地址设置正确，连接合理且无误（10 分）			
	下载操作	正确使用编程键，确保设备组态得以正常下载（10 分）			

续表

评价项目	评价内容	评价标准	评价方法		
			自我评价	小组评价	教师评价
专业能力（70 分）	外部接线	接线正确合理，无错接、漏接现象（10 分）			
	创新能力	学习过程中，提出创新性、可行性的建议（10 分）			
总评					

2. 任务总结

总结任务实施过程中设置的 3 个问题，同时回顾总结所遇到的困难和解决办法。

任务 7　百叶窗控制

一、任务描述

结合移动红外传感器和窗帘控制器的基本功能，实现百叶窗执行相应的动作，实物图如图 4-9 所示。根据在应用场景中的实际需求，百叶窗连接窗帘控制器电源。具体控制要求：光线暗时（0 ~ 200 lx），窗帘全开；光线亮时（500 ~ 2 000 lx），窗帘关至 50%。

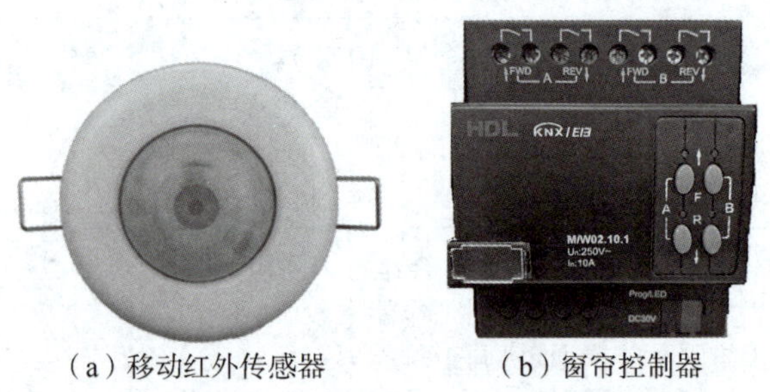

（a）移动红外传感器　（b）窗帘控制器

图 4-9　移动红外传感器与窗帘控制器实物图

二、任务准备

1. 移动红外传感器

具体功能详见本项目任务 4 中的介绍。

2. 窗帘控制器

①每回路可控制窗帘向上、向下和停止运行，也可手动控制某回路的开关。每回路最大 10 A 输出。

②主要功能：百叶窗模式、普通窗帘模式、手动操作、优先级设置、上电状态恢复、掉电状态保存、强制位置操作、限制位置控制、位置状态应答、操作状态、场景控制、安全控制、自动控制。

三、任务实施

1. 创建项目

创建项目见表4-54。

表4-54　创建项目

创建项目说明	创建项目图示
请参考前面任务，这里不做具体介绍	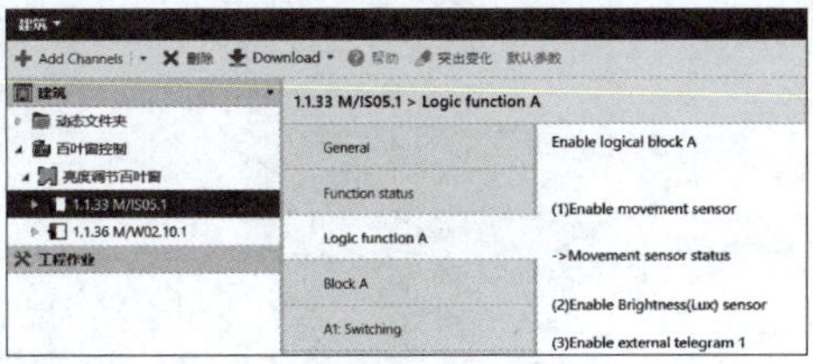

2. 设置移动红外传感器参数

设置移动红外传感器参数的具体步骤和方法如下：

(1)功能状态监测设置

在调试过程中，可以打开状态监测窗口，获取当前的光度值，见表4-55。

表4-55　移动红外传感器的状态监测

状态监测说明	状态监测图示
在功能状态中，启动移动状态监测和光度值实时反馈功能，便于调试时监控移动红外传感器的状态(非必要，也可以不设置)	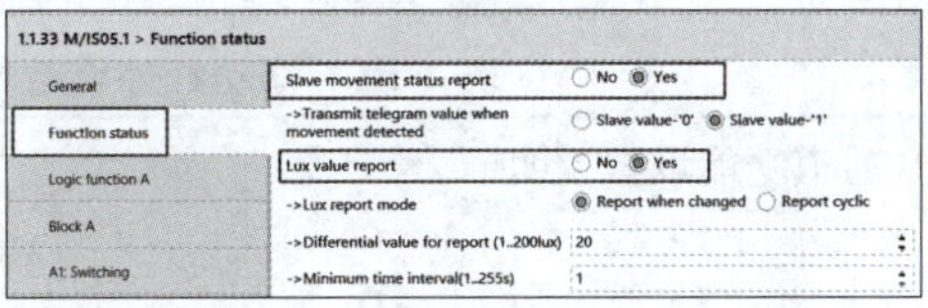

(2)A通道功能设置

移动红外传感器的A通道功能设置见表4-56，设置移动和光亮监测功能。

表4-56　移动红外传感器的A通道功能设置

A通道功能设置说明	A通道功能设置图示
根据控制要求，不需要使用移动功能；设置亮度传感器的监测范围为0～200 lx。其他设置使用默认即可	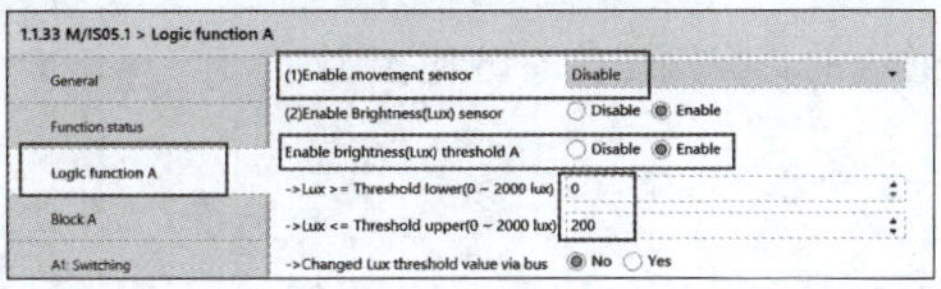

续表

A 通道功能设置说明	A 通道功能设置图示
设置 A 通道的目标输出为窗帘控制	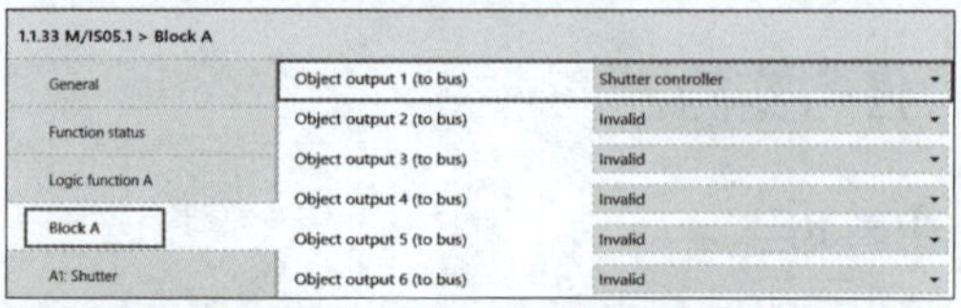
设置 A 通道窗帘控制器输出动作逻辑,如右图所示	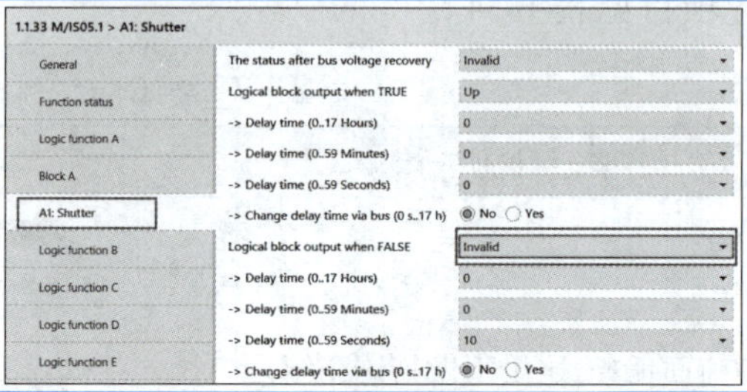
问题 1:如右图所示,在目标输出选项中有不同的选择,请尝试每一种输出方式,并了解其基本功能	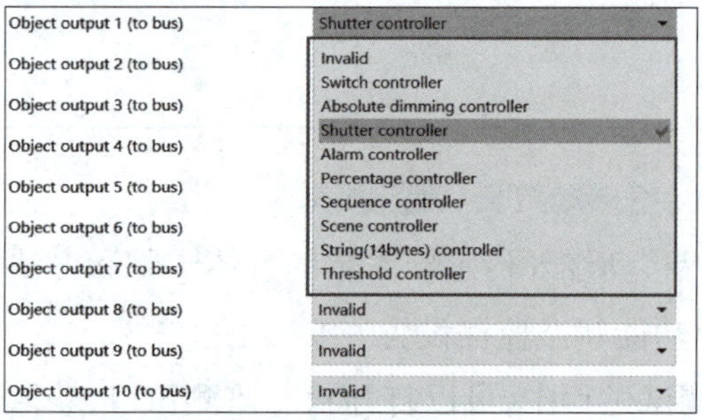

(3)B 通道功能设置

与 A 通道类似,移动红外传感器的 B 通道功能设置见表 4-57。

表 4-57 移动红外传感器的 B 通道功能设置

B 通道功能设置说明	B 通道功能设置图示
与 A 通道类似,根据控制要求设置 B 通道亮度传感器的监测范围为 500 ~ 2 000 lx	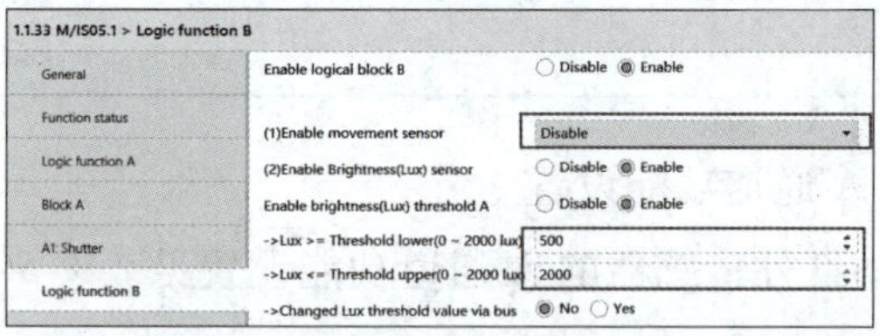
设置 B 通道的目标输出为百分比控制	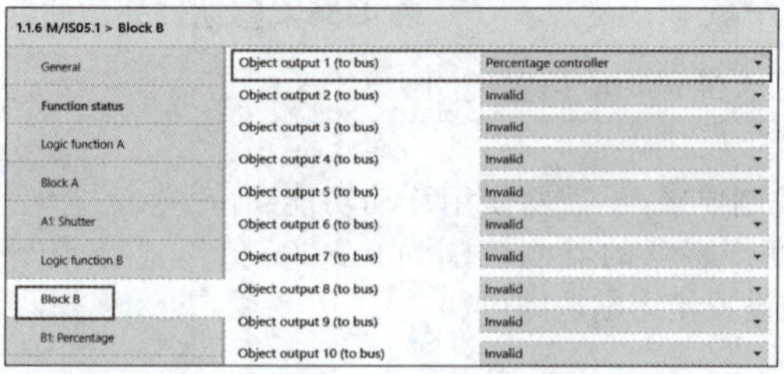

续表

B 通道功能设置说明	B 通道功能设置图示
设置 B 通道窗帘控制器输出动作逻辑，如右图所示。 问题 2：在何种情况下才需要设置 FALSE 的基本参数	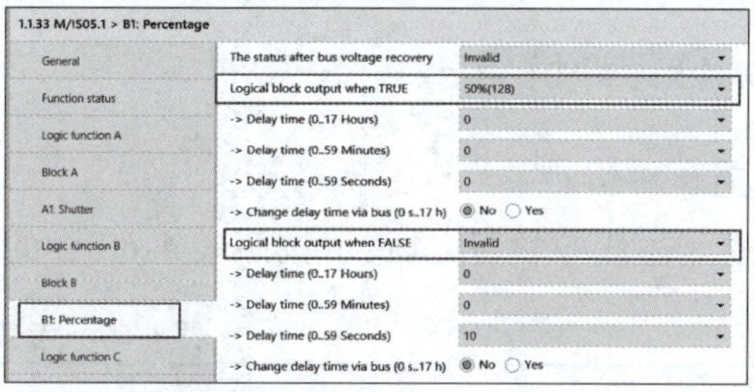

3. 设置窗帘控制器参数

窗帘控制器参数设置见表 4-58。

表 4-58　窗帘控制器参数设置

参数设置说明	参数设置图示
根据实际的控制过程，使用手动控制的方式让百叶窗从顶端运动至底端，计算相应的时间，填入右图相应位置。同时打开百分比控制功能。 问题 3：此处从顶端运动至底端的时间设置过大或者过小会有什么影响	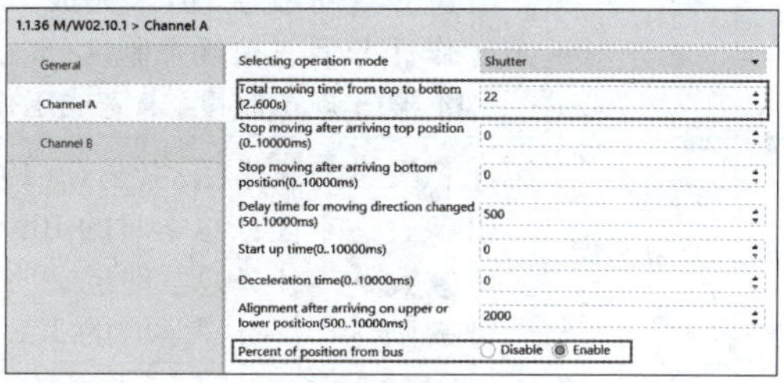

4. 设置群组地址

移动红外传感器和窗帘控制器的群组地址设置见表 4-59。

表 4-59　移动红外传感器和窗帘控制器的群组地址设置

群组地址设置说明	群组地址设置图示
移动红外传感器群组地址设置完毕后，如右图所示	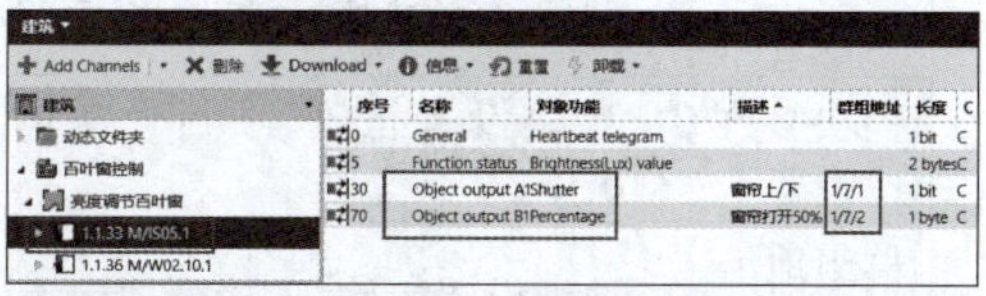
窗帘控制器群组地址设置完毕后，如右图所示	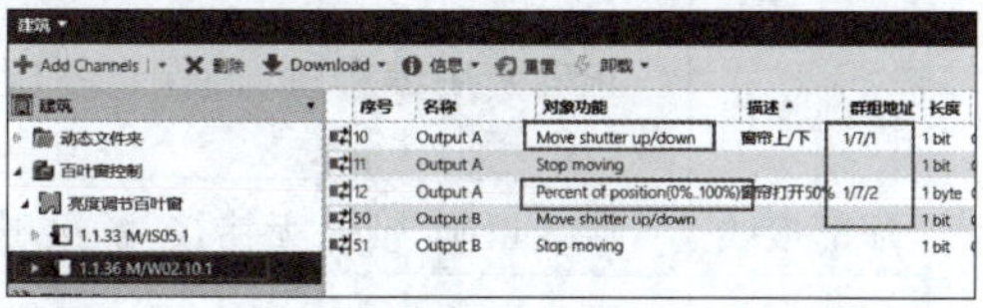

5. 完成下载

请参考之前的任务，此处不做详细介绍。

6. 现场调试

实训设备接线图请自行参照附录 C,根据接线图可以判断窗帘控制电源的控制方式。

四、任务评价与总结

1. 考核评价表

完成上述任务学习之后,可按照表 4-60 中的内容进行学习评价。

表 4-60 考核评价表

评价项目	评价内容	评价标准	评价方法		
			自我评价	小组评价	教师评价
职业素养(30 分)	安全意识、责任意识	①作风严谨,自觉遵章守纪,出色完成任务(10 分)。 ②能够遵守规章制度,较好地完成工作任务(7 分)。 ③遵守规章制度,但未完成工作任务或虽完成工作任务但忽视规章制度(5 分)。 ④不遵守规章制度,未完成工作任务(0 分)			
	学习态度	①积极参与教学活动,全勤(10 分)。 ②缺勤达本任务总学时的 10% (8 分)。 ③缺勤达本任务总学时的 20% (6 分)。 ④缺勤达本任务总学时的 30% (4 分)			
	团队合作意识	①与同学协作融洽、团队合作意识强(10 分)。 ②与同学能沟通、协同工作能力较强(8 分)。 ③与同学能沟通、协同工作能力一般(6 分)。 ④与同学沟通困难、协同工作能力较差(4 分)			
专业能力(70 分)	添加设备	型号、版本号正确,且与实训平台所用一致,无遗漏(10 分)			
	物理地址设置	型号、参数正确,设计要求满足任务需求(10 分)			
	模块参数设置	参数设置正确,项目任务的功能得以实现(10 分)			
	群组地址设置	地址设置正确,连接合理且无误(10 分)			
	下载操作	正确使用编程键,确保设备组态得以正常下载(10 分)			
	外部接线	接线正确合理,无错接、漏接现象(10 分)			
	创新能力	学习过程中,提出创新性、可行性的建议(10 分)			
总评					

2. 任务总结

总结任务实施过程中设置的3个问题，同时回顾总结所遇到的困难和解决办法。

任务8　智能家居编程与调试综合训练

一、任务描述

以2017年第45届世界技能大赛电气装置项目某省选拔赛的真题为例，结合已学的基础知识，完成本项目的设计和调试。

2017年第45届世界技能大赛电气装置项目××省选拔赛

工位号：________

①使用如图4-10所示的智能面板实现功能一：

B左键：短按，负载2=ON；负载3=OFF。

C右键：短按，负载2=OFF；负载3=ON。

②使用如图4-11所示的逻辑定时控制器实现功能二：

1月12日，负载1实现亮度变化：10%→50%→80%→100%，每步骤5 s，循环。

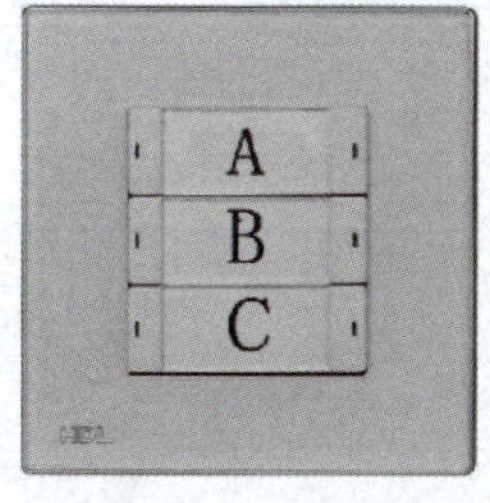

图4-10　M/P03.2多功能智能面板

图4-11　M/TM04.1逻辑定时控制器

③使用如图4-12所示的移动红外传感器实现功能三：

当亮度值大于300 lx时，开风扇并且关窗帘至50%，否则延时10 s关风扇，开窗帘。

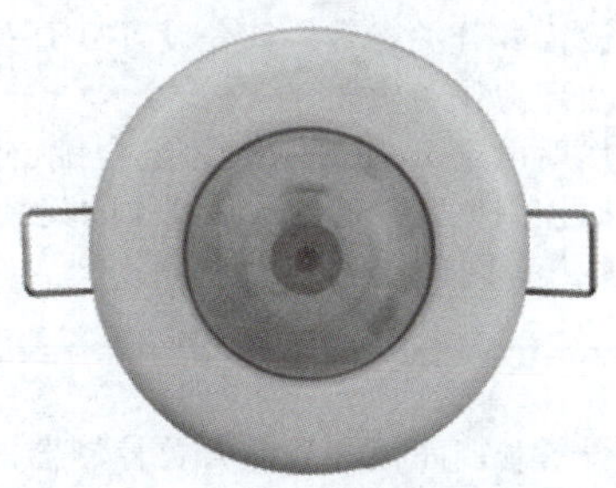

图4-12　M/IS05.1移动红外传感器

二、任务准备

SX-KNX住宅与楼宇智能控制实训系统见图4-1，需主要检查：

①检查实训设备，通电测试每个模块是否可以正常显示。

②确保元器件、配件齐全。

③短接线是否准备充分。

三、任务实施

1. 分析任务

本任务共有 3 个功能需求，实现基本功能所需的模块如下：

功能一：智能面板、智能开关控制器。

功能二：逻辑定时控制器、调光控制器。

功能三：移动红外传感器、窗帘控制器、智能开关控制器。

2. 创建项目

创建项目见表 4-61。

表 4-61 创建项目

创建项目说明	创建项目图示
创建项目的基本流程：①导入数据库→②添加设备→③修改物理地址，完成后如右图所示	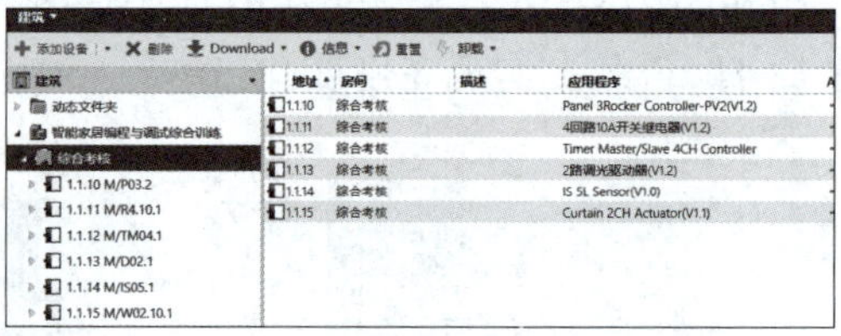

3. 功能一实现方法及步骤

功能一实现方法及步骤见表 4-62。

表 4-62 功能一实现方法及步骤

功能一实现方法及步骤	参考图示
设置 B 开关参数。首先设置 B 开关的左右键为独立功能。 然后设置 B 开关左键为组合键，分别可以控制负载 2 的开与负载 3 的关。 C 开关同理，这里不做讲解	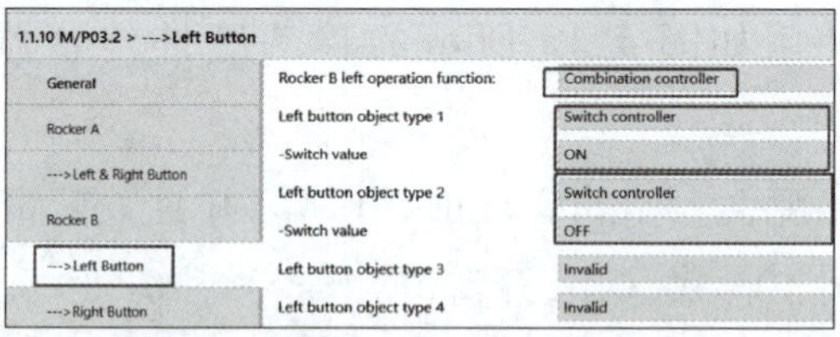
设置智能面板和智能开关控制器的群组地址。右图为智能面板的群组地址设置	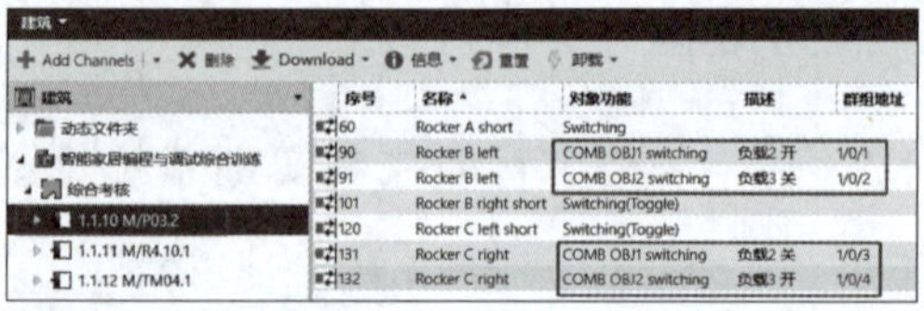

续表

功能一实现方法及步骤	参考图示
智能开关控制器的群组地址设置如右图所示	

4. 功能二实现方法及步骤

功能二实现方法及步骤见表4-63。

表4-63　功能二实现方法及步骤

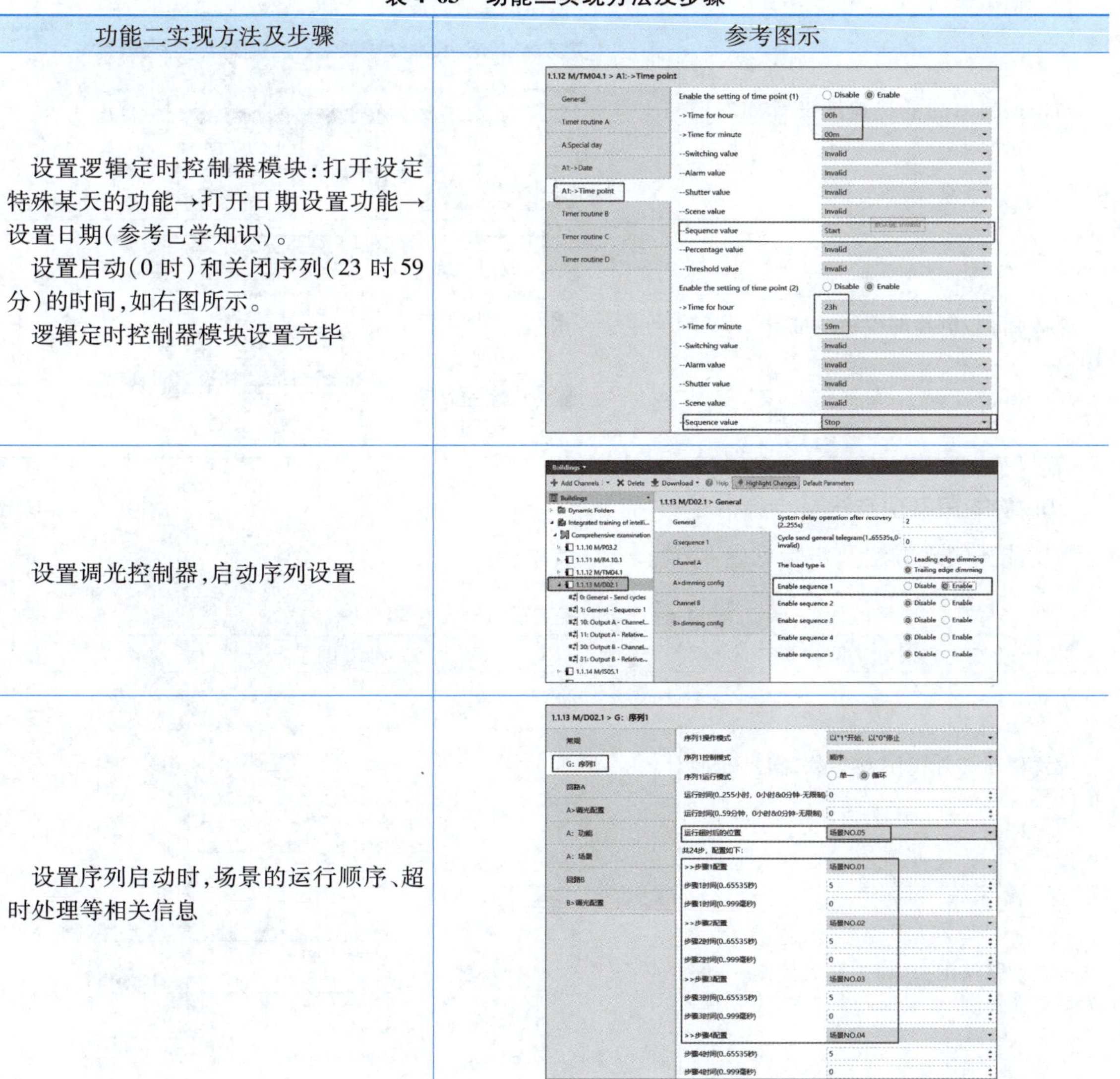

功能二实现方法及步骤	参考图示
设置逻辑定时控制器模块：打开设定特殊某天的功能→打开日期设置功能→设置日期(参考已学知识)。 设置启动(0时)和关闭序列(23时59分)的时间，如右图所示。 逻辑定时控制器模块设置完毕	
设置调光控制器，启动序列设置	
设置序列启动时，场景的运行顺序、超时处理等相关信息	

续表

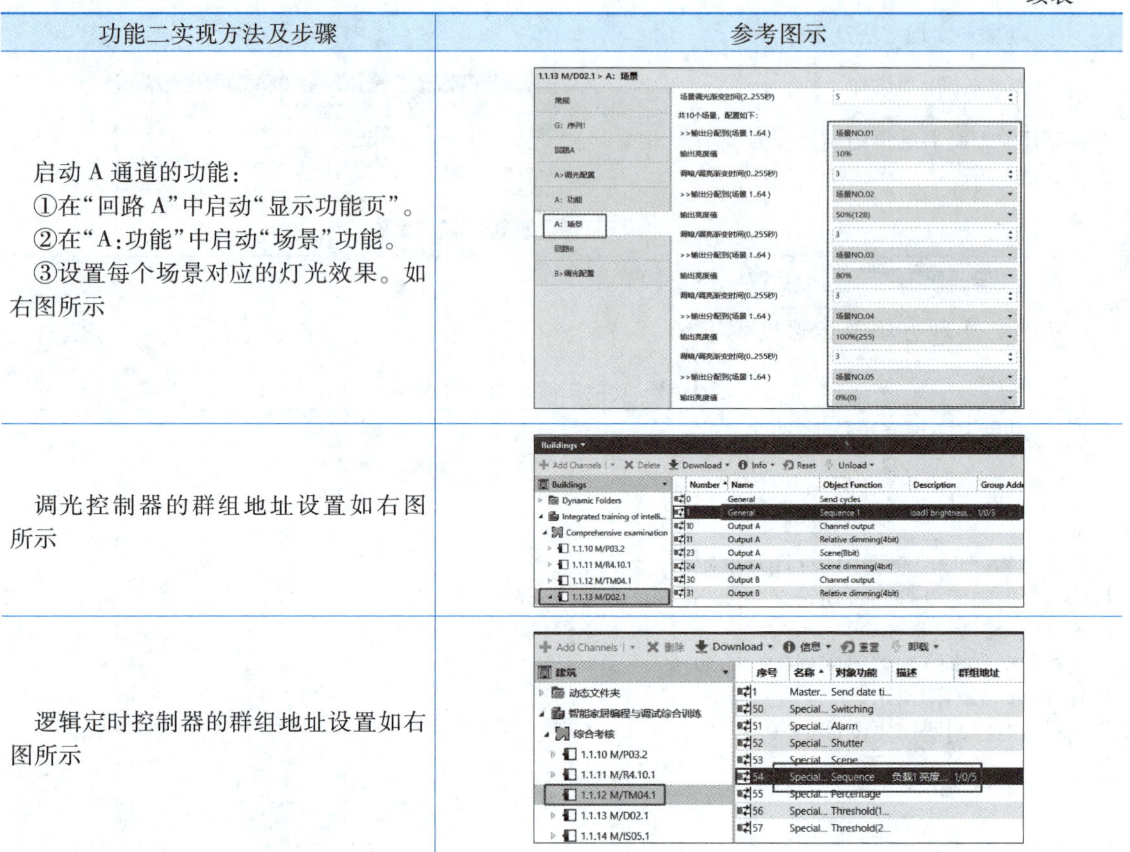

功能二实现方法及步骤	参考图示
启动A通道的功能： ①在“回路A”中启动“显示功能页”。 ②在“A:功能”中启动“场景”功能。 ③设置每个场景对应的灯光效果。如右图所示	
调光控制器的群组地址设置如右图所示	
逻辑定时控制器的群组地址设置如右图所示	

5. 功能三实现方法及步骤

功能三实现方法及步骤见表4-64。

表4-64　功能三实现方法及步骤

功能三实现方法及步骤	参考图示
设置移动红外传感器参数，满足光照值的要求	
设置两路输出：一路为开关控制，一路为百分比控制	

续表

功能三实现方法及步骤	参考图示
设置百分比控制的数值，满足控制要求。 移动红外传感器的参数设置结束	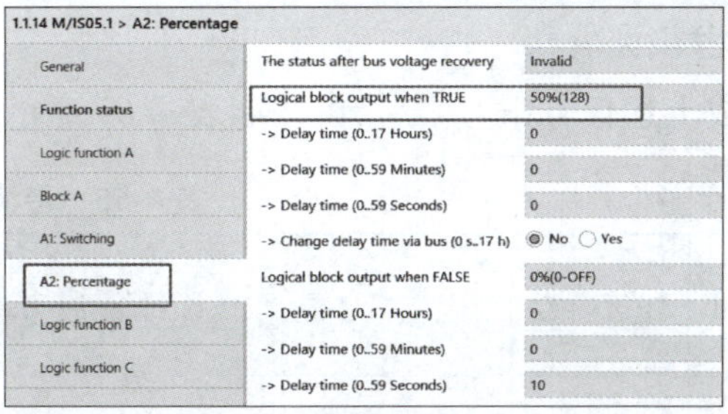
窗帘控制器的参数设置如右图所示	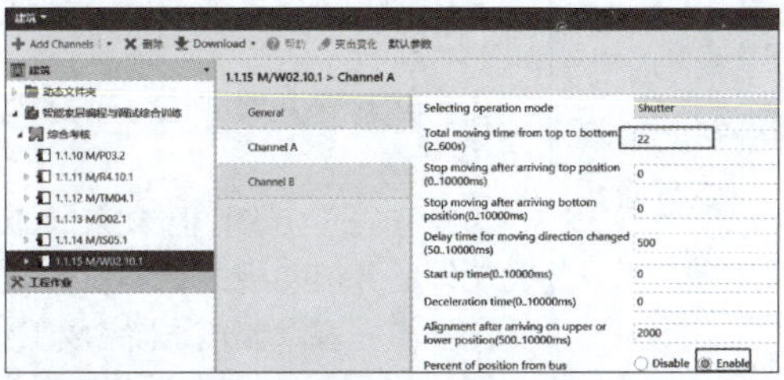
移动红外传感器的群组地址设置如右图所示	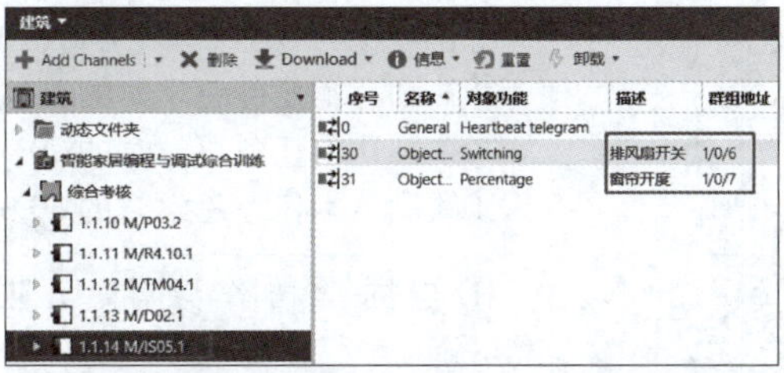
智能开关控制器的群组地址设置如右图所示	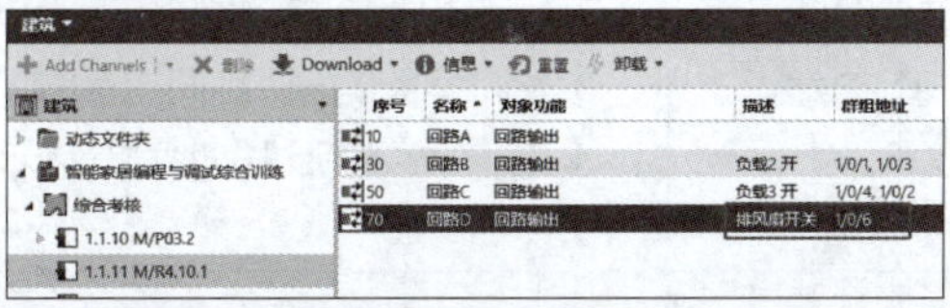
窗帘控制器的群组地址设置如右图所示	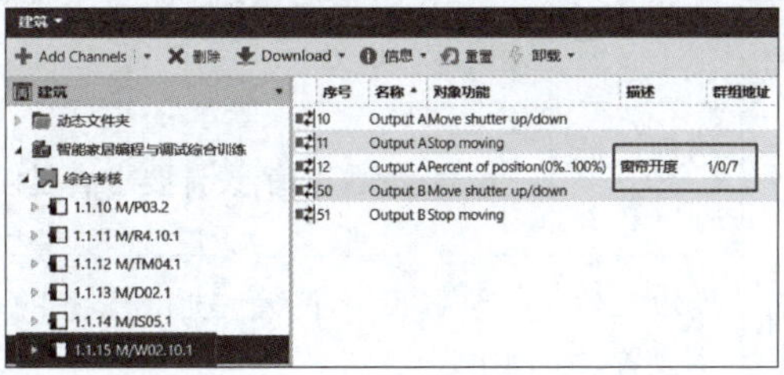

6. 完成下载

请参考之前的任务，此处不做详细介绍。

7. 负载接线，现场调试

外部接线较为简单，请自行参照附录 C，完成外部接线以便满足控制要求。

四、任务评价与总结

1. 考核评价表

完成上述任务学习之后，可按照表4-65中的内容进行学习评价。

表4-65 考核评价表

评价项目	评价内容	评价标准	评价方法		
			自我评价	小组评价	教师评价
职业素养(30分)	安全意识、责任意识	①作风严谨，自觉遵章守纪，出色完成任务(10分)。 ②能够遵守规章制度，较好地完成工作任务(7分)。 ③遵守规章制度，但未完成工作任务或虽完成工作任务但忽视规章制度(5分)。 ④不遵守规章制度，未完成工作任务(0分)			
	学习态度	①积极参与教学活动，全勤(10分)。 ②缺勤达本任务总学时的10%(8分)。 ③缺勤达本任务总学时的20%(6分)。 ④缺勤达本任务总学时的30%(4分)			
	团队合作意识	①与同学协作融洽、团队合作意识强(10分)。 ②与同学能沟通、协同工作能力较强(8分)。 ③与同学能沟通、协同工作能力一般(6分)。 ④与同学沟通困难、协同工作能力较差(4分)			
专业能力(70分)	添加设备	型号、版本号正确，且与实训平台所用一致，无遗漏(10分)			
	物理地址设置	型号、参数正确，设计要求满足任务需求(10分)			
	模块参数设置	参数设置正确，项目任务的功能得以实现(10分)			
	群组地址设置	地址设置正确，连接合理且无误(10分)			
	下载操作	正确使用编程键，确保设备组态得以正常下载(10分)			

续表

<table>
<tr><th rowspan="2">评价项目</th><th rowspan="2">评价内容</th><th rowspan="2">评价标准</th><th colspan="3">评价方法</th></tr>
<tr><th>自我评价</th><th>小组评价</th><th>教师评价</th></tr>
<tr><td rowspan="2">专业能力（70分）</td><td>外部接线</td><td>接线正确合理，无错接、漏接现象(10分)</td><td></td><td></td><td></td></tr>
<tr><td>创新能力</td><td>学习过程中，提出创新性、可行性的建议(10分)</td><td></td><td></td><td></td></tr>
<tr><td colspan="3">总评</td><td></td><td></td><td></td></tr>
</table>

2. 任务总结

尝试用不同的设置方法完成本任务，回顾总结所遇到的困难和解决办法。

附录 A　照明线路综合实训安装图

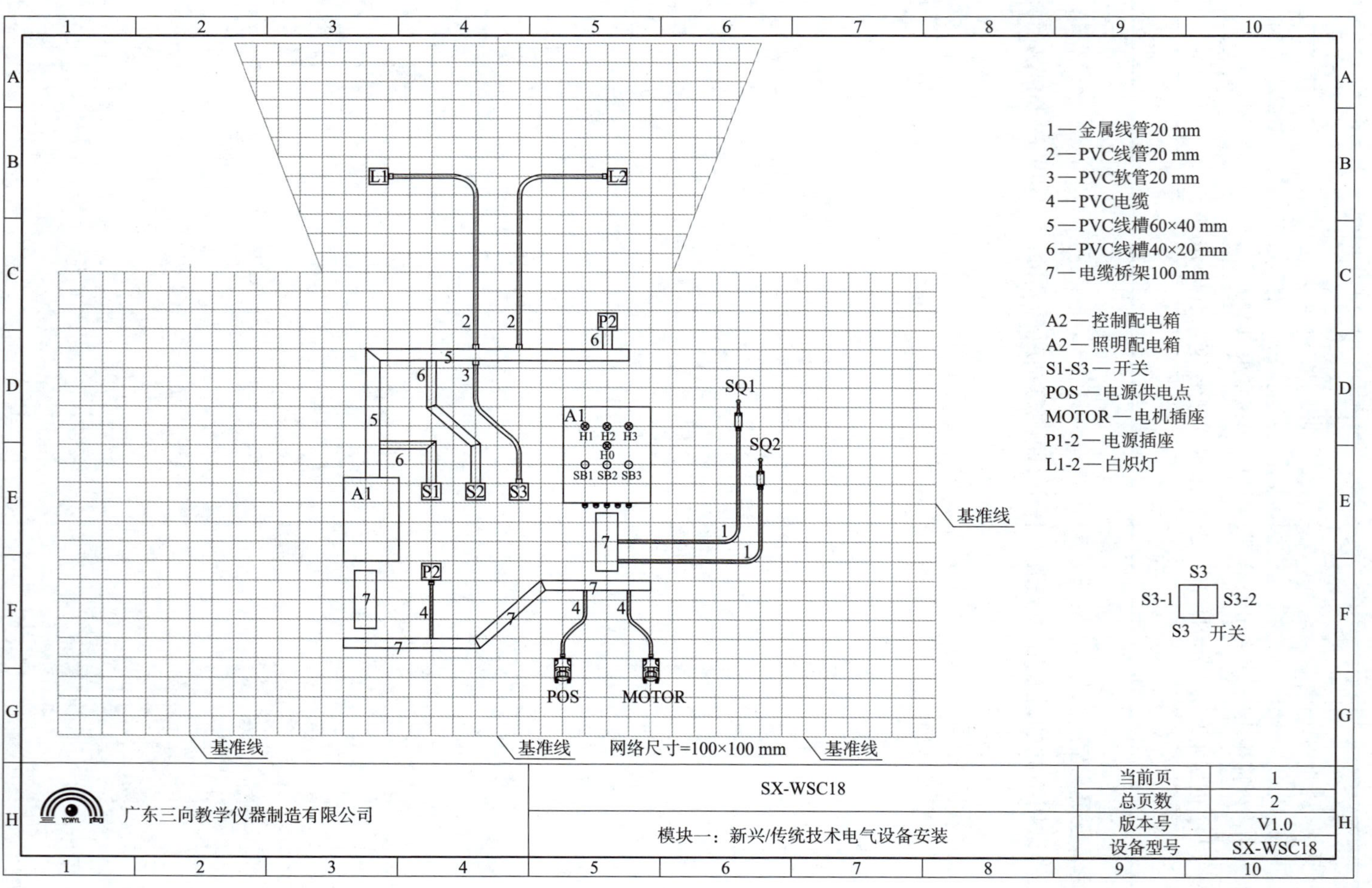

图　A-1

T E-
F1
2×2.5^2 +PE
X2 1 L1
X2 2 N
X2 PE PE
电源由A2箱引入
2×2.5^2 +PE
F2
S1
S2
S3-1
L1
X1
X2
F3
S4-1
KT
10S
L2
T E-
F4
P2
16A
PE
F5
P1
10A
广东三向教学仪器制造有限公司
SX-WSC18-02.YL
模块一：新兴/传统技术电气设备安装
当前页 2
总页数 2
版本号 V1.0
设备型号 SX-WSC18

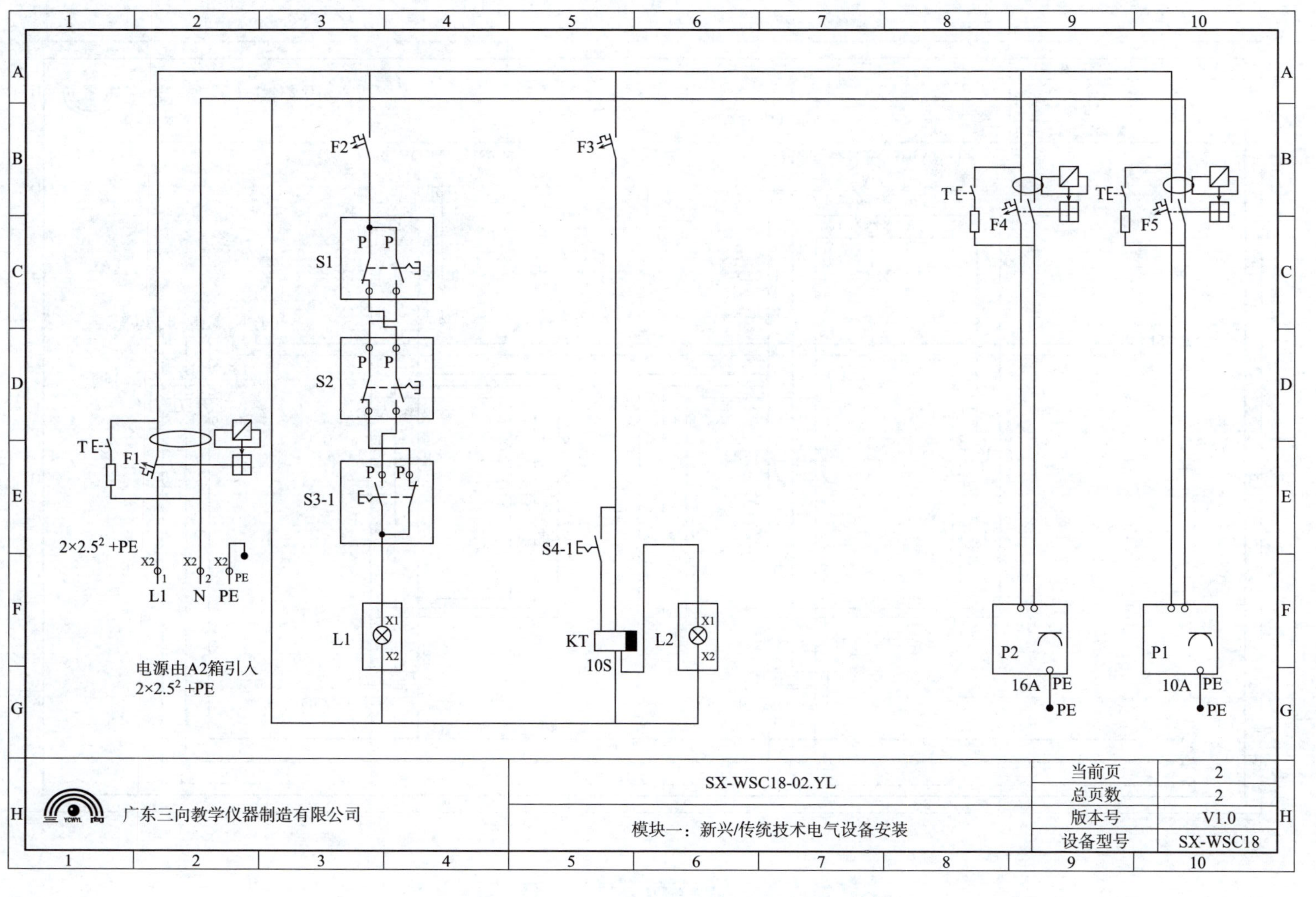

图 A-2

附录 B　故障考核模块

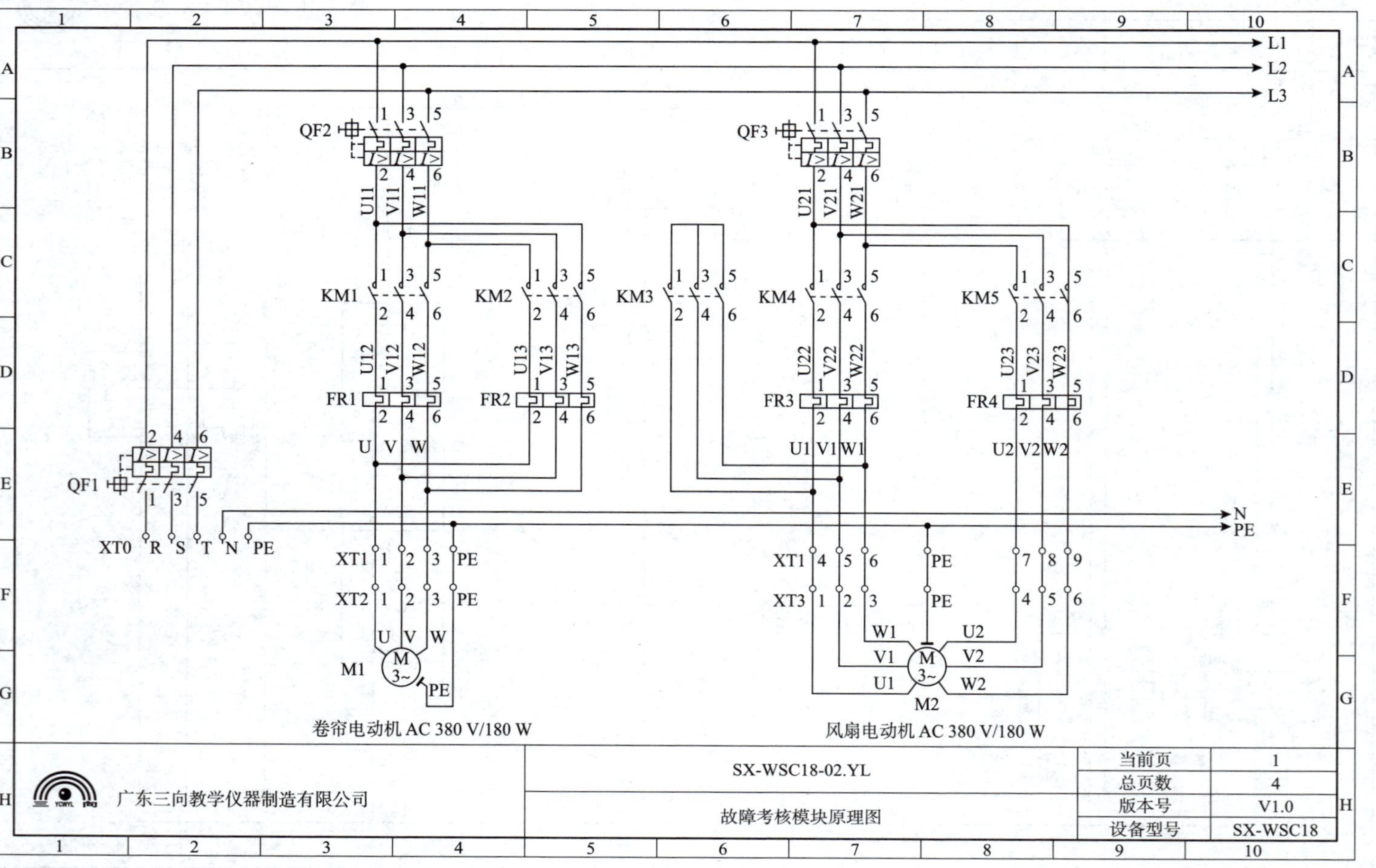

图　B-1

L1
N
PE
QF4
CA10A
L2
XT1 10
XT4 1
I1
I2
I3
I4
HL1
HL2
HL3
HL4
感应开关
STF
XT1 11
QF5
C20A/30mA
L11 N11
XT1 12 13
P1
插座1
QF6
C20A/30mA
L12 N12
XT1 14 15
P2
插座2
广东三向教学仪器制造有限公司
SX-WSC18-02.YL
故障考核模块原理图
当前页 2
总页数 4
版本号 V1.0
设备型号 SX-WSC18

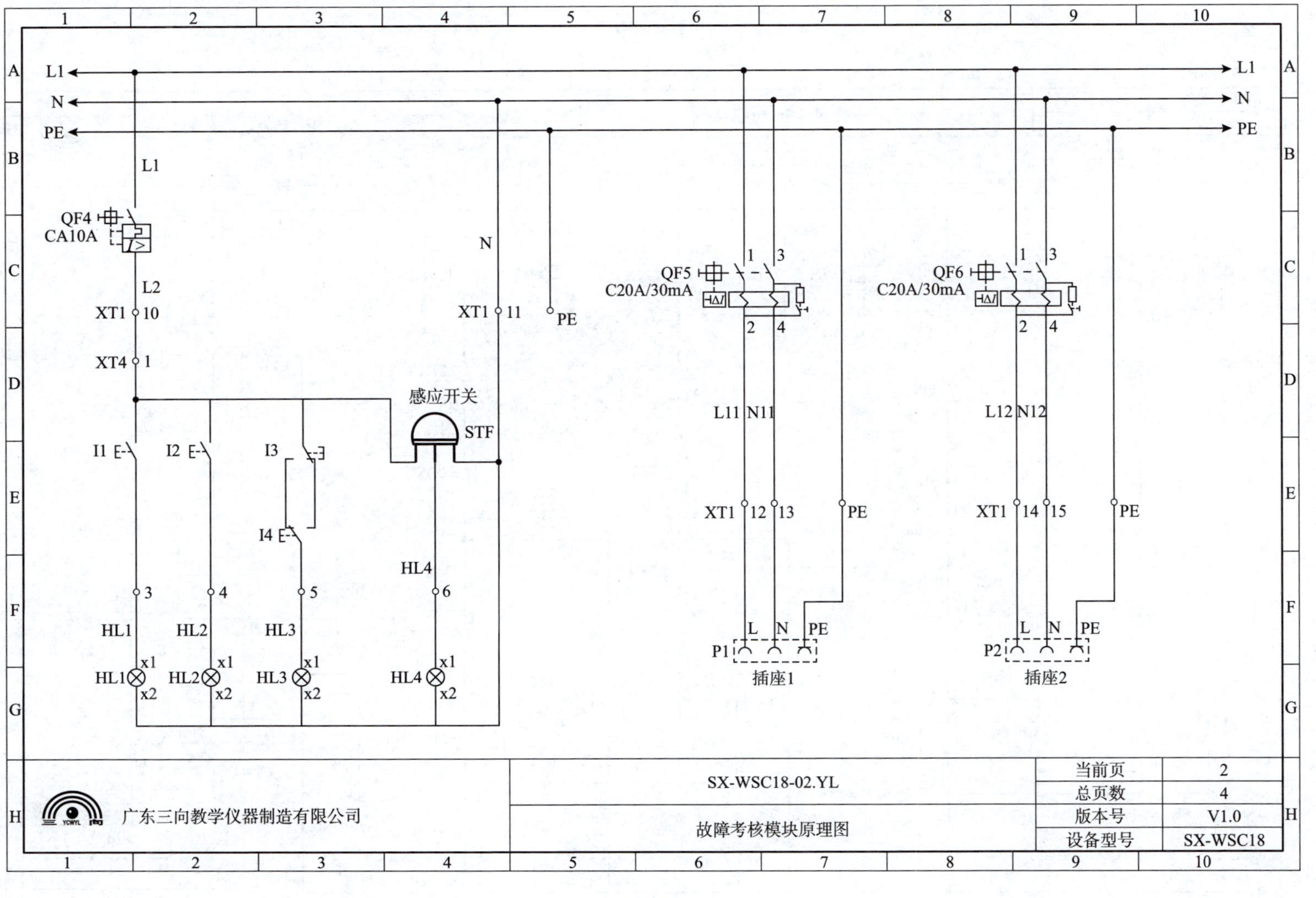

图 B-2

广东三向教学仪器制造有限公司
SX-WSC18-02.YL
故障考核模块原理图
当前页 3
总页数 4
版本号 V1.0
设备型号 SX-WSC18

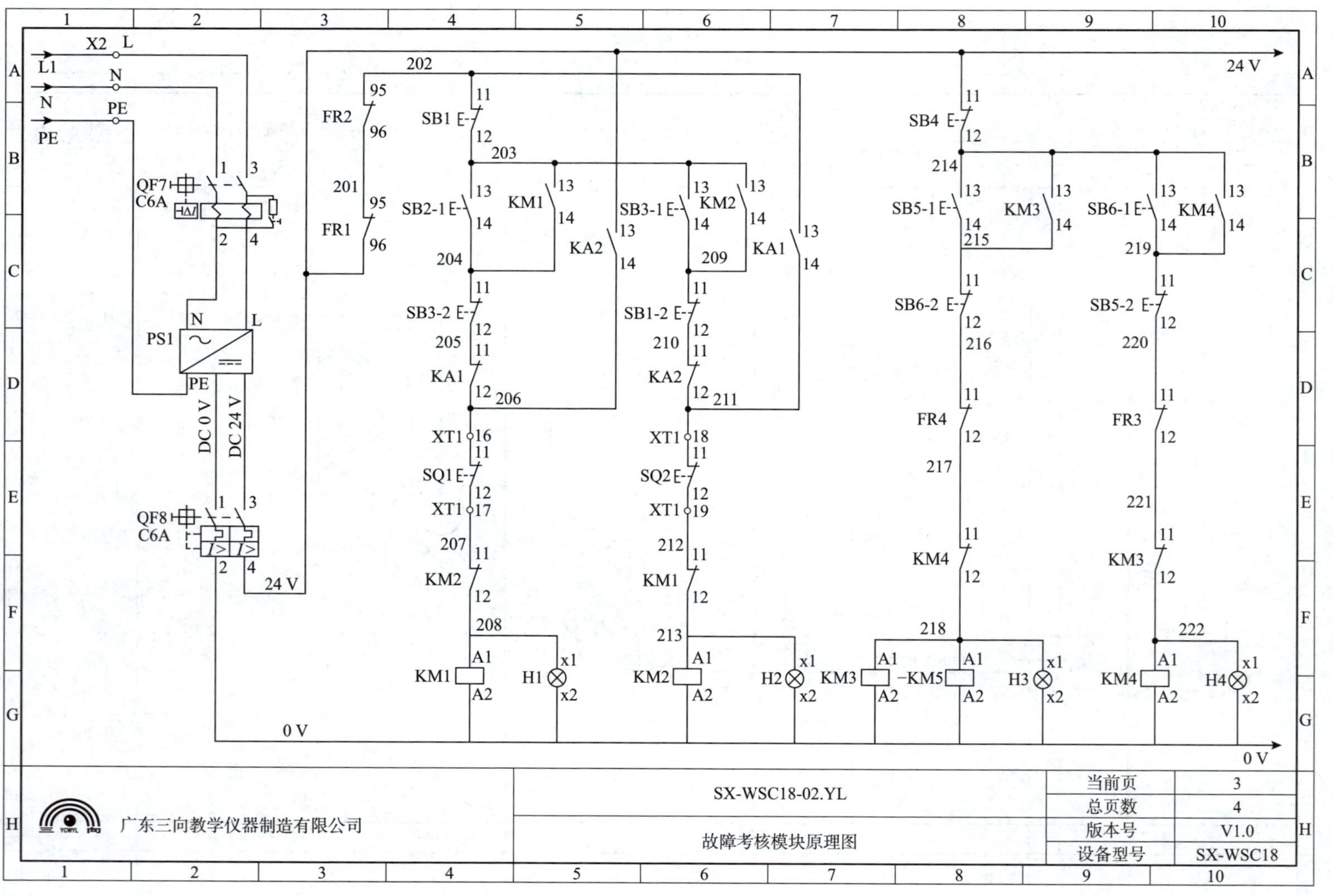

图 B-3

24 V
0 V
SC1
SC2
XT1
KT1
KT2
KA1
KA2
FR1
FR2
FR3
FR4
KA3
KA4
H5
H6
H7
H8
X1
301
302
303
304
305
306
307
308
SX-WSC18-02.YL
故障考核模块原理图
广东三向教学仪器制造有限公司
当前页 4
总页数 4
版本号 V1.0
设备型号 SX-WSC18

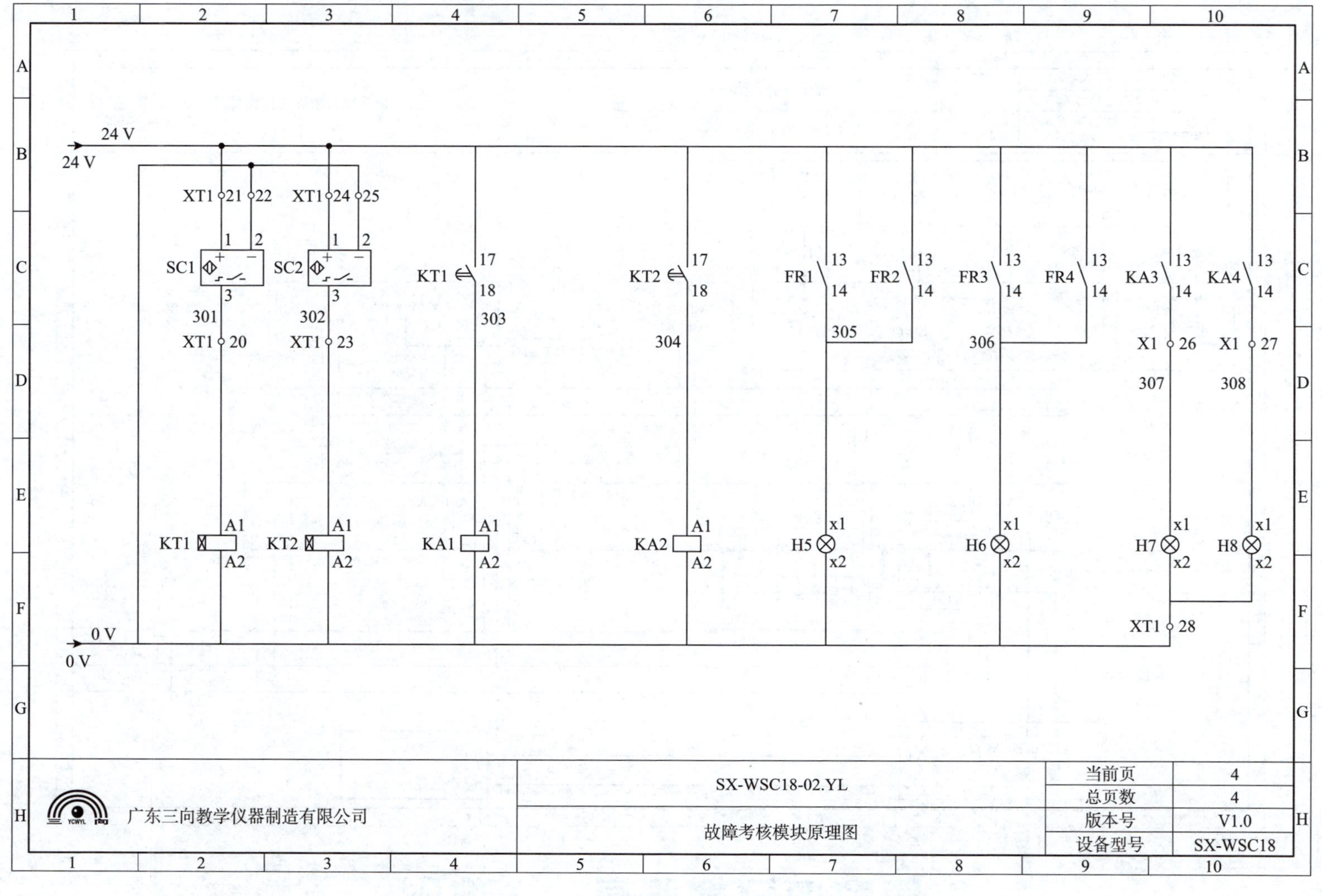

图 B-4

附录 C　智能家居原理图

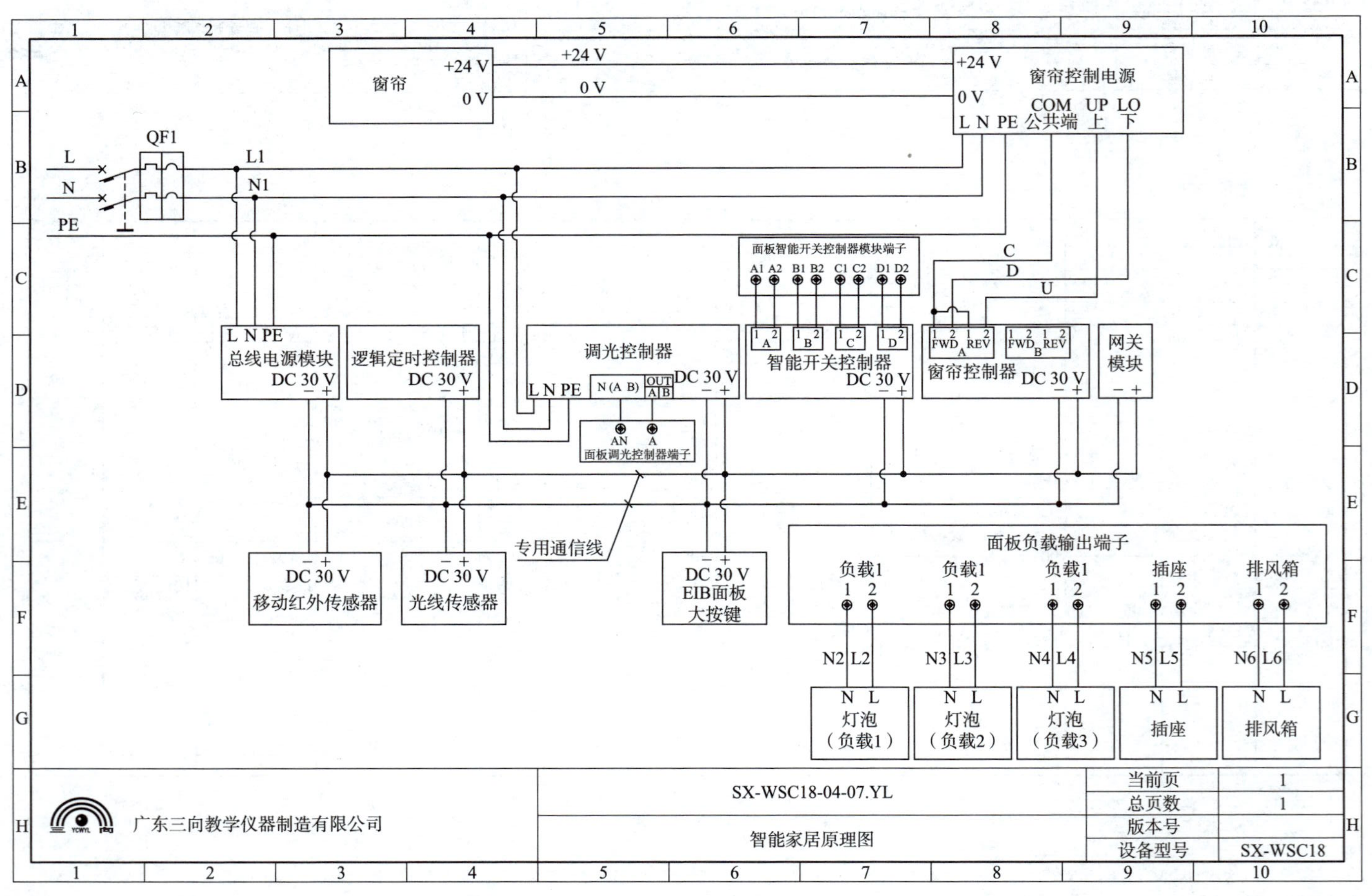

图　C-1

The Construction Achievements of National Modern Vocational Education Reform and Innovation Demonstration Area
The R&D Achievements of National Vocational Education Quality Development Research Center
Planned Textbook of the Teaching Mode of Engineering Practice Innovation Project (EPIP)

Electrical Circuit Installation and Commissioning

Chief Editor◎Dong Jinqi
Associate Editors◎Xue Lichen, Yuan Shuning, Mao Rui
Participants◎Zhong Ming, Tao Yin

Brief Introduction of Contents

This book takes the World Skills Competition and the electrical installation platform of Luban Workshop as the carrier. It is based on project teaching, and serves as teaching materials of vocational ability training for automation majors in higher vocational colleges.

This book covers installation and commissioning of indoor lighting circuit, installation and commissioning of electrical control circuit, analysis and troubleshooting of faults in electrical control circuit, installation and commissioning of smart home. It is designed with 4 projects and 26 tasks, which are guided by the working process and based on typical tasks. The task includes task description, task preparation, task implementation, task evaluation and summary, in order to improve students' learning interest and efficiency, and achieve the goal of learnability, understandability and operability. The tasks are set to comprehensively cultivate students' operational skills and professional accomplishment.

This book can suitably serve as teaching material for electrical automation technology, mechatronics technology and other majors in higher vocational colleges, and can also be used as a reference book for related engineering personnel to implement electrical circuit construction.

About the Authors

Dong Jinqi

Teacher and senior engineer, Mechatronics Teaching and Research Office, School of Electrical Engineering, Tianjin Vocational College of Mechanics and Electricity. He has worked for a first-line enterprise for 8 years, with rich experience in mechatronics and electric drive development and design, and had presided over the development of more than 10 products. He has obtained 5 patents, participated in compiling 2 textbooks and published several papers. In 2018, the students instructed by him won the third prize in the "Mechatronics Competition" of the National Vocational College Skills Competition and the first prize in the "Mechatronics Competition" of Tianjin Vocational College Skills Competition.

Xue Lichen

Teacher and engineer, Mechatronics Teaching and Research Office, School of Electrical Engineering, Tianjin Vocational College of Mechanics and Electricity. He graduated from Shenyang University of Technology, with a master degree. He has worked in enterprise for many years, with rich experience in the development, design and project management of electric drive products. He has obtained 5 patents, participated in compiling 1 textbook and published several papers.

Yuan Shuning

Teacher and senior engineer, Mechatronics Teaching and Research Office, School of Electrical Engineering, Tianjin Vocational College of Mechanics and Electricity. She had 13 years' working experience in equipment operation, maintenance and management in first-line enterprises, and received enterprise technical allowance for many times. She has participated in compiling 2 textbooks and published several papers, and won the second prize of Tianjin Informatization Competition in 2018.

Mao Rui

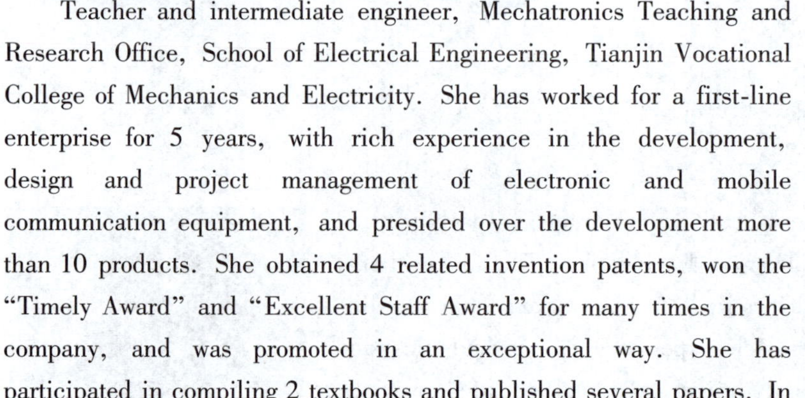

Teacher and intermediate engineer, Mechatronics Teaching and Research Office, School of Electrical Engineering, Tianjin Vocational College of Mechanics and Electricity. She has worked for a first-line enterprise for 5 years, with rich experience in the development, design and project management of electronic and mobile communication equipment, and presided over the development more than 10 products. She obtained 4 related invention patents, won the "Timely Award" and "Excellent Staff Award" for many times in the company, and was promoted in an exceptional way. She has participated in compiling 2 textbooks and published several papers. In 2018, she presided over the key project of Tianjin Higher Vocational and Technical Education Research Association, "Research and Practice of Modern Apprenticeship Construction—Taking Mechatronics Elevator Specialty as an Example", and successfully completed the project. She participated in the teaching ability competition of Tianjin Vocational College Skills Competition and won the second prize of classroom teaching events in 2018.

Zhong Ming

He is the head of the Technology Department of Guangdong Sanxiang Intelligent Technology Co., Ltd. and an electrical technician. Since 2004, he has been engaged in the development and design of teaching instruments and equipment. He has rich experience in the development and design of mechatronics, smart manufacturing of industrial robots, integrated teaching and other equipment.

Tao Yin

Teacher, Tianjin Vocational College of Mechanics and Electricity. She is mainly engaged in the teaching and research of mechatronics technology and electrical automation technology. She participated in 1 textbook compilation and in 3 utility model patents. In 2012, the students instructed by her won the third prize of "CNC Machine Tool Assembly, Maintenance and Upgrade" in the Higher Vocational Group of the National Vocational College Skills Competition; In 2013, the students instructed by her won the second prize of "Assembly, Debugging and Maintenance of CNC Machine Tools" in the National Vocational College Skills Competition.

Foreword

To expand vocational education cooperation with countries along the route and implement the plan of exporting outstanding vocational education achievements abroad and sharing them with the world initiated by Tianjin, vocational education, as a form of education most closely related to manufacturing industry, is playing a pivotal role. In 2017, Tianjin Vocational College of Mechanics and Electricity established Luban Workshop at Chennai Institute of Technology in India, Sai tubal Institute of Technology in Portugal in 2018 and Antananarivo University in Madagascar in 2020. To cooperate with the theory and practical teaching of Luban Workshop, carry out exchanges and cooperation, realize the sharing of educational resources, improve the international influence of China' s vocational education, innovate the international cooperation mode of vocational colleges, and export China' s excellent vocational resources, the research group compiled the textbook "Electrical Circuit Installation and Commissioning". Furthermore, this textbook was also compiled to better serve the "Electrical Device" World Skills Competition, and to embody the purpose of running the competition to promote teaching, learning and reform.

The installation and commissioning of indoor lighting circuit is one of the most basic skills of electricians, and is also closely related to daily life. With the development of economy and society, people' s living standards are constantly improving, and there are higher requirements for the installation process, installation specifications and control extended to smart homes. The "Electrical Device" project of the World Skills Competition refers to the competition project that uses traditional and emerging technologies to install cables, metal and PVC trunking, metal and PVC line pipes, metal and PVC hoses and cable trays in specially designed commercial or household electrical device, and to design, install, program and debug the circuit of commercial or household smart control systems (such as KNX, LOGO) according to technical requirements. It represents the current international latest standards.

On the one hand, this book absorbs and transforms the advanced concepts and standards of the World Skills Competition; on the other hand, it makes a small exploration on the curriculum reform. The curriculum content is no longer oriented to one or two textbooks, but breaks the old discipline system according to the profession, and re-integrates the curriculum content, so that

students can gain professional abilities. Based on the characteristics of electrical device platform, this book combines knowledge and skills organically through project teaching method, task orientation and steady progress, strives for simplicity, and pays attention to cultivating students' engineering application ability and the ability to address the practical problems on the spot, thus meeting the requirements of talent training in higher vocational colleges. According to the characteristics of electrical device platform, this book divides the whole course into the following projects: Installation and Commissioning of Indoor Lighting Circuits, Installation and Commissioning of Electrical Control Circuit, Analysis and Troubleshooting of Faults in Electrical Control Circuit, Installation and Commissioning of Smart Home. From simple to complex, from indoor lighting circuit to smart home, this book basically covers the basic operation skills of building electricians.

This book was chiefly edited, and finally compiled by Dong Jinqi from Tianjin Vocational College of Mechanics and Electricity, and the associate editors are Xue Lichen, Yuan Shuning and Mao Rui. The specific division of labor in the compilation of this book was as follows: Dong Jinqi was responsible for compiling Project Ⅰ; Yuan Shuning and Tao Yin were responsible for compiling Project Ⅱ; Mao Rui was responsible for compiling Project Ⅲ; Xue Lichen was responsible for Project Ⅳ (except program list); Zhong Ming provided various materials and guidance for the compilation of the whole book, and completed the compilation of the Appendix and programmed the program list of Project Ⅳ. The whole book was reviewed by Wang Ling from Tianjin Vocational College of Mechanics and Electricity and Ye Guangxian from Guangdong Sanxiang Intelligent Technology House Co., Ltd. They have put forward many valuable suggestions for the compilation of this book. In the process of compiling this book, we had received strong support from China Railway Publishing House Co., Ltd., Guangdong Sanxiang Intelligent Technology Co., Ltd. and many teachers from the Mechatronics Teaching and Research Section of Tianjin Vocational College of Mechanics and Electricity. We hereby would like to express our heartfelt thanks!

This book can suitably serve as teaching material for electrical automation technology, mechatronics technology and other majors in higher vocational colleges, and can also be used as a reference book for related engineering personnel to implement electrical circuit construction.

Due to the editor's experience, level and time limit, it is inevitable that there are deficiencies and defects in the book. Readers are welcome to criticize and correct them.

Editor

October, 2021

Contents

Project I

Installation and Commissioning of Indoor Lighting Circuit

Project Description

The installation and commissioning platform of indoor lighting circuit adopts aluminum alloy profile as the main frame, steel mesh plate as the backboard installation frame, and the installation plate adopts blockboard for easy installation. The main task is to prepare and install materials and debug lighting circuits on the installation platform, including commissioning PVC trunking, PVC line pipe, cable bridge, armored cable, switch box, socket, incandescent lamp, distribution box and other devices that can be used for indoor lighting lines. From material processing and installation to line debugging, students can complete the training on this platform. The project is close to the production practice, which is convenient for students to accumulate methods and experience in the training.

Learning Objectives

① Master the pipeline processing and laying methods;

② Master the processing and laying methods of grid bridge;

③ Master the process and method for opening in distribution box;

④ Master the processing method of metal pipe;

⑤ Master the installation of common lighting circuits;

⑥ Master the basic knowledge of safe power-on and the process of correct power-on;

⑦ Have comprehensive ability to install, debug and overhaul common lighting circuits.

Task 1 Processing and Laying of PVC Trunking

I. Task Description

On the installation and commissioning platform of indoor lighting circuit in SX-WSC18 Electrical Device Training System, 60 × 40 PVC trunking is to be laid, and the materials are to be processed and installed according to the provided Fig. 1-1.

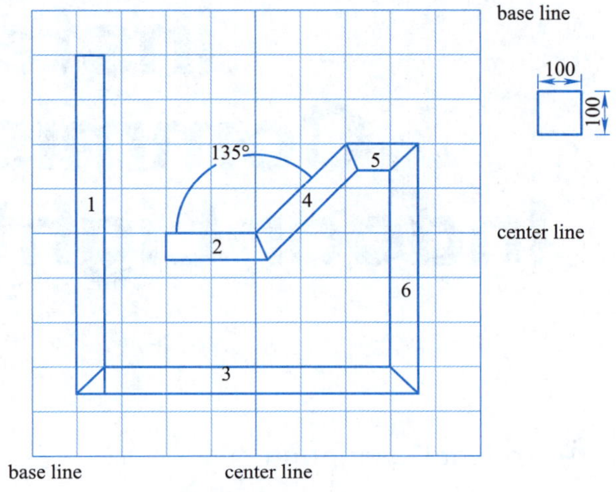

Fig. 1-1 Installation Diagram of 60 × 40 PVC Trunking

II. Task Preparation

1. Preparation of tools

Saw bow, file, deburring cutter, 1 m straight steel rule, woodworking pencil, steel tape, bevel protractor, levelling instrument, hand hammer, electric hand drill, $\phi3$ twist drill bit and cross screwdriver head.

2. Reading of installation drawing

As shown in Fig. 1-1, the dimension of the installed trunking is 60 × 40, 60 stands for the width of trunking and 40 stands for the thickness of trunking, in millimeters. There are 6 trunkings in total. The drawing is marked with center line and base line. At the same time, there are many grids with a spacing of 100 mm per grid. The included angle between middle trunking 2 and trunking 4 is 135°. The number of grids can locate the processing dimension and installation dimension of trunking.

3. Analysis of installation benchmark

There are two benchmarks for trunking installation: center line and base line. It can be determined whether to install with center line as the benchmark according to personal usage base line. It shall be noted that cross benchmarks shall be carefully used according to personal ability to prevent dimension confusion caused by excessive dimension. The following two benchmark

installation methods are analyzed.

(1) Analysis of base line based installation

Analysis of base line based installation is shown in Table 1-1.

Table 1-1 Analysis of Base Line Based Installation

Installation instructions	Installation diagrammatic presentation
The base line based installation method means that based on any edge, the dimensions increase from left to right and from top to bottom. As shown in the figure on the right, taking trunking 2 as an example, when trunking 2 is installed based on the base line, the positioning coordinates on the left side of trunking 2 are 300 horizontal coordinates and 500 vertical coordinates, while the positioning coordinates on the right side of trunking 2 are 500 horizontal coordinates and 500 vertical coordinates	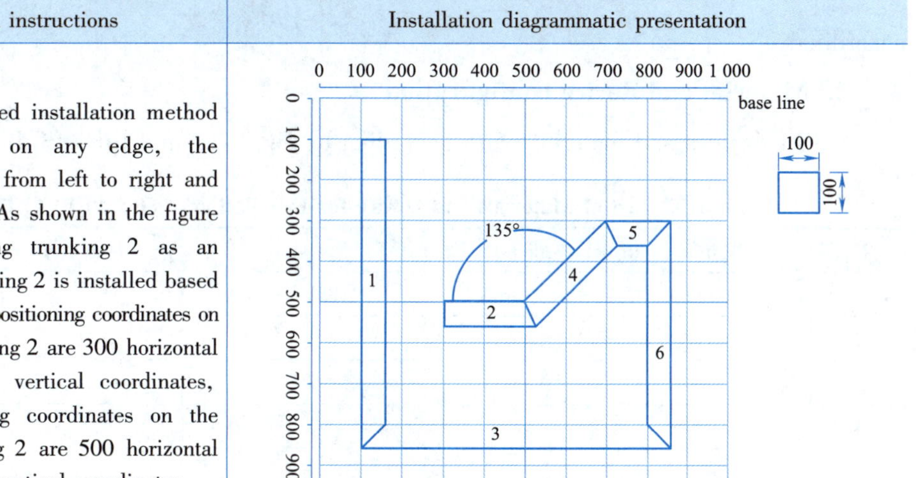

(2) Analysis of center line based installation

Analysis of center line based installation is shown in Table 1-2.

Table 1-2 Analysis of Center Line Based Installation

Installation instructions	Installation diagrammatic presentation
The center line based installation method means that the dimensions diverge from center to both sides, and the centerline has positive upper part, negative lower part, positive right and negative left. As shown in the figure on the right, taking trunking 2 as an example, when trunking 2 is installed based on the center line, the positioning coordinates on the left side of trunking 2 are −200 horizontal coordinates and 0 longitudinal coordinates, while the positioning coordinates on the right side of trunking 2 are 0 horizontal coordinates and 0 longitudinal coordinates	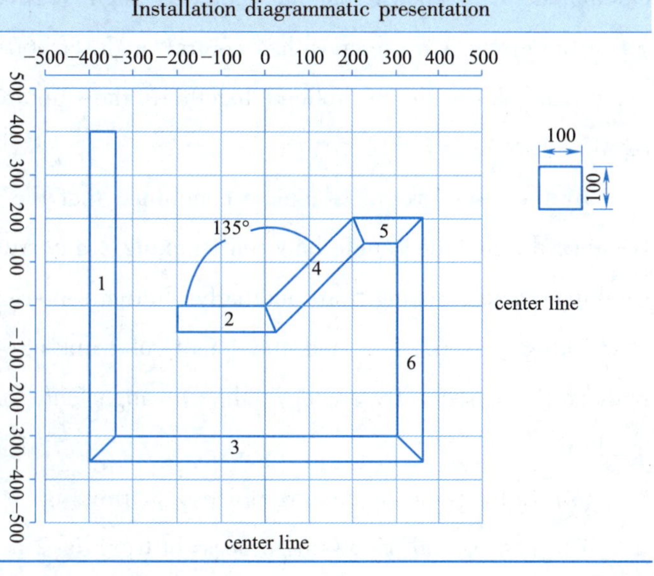

III. Task Implementation

1. Preparation of technical data

Read and familiarize yourself with the installation drawing and mark the dimensions accordingly.

2. Material and device configuration

Select devices and material types according to Fig. 1-1, and fill in Table 1-3.

Table 1-3 List of Materials and Device for Installation of 60 × 40 PVC Trunking

No.	Material and device name	Model	Quantity	Remarks
1				
2				
3				
4				
5				

3. PVC trunking processing (taking trunking 2 and trunking 4 as examples)

(1) Calculating the trunking dimension

On the drawing, the upper side of trunking 2 occupies two grids, so the dimension of the upper side is 200 mm, the left side cut is 180°, and the right side cut angle needs to be calculated. It is known that the included angle between trunking 2 and trunking 4 is 135°. Since the circle is a sector with a central angle of 360°, and only two trunking with the same angle can be seamlessly spliced together, the cut angle on the right side of trunking 2 is $(360° - 135°)/2 = 112.5°$.

By the same token, it can be concluded that the left cut angle of trunking 4 is 112.5°. Because the included angle between trunking 2 and trunking 4 and the included angle between trunking 4 and trunking 5 are mutually alternate interior angles, the cut angle on the right side of trunking 4 is 67.5°, and the length of trunking 4 can be calculated as 282.8 mm by Pythagoras theorem. By analogy, the cut angle and trunking length can be obtained for other trunkings.

(2) Cutting and processing process of trunking

The cutting and processing process of trunking 2 is shown in Fig. 1-2, and trunking 4 is cut

and processed in the same way.

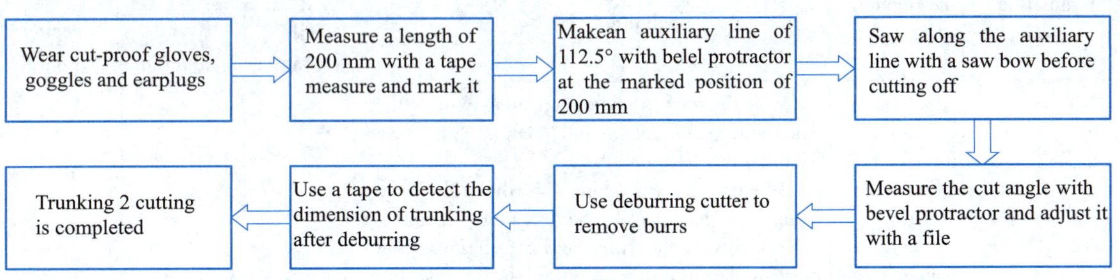

Fig. 1-2 Cutting and Processing Process of Trunking 2

4. Installation of PVC trunking (take trunking 2 and trunking 4 as examples)

The installation process of PVC trunking 2 is shown in Fig. 1-3, and trunking 4 can be installed in the same way.

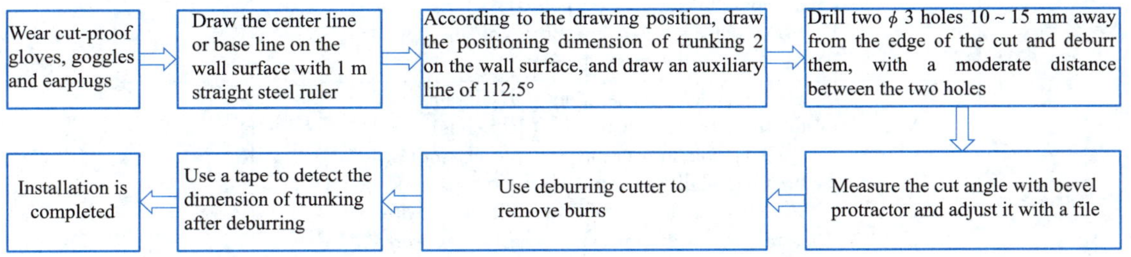

Fig. 1-3 Installation Process of Trunking 2

5. Cleaning and finishing

① Clean up the workbench, and put all tools in corresponding positions after cleaning.

② Check the appearance of trunking and wall surface, and clean up the marking and residual waste.

③ Clean the floor of the work station.

IV. Task Evaluation and Summary

1. Examination and evaluation form

After the above task is completed, the learning evaluation can be carried out according to the contents in Table 1-4.

Table 1-4 Examination and Evaluation Form

Evaluation item	Evaluation content	Evaluation criterion	Evaluation method		
			Self-evaluation	Group evaluation	Teacher evaluation
Professional quality (30 points)	Sense of safety and responsibility	①Be rigorous in style, consciously obey the rules and regulations, and complete the task excellently (10 points). ②Being able to abide by the rules and regulations and complete the task well (7 points). ③Abide by the rules and regulations, but not complete the task or complete the task but ignore the rules and regulations (5 points). ④Fail to observe rules and regulations, and fail to complete the task (0 point)			
	Learning attitude	①Actively participate in teaching activities, with full attendance (10 points). ②Absenteeism reaches 10% of the total class hours of the task (8 points). ③Absenteeism reaches 20% of the total class hours of the task (6 points). ④Absenteeism reaches 30% of the total class hours of the task (4 points)			
	Sense of teamwork	①Harmonious cooperation with classmates, with strong sense of teamwork (10 points). ②Being able to communicate with classmates, with strong ability to work together (8 points). ③Being able to communicates with classmates, with ordinary ability to work together (6 points). ④Having difficulty in communicating with classmates, with poor ability to work together (4 points)			
Professional competence (70 points)	Product appearance	Good product appearance, without residual marks and scratches (10 points)			
	Processing dimension	Processing dimensions meet the drawing requirements (10 points)			
	Burrs	After processing, all corners have no burrs (10 points)			
	Installation dimension	Being able to install correctly according to the drawing, with error less than 1 mm (15 points)			
	Splicing gap	Trunking splicing gap meets the requirements of technology, error less than 1 mm (15 points)			
	Innovation capacity	In the process of learning, put forward innovative and feasible suggestions (10 points)			
General comments					

2. Task summary

Summarize the problems encountered in the training process of processing and installing PVC trunking and the solutions to the problems, and exchange experiences.

Task 2 Processing and Commissioning of Electrical Pipeline

I. Task Description

On the installation and commissioning platform of indoor lighting circuit in SX-WSC18 electrical equipment training system, it is necessary to use $\phi20$ type PVC pipe and $\phi16$ type PVC pipe to lay electrical pipeline, and complete the processing and installation of materials according to the provided Fig. 1-4.

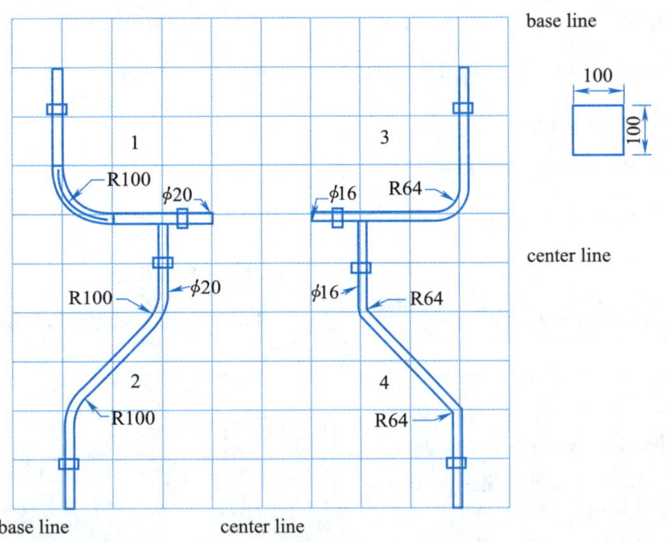

Fig. 1-4 Installation Diagram of $\phi20$ Type PVC Pipe and $\phi16$ Type PVC Pipe

II. Task Preparation

1. Preparation of tools

PVC pipe cutter, $\phi20$ type flexural spring, $\phi16$ type flexural spring, deburring cutter, 1 m straight steel rule, steel tape, levelling instrument, woodworking pencil, electric hand drill and

cross screwdriver head.

2. Reading of installation drawings

The types of PVC pipes installed are $\phi20$ and $\phi16$, which means PVC pipes with diameters of 20 and 16 in mm. It can be seen from Fig. 1-4 that the diameters of pipes 1 and 2 are 20 mm and the bending radius is 100 mm; The pipes 3 and 4 have a diameter of 16 mm and a bending radius of 64 mm. The unit of each grid is 100 mm, and the length of the pipe can be calculated by grids.

3. Analysis of main forms of pipe bending

Pipe bending is a kind of processing technology to change the direction of pipeline. According to different manufacturing methods, pipe bending can be divided into simmering bending, stamping bending and welding bending. This task mainly analyzes the cold simmering in simmering bending. The simmered pipe bending has the advantages of good flexibility, high pressure resistance and low resistance, so it is often used in construction. The main forms of cold simmering bending are bending with various angles, back-and-forth bending, arc bending and U-shaped bending. Each bending is used in different occasions, and several conventional bend forms are analyzed below.

(1) Analysis of 90° pipe bending

Analysis of 90° pipe bending installation is shown in Table 1-5.

Table 1-5 Analysis of 90° Pipe Bending

Installation instructions	Installation diagrammatic presentation
The pipe bending dimension is determined by three parameters: pipe diameter, bending angle and bending radius. As shown in the right figure, pipe 1 is a typical 90° elbow with a pipe diameter of 20 mm and a bending radius of 100mm. When the bending radius is large, the bent part of the pipe is large and smooth, while when the bending radius is small, the bent part is small, rough and prone to wrinkles. The bending radius of cold simmering bending is generally 4-6 times the pipe diameter, and the bending radius of pipe 1 in the right figure is 5 times the pipe diameter	base line; 100; 100; 1; 3; R100; $\phi20$; $\phi16$; R64; center line; R100; $\phi20$; $\phi16$; R64; 2; 4; R100; R64; base line; center line

(2) Analysis of back-and-forth pipe bending

Analysis of back-and-forth pipe bending is shown in Table 1-6.

Table 1-6 Analysis of Back-and-forth Pipe Bending

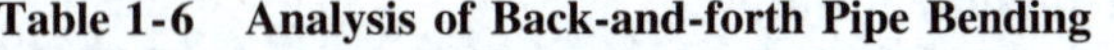

Installation instructions	Installation diagrammatic presentation
Back-and-forth pipe bending is a process of bending two consecutive bending angles in planes with different heights. The distance between the middle line of the bending end of the pipe is called the height of back-and-forth bending, which is indicated by the letter h. The bending angle of back-and-forth bending is generally 135°. As shown in the right figure, when pipes need to be connected with connection points in different planes, they are generally bent back-and-forth	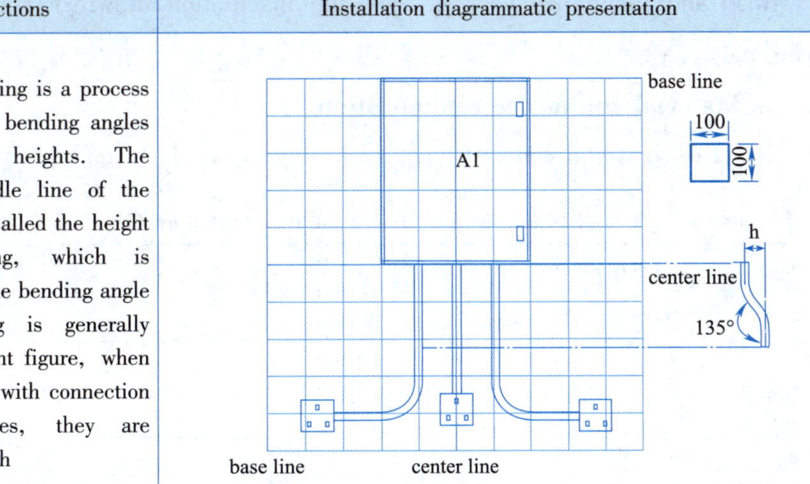

(3) Analysis of arc bending

Analysis of arc bending is shown in Table 1-7.

Table 1-7 Analysis of Arc Bending

Installation instructions	Installation diagrammatic presentation
Arc bending is a process of continuously bending three bending angles, the middle bending angle is generally 90°, and the two side angles are 135°. The first bending angle of that arc bending gradually move away from the mounting surface; The distance between the second bending angle and the installation surface reaches the maximum; The third bending angle gradually approaches the mounting surface. As shown in the right figure, the arc bending process is usually used to bypass other pipelines when pipelines cross	A1 base line 100 100 center line 90° 135° 72 Hight from installation wall 135° base line center line

III. Task Implementation

1. Preparation of technical data

Read and familiarize yourself with the installation drawings and mark the dimensions accordingly.

2. Material and device configuration

Select devices and material types according to Fig. 1-4, and fill in Table 1-8.

Table 1-8 List of Materials and Device for Installation of ϕ20 PVC Pipe and ϕ16 PVC Pipe

No.	Material and device name	Model	Quantity	Remarks
1				
2				
3				
4				
5				
6				
7				

3. Processing of PVC line pipe (taking line pipe 1 as an example)

(1) Calculating the dimension of PVC line pipe

In Fig. 1-4, the straight line on the left side of line pipe 1 occupies two grids, so the dimension of the straight line on the left side is 200 mm, and the bending radius R of the middle bending part is 100 mm. Because the pipe diameter is 20 mm, the inner diameter of line pipe 1 is 90 mm and the outer diameter is 110 mm. Here, take the outer diameter of the pipe for calculation. Line pipe 1 has an outer diameter of 110mm, and it can be calculated that C is about 691 mm through the calculation formula $C = 2\pi R$ of the circumference. Since the length of the middle bend of line pipe 1 is only one quarter of the circumference, the formula L (arc length) $= 1.57R$ (bending radius) can be obtained, so the length of the bend of line pipe 1 is 173 mm. The linear part on the lower side of line pipe 1 occupies two grids, so the dimension of the linear part on the lower side is 200 mm. From this, it can be calculated that the total length of line pipe 1 is 573 mm. In the same way, the lengths of other line pipes can be calculated, which will not be calculated here.

(2) PVC line pipe bending process (taking line pipe 1 as an example)

The bending process of PVC line pipe 1 is shown in Fig. 1-5, and other line pipes can be bent in the same way.

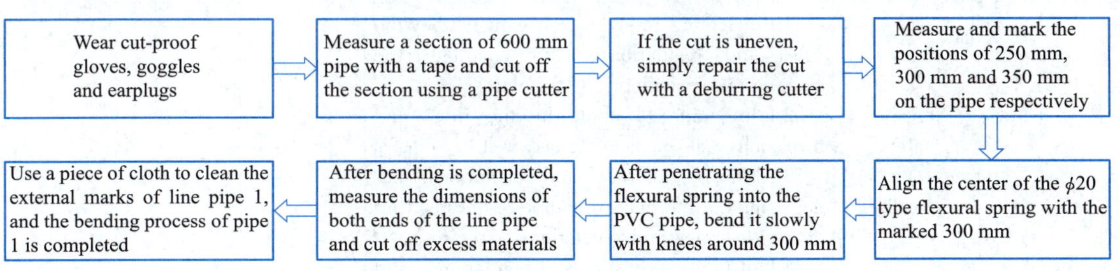

Fig. 1-5 Bending Process of PVC Line Pipe 1

4. Installation process of PVC line pipe (taking line pipe 1 as an example)

The installation process of PVC line pipe 1 is shown in Fig. 1-6, and other line pipes can be installed in the same way.

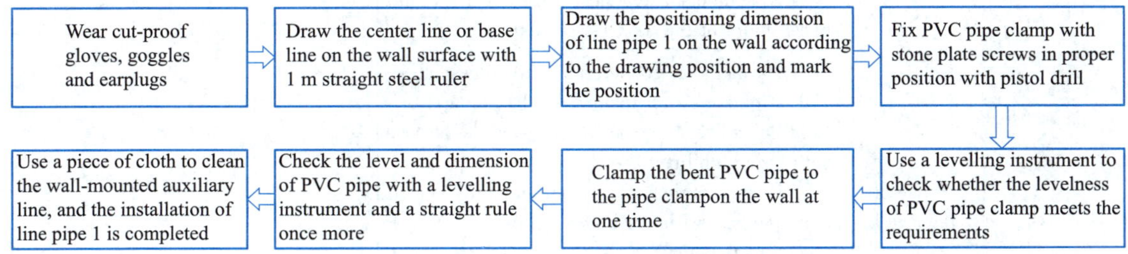

Fig. 1-6 Installation Process of Line Pipe 1

5. Cleaning and finishing

① Clean up the workbench, and put all tools in corresponding positions after cleaning.

② Check the appearance of line pipe and wall surface, and clean up the marking and residual waste.

③ Clean the floor of the work station.

IV. Task Evaluation and Summary

1. Examination and evaluation form

After the above task is completed, the learning evaluation can be carried out according to the contents in Table 1-9.

Table 1-9 Examination and Evaluation Form

Evaluation item	Evaluation content	Evaluation criterion	Evaluation method		
			Self-evaluation	Group evaluation	Teacher evaluation
Professional quality (30 points)	Sense of safety and responsibility	①Be rigorous in style, consciously obey the rules and regulations, and complete the training task excellently (10 points). ②Being able to abide by the rules and regulations and complete the task well (7 points). ③Abide by the rules and regulations, but not complete the task or complete the task but ignore the rules and regulations (5 points). ④Fail to observe rules and regulations, and fail to complete the task (0 point)			
	Learning attitude	①Actively participate in teaching activities, with full attendance (10 points). ②Absenteeism reaches 10% of the total class hours of the task (8 points). ③Absenteeism reaches 20% of the total class hours of the task (6 points). ④Absenteeism reaches 30% of the total class hours of the task (4 points)			
	Sense of teamwork	①Harmonious cooperation with classmates, with strong sense of teamwork (10 points). ②Being able to communicate with classmates, with strong ability to work together (8 points). ③Being able to communicates with classmates, with ordinary ability to work together (6 points). ④Having difficulty in communicating with classmates, with poor ability to work together (4 points)			
Professional competence (70 points)	Product appearance	Good product appearance, without wrinkles and physical damage (10 points)			
	Bending radius	Bending radius meets the drawing requirements (10 points)			
	Burrs	After processing, all corners have no burrs (10 points)			
	Installation dimension	Being able to install correctly according to the drawing, with error less than 1 mm (15 points)			
	Horizontal and vertical	The installation of line pipe meets the technical requirements, and the horizontal error is less than 1 mm (15 points)			
	Innovation capacity	In the process of learning, put forward innovative and feasible suggestions (10 points)			
General comments					

2. Task summary

Summarize the problems encountered in the training process of bending and installing PVC pipes and the solutions to the problems, and exchange experiences.

Task 3 Processing and Laying of Metal Pipe

I. Task Description

On the installation and commissioning platform of indoor lighting circuit in SX-WSC18 electrical equipment training system, $\phi 20$ type metal pipe is used for electrical pipeline laying, and the materials are processed and installed according to the provided Fig. 1-7.

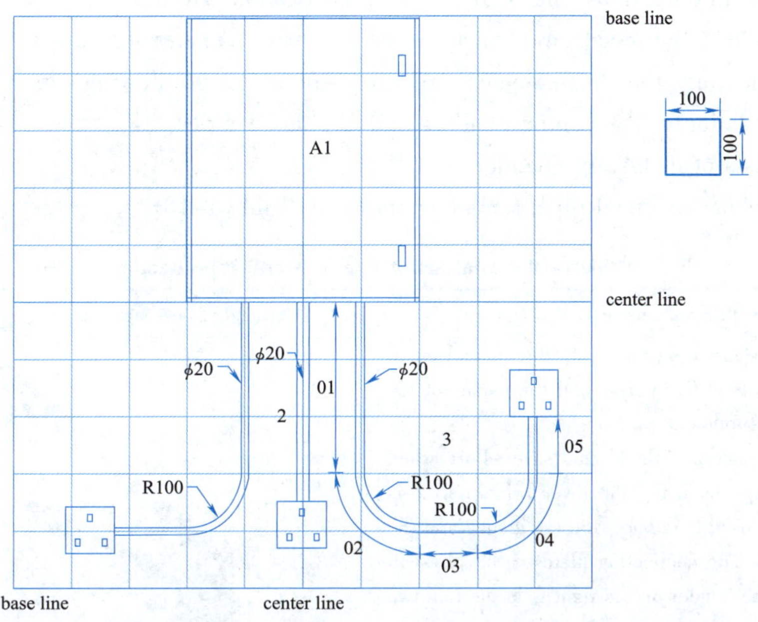

Fig. 1-7 Laying Diagram of Electrical Pipeline of $\phi 20$ Type Metal Pipe

II. Task Preparation

1. Preparation of tools

Metal pipe cutter, metal pipe bender, saw bow, file, metal deburring cutter, 1 m straight steel rule, steel tape, levelling instrument, marking pen, electric hand drill and cross screwdriver head.

2. Reading of installation drawing

As shown in Fig. 1-7, the installation pipe is $\phi 20$, made of metal pipe, and each grid is

100 × 100 in mm, and the length of the pipe can be calculated by grids. Where, pipe 1 is a 90° bending pipe, pipe 2 is a direct connection pipe, and pipe 3 is a combination of two 90° bending pipe, also known as U-bending pipe. Since the connection height between the metal pipe and the distribution box A1 is not marked in the diagram, the connection here is in the same plane by default. If the opening diagram of the distribution box is attached to the drawing, the metal pipe needs to be bent back-and-forth according to the dimensions given in the drawing.

3. Analysis of metal pipe bending

Cold simmering bending is not only suitable for PVC pipes, but also for copper, iron and aluminum pipes. The metal pipe bending needs manual metal bender. Different from PVC pipe bending, PVC pipe can be bent by flexural spring, and its dimension can be adjusted continuously during bending. If any dimension error is found during bending, it can be corrected in time. However, metal pipe is different. Because metal pipe material is harder than PVC pipe, it is almost impossible to bend it by arm force. Even if it can be bent back with tools, the surface of the metal pipe will be wrinkled, which makes it impossible to manufacture metal pipes meeting the technological requirements. The following analyzes the simple dimension calculation of metal pipe benders and U-shaped pipes.

(1) Analysis of metal pipe bender

Analysis of use of metal pipe bender is shown in Table 1-10.

Table 1-10 Analysis of Use of Metal Pipe Bender

Installation instructions	Installation diagrammatic presentation
As shown in the figure on the right, the manual metal pipe bender consists of five parts, and the names of the components are as follows. 1 is bending handle, which can save effort when bending a long pipe by using the lever principle. 2 is connecting plate, used to connect the arc groove and the tube bending die. The connecting plate in the physical diagram of the pipe bender on the right is located on two moving shafts behind the pipe bender. 3 is eccentric arc groove, used to better fit the metal pipe in the bending process and play a guiding role. 4 is tube bending die, capable of choosing models with different bending radius according to the requirements of different bending radius R. Furthermore, conventional angles of 0°-180° can be found on the tube bending die, convenient for accurate control of angles during bending. 5 is movable baffle (hook), used to fix a section of metal pipe to be bent and hook it when bending. After bending, the movable baffle can be opened to remove the metal pipe	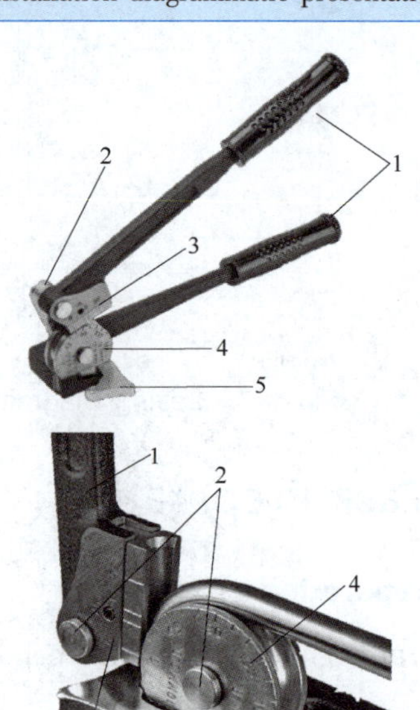

(2) Analysis of U-shaped pipe dimension calculation

Analysis of U-shaped pipe dimension calculation is shown in Table 1-11.

Table 1-11 Analysis of U-shaped Pipe Dimension Calculation

Installation instructions	Installation diagrammatic presentation
U-shaped pipe 3 is composed of five sections from 01 to 05, including 300 mm in section 01, 100 mm in section 03, 100 mm in section 05 and 500 mm in total. The length of sections 02 and 04 is the bending radius R plus half of the pipe diameter equal to 110 mm. According to the learned formula of arc length (L), $L = 1.57R$, it can be concluded that the total length of pipe in section 02 and 04 is 346 mm. Therefore, the total length of the U-shaped pipe 3 should be 846 mm	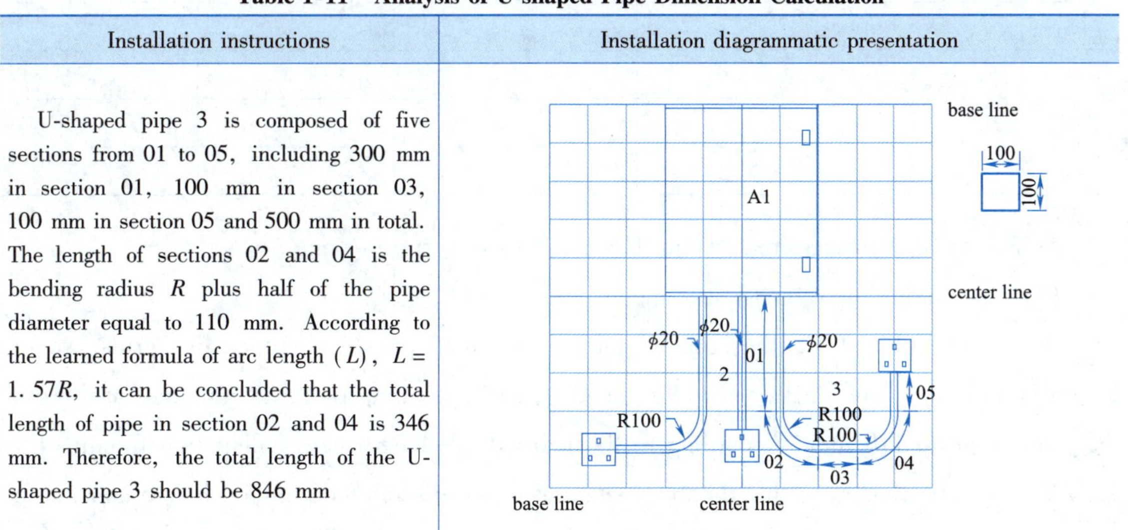

In the actual bending process, the center distance between the left and right pipes of U-shaped pipe is also one of the key dimensions. As shown in Table 1-11, the bending starting point is 300 mm, and the bending end point is 173 mm away from the bending starting point outside the pipe. The distance of 03 in Table 1-11 is 100 mm; therefore, the bending starting point of section 04 pipe is the end point of section 02 pipe bending plus 100 mm. In this way, the dimension of continuous pipe bending can be accurately controlled. It shall be noted that the length of section 03 pipe will not be directly given during actual installation. When the center distance of U-shaped pipe changes, the length of section 03 pipe will also change, so it shall be flexibly applied according to the actual pipe bending dimension.

III. Task Implementation

1. Preparation of technical data

Read and familiarize yourself with the installation drawings and mark the dimensions accordingly.

2. Material and device configuration

Select devices and material types according to Fig. 1-7, and fill in Table 1-12.

Table 1-12 List of Laying Material and Device for Electrical Pipeline of $\phi 20$ Type Metal Pipe

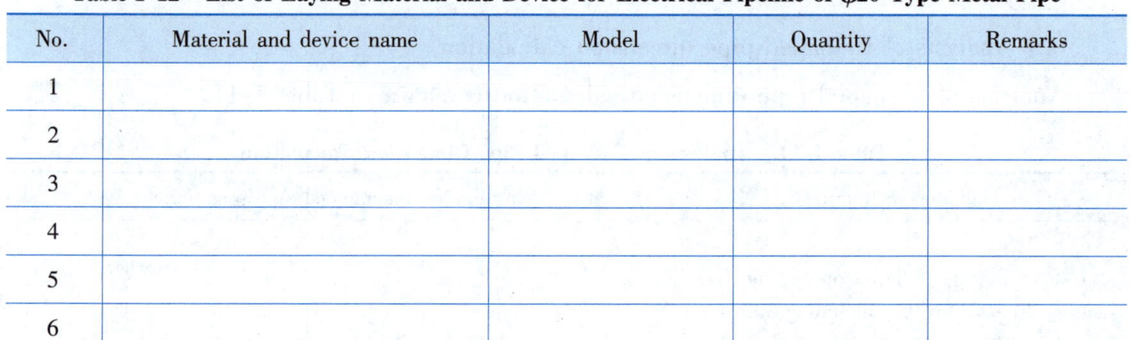

No.	Material and device name	Model	Quantity	Remarks
1				
2				
3				
4				
5				
6				

3. Metal pipe processing (taking U-shaped pipe 3 as an example)

(1) Calculating the dimension of metal pipe

As shown in Fig. 1-7, the straight part of U-shaped pipe 3 occupies five grids, so the length is 500 mm. The length of two 90° bending is the bending radius R plus half of the pipe diameter equal to 110 mm. According to the learned arc length (L) calculation formula $L = 1.57R$, it can be concluded that the total length of pipes in section 02 and 04 is 346 mm, so the total length of U-shaped pipe 3 shall be 846 mm. In the same way, the length of other metal pipes can be calculated, which is not calculated here.

(2) Metal pipe bending process (taking U-shaped pipe 3 as an example)

The bending process of U-shaped pipe 3 is shown in Fig. 1-8. Since the pipe will rebound in the cold simmering process, it is necessary to increase the bending angle by 2°-5° according to the actual situation, and other line pipes can be bent in the same way.

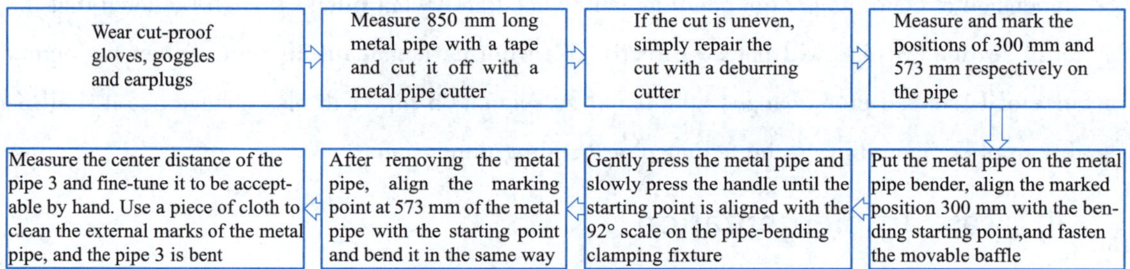

Fig. 1-8 Pipe bending Process of U-shaped Pipe 3

4. Metal pipe installation process (taking U-shaped pipe 3 as an example)

The installation process of U-shaped pipe 3 is shown in Fig. 1-9, and other metal pipes can be installed in the same way.

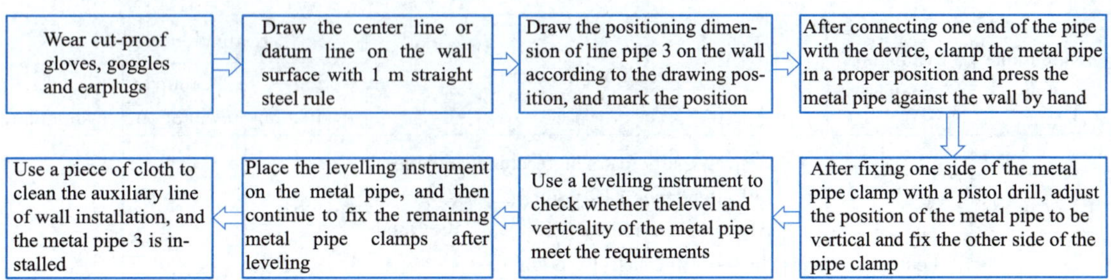

Fig. 1-9　Installation Process of U-shaped Pipe 3

5. Cleaning and finishing

① Clean up the workbench, and put all tools in corresponding positions after cleaning.

② Check the appearance of metal pipe and wall surface, and clean up the marking and residual waste.

③ Clean the floor of the work station.

IV. Task Evaluation and Summary

1. Examination and evaluation form

After the above task is completed, the learning evaluation can be carried out according to the contents in Table 1-13.

Table 1-13　Examination and Evaluation Form

Evaluation item	Evaluation content	Evaluation criterion	Evaluation method		
			Self-evaluation	Group evaluation	Teacher evaluation
Professional quality (30 points)	Sense of safety and responsibility	①Be rigorous in style, consciously obey the rules and regulations, and complete the task excellently (10 points). ②Being able to abide by the rules and regulations and complete the task well (7 points). ③Abide by the rules and regulations, but not complete the task or complete the task but ignore the rules and regulations (5 points). ④Fail to observe rules and regulations, and fail to complete the task (0 point)			

Continued

Evaluation item	Evaluation content	Evaluation criterion	Evaluation method		
			Self-evaluation	Group evaluation	Teacher evaluation
Professional quality (30 points)	Learning attitude	①Actively participate in teaching activities, with full attendance (10 points). ②Absenteeism reaches 10% of the total class hours of the task (8 points). ③Absenteeism reaches 20% of the total class hours of the task (6 points). ④Absenteeism reaches 30% of the total class hours of the task (4 points)			
	Sense of teamwork	①Harmonious cooperation with classmates, with strong sense of teamwork (10 points). ②Being able to communicate with classmates, with strong ability to work together (8 points). ③Being able to communicates with classmates, with ordinary ability to work together (6 points). ④Having difficulty in communicating with classmates, with poor ability to work together (4 points)			
Professional competence (70 points)	Product appearance	Good product appearance, without wrinkles and physical damage (10 points)			
	Bending radius	Bending radius meets the drawing requirements (10 points)			
	Burrs	After processing, all corners have no burrs (10 points)			
	Installation dimension	Being able to install correctly according to the drawing, with error less than 1 mm (15 points)			
	Horizontal and vertical	The installation of metal pipe meets the technical requirements, and the horizontal error is less than 1 mm (15 points)			
	Innovation capacity	In the process of learning, put forward innovative and feasible suggestions (10 points)			
General comments					

2. Task summary

Summarize the problems encountered in the training process of bending and installing metal pipes and the solutions to the problems, and exchange experiences.

Task 4 Processing and Laying of Grid Bridge

I. Task Description

On the installation and commissioning platform of indoor lighting circuit in SX-WSC18 electrical equipment training system, CM100-150-3000-5 grid bridge is used for electrical circuit laying, and materials are processed and installed according to the provided Fig. 1-10.

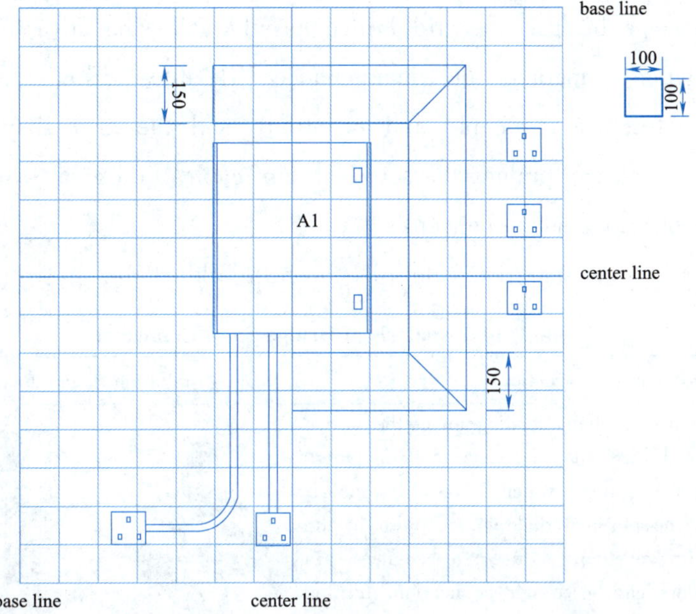

Fig. 1-10 Laying Diagram of CM100-150-3000-5 Grid Bridge Line

II. Task Preparation

1. Preparation of tools

Saw bow, file, deburring cutter, 1 m straight steel rule, steel tape, levelling instrument, marking pen, electric hand drill, cross screwdriver head, hexagon socket wrench, adjustable wrench and rebar shearing pliers, etc.

2. Reading of installation drawing

As shown in Fig. 1-10, the installed grid bridge is of model CM100-150-3000-5, where CM represents the manufacturer's definition number; 100 represents the depth of the grid bridge is 100 mm; 150 represents the width of the inner side of the grid bridge is 150 mm; 3,000 means that the bridge length is 3,000 mm; 5 means that the wire diameter of the grid bridge is 5mm. The length of the grid bridge can be calculated from the diagram, and the corners of the grid bridge are mostly provided by the manufacturer and can be installed directly.

3. Analysis of grid bridge structure and installation

Grid bridge, also known as metal mesh cable bridge, is an extension of traditional trunking bridge. The raw material of grid bridge is steel wire, which is formed after welding, and finally the surface is treated differently according to different installation occasions. Compared with the traditional channel-type bridge, the grid bridge has the following advantages: light weight, convenient installation, upgrade and maintenance; flexible wiring, fast and safe line maintenance; the structure is simple and beautiful, and the grid shape has better heat dissipation effect, which can prolong the service life of cables to a great extent.

(1) Analysis of bridge snap connectors

The analysis of bridge snap connectors is shown in Table 1-14.

Table 1-14 Analysis of Bridge Snap Connector

Installation instructions	Installation diagrammatic presentation
The right figure shows a schematic diagram of the bridge snap connector. The bridge snap consists of four parts: hexagon nut with flange 1, inner bayonets 2, outer bayonets 3 and flange bolts 4. The physical diagram is shown in the upper right side. Bridge snap is used to connect two separated bridges, which can be straight connection, turning connection or T-shaped connection. The bridge connection diagram shown in the lower right figure is a schematic diagram of straight section connection. It shall be noted that the width and height of the bridge are different with different bridge models, and the number of snaps used is different. The number of snaps shall be selected according to specific conditions. In addition to snaps, bridge connectors include reinforcing bars and quick connecting bars, which have the same functions but different installation methods, so they will not be introduced here	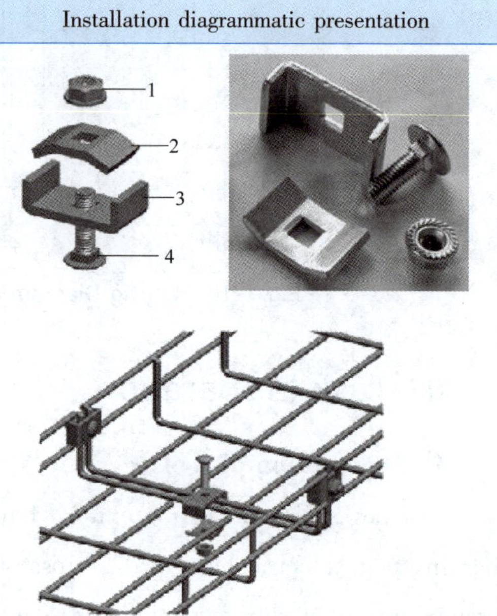

(2) Analysis of right-angle connection of grid bridge

The analysis of right-angle connection of grid bridge is shown in Table 1-15.

Table 1-15 Analysis of Right-angle Connection of Grid Bridge

Installation instructions	Installation diagrammatic presentation
As shown in the right figure, there are two forms of grid bridge right-angle connection. 1 and 2 in the right figure show connected right-angle bending. One side of the connected right-angle bending needs to be reserved, and other parts are connected by snaps. On the right, Grid 3 and 4 are separated right-angle bending. When making, cut off the inner side of each bridge, and then use snaps or reinforcing bars for connection. In addition, there are finished parts with right-angle corners, which can be directly connected. In addition to the right-angle connection, there are T-shaped connection and cross connection. The connection process is similar to the right-angle connection. See Fig. 1-11 for details	

(3) Analysis of grid bridge hoisting

The hoisting structure composition and installation analysis of grid bridge are shown in Table 1-16.

Table 1-16 Analysis of the Hoisting Structure Composition and Installation of Grid Bridge

Installation instructions	Installation diagrammatic presentation
As shown in the figure on the right, the hoisting structure of grid bridge is composed of three parts, which are screw rod 1, one of the supporting members for hoisting grid bridge; M-shaped cross arm 2, used to fix the grid bridge to prevent the bridge from sliding and form a complete supporting member with the screw rod; grid bridge 3, used for laying and fixing electrical lines. When hoisting the grid bridge, holes need to be punched in the wall, and the three components can be installed in turn after the expansion screws are driven in	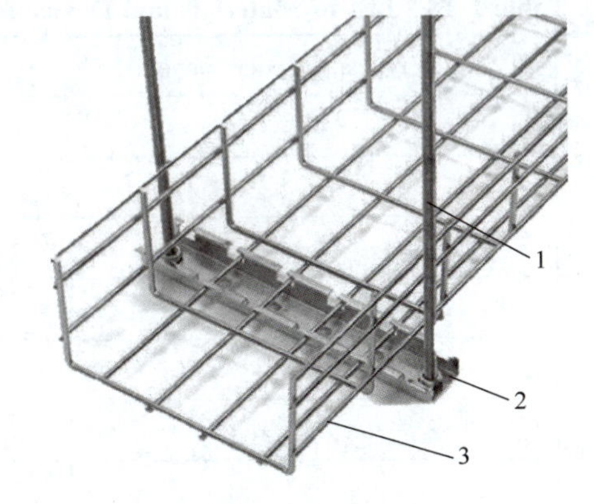

(4) Analysis of grid bridge wall installation

The wall installation composition and installation analysis of grid bridge are shown in Table 1-17.

Table 1-17 Analysis of the Wall Installation Composition and Installation of Grid Bridge Wall

Installation instructions	Installation diagrammatic presentation
As shown in the right figure, the grid bridge wall installation structure consists of two parts, namely, L wall bracket 1, which is used to fix and support the grid bridge; grid bridge 2 is used for laying and fixing electrical lines. When the grid bridge is installed on the wall, it is only necessary to fix the short side end of the L-shaped bracket to the wall and then clamp the bridge to the long side. The forms of grid bridge wall installation are diversified, among which the bracket is the core mounting device, besides L-shaped bracket, spider-shaped bracket, T-shaped bracket and triangular bracket, but their functions are similar	

III. Task Implementation

1. Preparation of technical data

Read and familiarize yourself with the installation drawings and mark the dimensions accordingly.

2. Material and device configuration

Select devices and material types according to Fig. 1-10, and fill in Table 1-18.

Table 1-18 List of Materials and Device for CM100-150-3000-5 Grid Bridge Line Laying

No.	Material and device name	Model	Quantity	Remarks
1				
2				
3				
4				
5				
6				
7				

3. Grid bridge processing

(1) Calculating the dimension of grid bridge

As shown in Fig. 1-10, the grid bridge has a width of 150 mm. The length can be counted through the grid legend provided in the drawing. A total of 14 grids can be counted. Each grid is 100 mm. The installation length of the grid bridge is 1,400 mm, 500 mm of which are in the horizontal direction at the upper end, 600 mm in the vertical direction at the middle and 300 mm in the horizontal direction at the bottom. However, since the bridge is composed of three sections and the grid bridge is dimensioned by vertical bars, there are two adjacent vertical bars. The distance between the lengths is 100 mm, so there will be a loss of 300 mm, so the actual loss of the straight part is 1,700 mm, which is a 17 grid bridge. The corner is a 90° sector with equal width provided by the manufacturer, which can be installed directly, and will not be counted here.

(2) Processing flow of grid bridge

The processing flow of grid bridge is shown in Fig. 1-11, and other types of grid bridge can be processed in the same way.

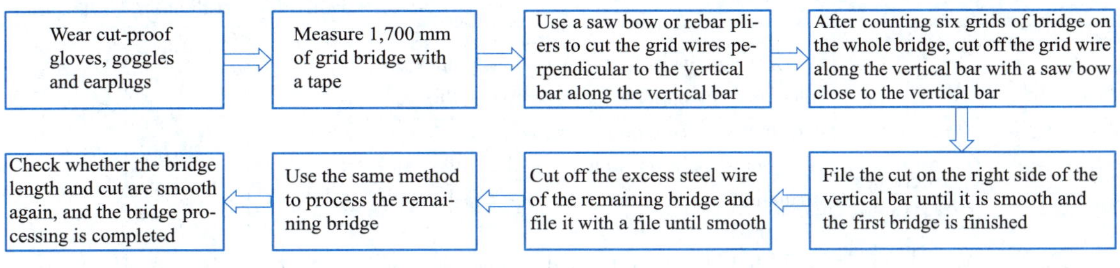

Fig. 1-11 Processing Flow of Grid Bridge

4. Installation process of grid bridge

The installation process of grid bridge is shown in Fig. 1-12, and other types of grid bridge can be installed in the same way.

5. Cleaning and finishing

(1) Clean up the workbench, and put all tools in corresponding positions after cleaning.

(2) Check the appearance of the line pipe and wall surface, and clean up the marking and residual waste.

(3) Clean the floor of the work station.

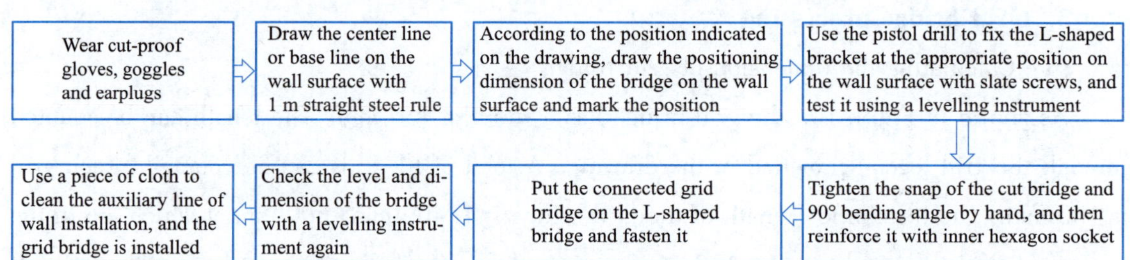

Fig. 1-12 Installation Process of Grid Bridge

IV. Task Evaluation and Summary

1. Examination and evaluation form

After the above task is completed, the learning evaluation can be carried out according to the contents in Table 1-19.

Table 1-19 Examination and Evaluation Form

Evaluation item	Evaluation content	Evaluation criterion	Evaluation method		
			Self-evaluation	Group evaluation	Teacher evaluation
Professional quality (30 points)	Sense of safety and responsibility	①Be rigorous in style, consciously obey the rules and regulations, and complete the task excellently (10 points). ②Being able to abide by the rules and regulations and complete the task well (7 points). ③Abide by the rules and regulations, but not complete the task or complete the task but ignore the rules and regulations (5 points). ④Fail to observe rules and regulations, and fail to complete the task (0 point)			
	Learning attitude	①Actively participate in teaching activities, with full attendance (10 points). ②Absenteeism reaches 10% of the total class hours of the task (8 points). ③Absenteeism reaches 20% of the total class hours of the task (6 points). ④Absenteeism reaches 30% of the total class hours of the task (4 points)			

Continued

Evaluation item	Evaluation content	Evaluation criterion	Evaluation method		
			Self-evaluation	Group evaluation	Teacher evaluation
Professional quality (30 points)	Sense of teamwork	①Harmonious cooperation with classmates, with strong sense of teamwork (10 points). ②Being able to communicate with classmates, with strong ability to work together (8 points). ③Being able to communicates with classmates, with ordinary ability to work together (6 points). ④Having difficulty in communicating with classmates, with poor ability to work together (4 points)			
Professional competence (70 points)	Product appearance	Good product appearance without physical damage (10 points)			
	Connection fastening	Whether the bridge connection is safe and reliable (10 points)			
	Burrs	After the processing is completed, all cuts are free of burrs (10 points)			
	Installation dimension	Being able to install correctly according to the drawing, with error less than 1 mm (15 points)			
	Horizontal and vertical	The installation of line pipe meets the technical requirements, and the horizontal error is less than 1 mm (15 points)			
	Innovation capacity	In the process of learning, put forward innovative and feasible suggestions (10 points)			
General comments					

2. Task summary

Summarize the problems encountered in the process of processing and installing the grid bridge and the solutions to the problems, and exchange experiences.

Task 5 Processing and Laying of Distribution Control Box

I. Task Description

On the installation and commissioning platform of indoor lighting circuit in SX-WSC18

electrical equipment training system, the 500 × 400 distribution control box is processed and laid, and complete the material processing and installation according to the provided Fig. 1-13.

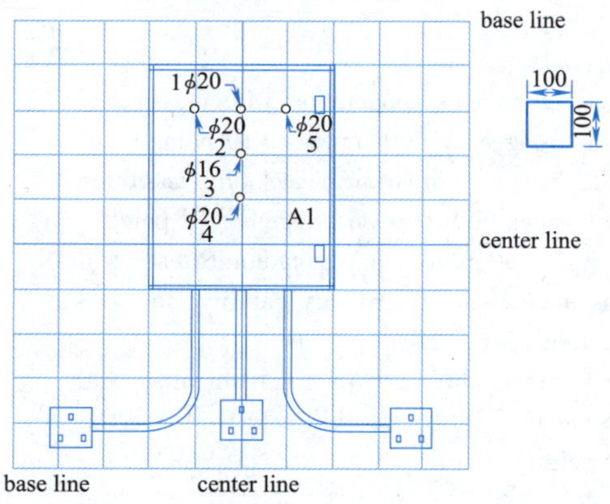

Fig. 1-13 Processing and Laying Diagram of 500 ×400 Distribution Control Box

II. Task Preparation

1. Preparation of tools

ϕ16 type hole opener, ϕ20 type hole opener, ϕ2 twist drill, watering can, metal deburring cutter, 1 m straight steel rule, right angle ruler, steel tape, levelling instrument, marking pen, electric hand drill , cross screwdriver head.

2. Reading of installation drawings

Fig. 1- 13 shows the location coordinates of distribution box A1 and the positioning dimension of holes. According to the number of grids given in the diagram, each grid is a 100 mm square. There are two types of hole sizes in A1 distribution box, namely ϕ16 and ϕ20, where ϕrepresents the hole diameter and 16 represents the hole diameter of 16 mm.

3. Analysis of metal tapping

Metal tappers are used for opening stainless steel plates, copper plates, iron plates and alloy plates. The following precautions shall be paid attention to when using the hole openers: Metal tapping is also divided into thick plate and thin plate, and the appropriate type and model of hole opener shall be selected according to the size and demand of tapping; when using the hole opener, it is necessary to repeatedly check whether the fittings and main body are firmly installed when installing the hole opener on the pistol drill, and the hole opener with loose installation will be in danger of flying out when in use; attention shall be paid to cooling in the

process of tapping. There are commonly used cooling agents for tapping. Due to the particularity of this task, flammable and explosive solvents, too much water cannot be used. Therefore, to tap multiple holes, local spray cooling can be used to avoid burns and prolong the life of hole openers.

(1) Analysis of tapping drawing

The analysis of tapping drawing of distribution control box is shown in Table 1-20.

Table 1-20 Analysis of Tapping Diagram of Distribution Control Box

Installation instructions	Installation diagrammatic presentation
As shown in the right figure, it is another expression of the opening diagram of distribution control box. Unlike the Fig. 1-13, the right figure clearly marks the installation dimension and spacing of holes in addition to the size of the aperture, and this information needs to be determined by yourself in Fig. 1-14. Therefore, before drilling, you must read the drawing carefully and find the corresponding drilling information before processing	

(2) Analysis of hole opener

Analysis of hole opener is shown in Table 1-21.

Table 1-21 Analysis of Hole Opener

Installation instructions	Installation diagrammatic presentation
The figure on the right shows a four-step assembly process of a high-speed steel alloy hole opener. This process is intercepted from the instruction manual of the hole opener. Generally, after the hole opener is purchased, it is a piece, which needs to be assembled. In addition, the instructions configured inside can reflect the material that can be cut, the thickness range of the cut material, and whether it can be hot processed, etc	(a) Screw in screw (b) Align the grooves and holes, and insert it in the same direction (c) Tighten screw (d) You can work by inserting it into a hand drill or bench drill

III. Task Implementation

1. Preparation of technical data

Read and familiarize yourself with the installation drawings and mark the dimensions accordingly.

2. Material and device configuration

According to Fig. 1-13, select devices and material types, and fill in Table 1-22.

Table 1-22 List of Materials and Device for Processing and Laying of Type 500 × 400 Distribution Control Box

No.	Material and device name	Model	Quantity	Remarks
1				
2				
3				
4				
5				
6				
7				
8				
9				

3. Tapping processing of distribution box

(1) Calculating the tapping dimension of distribution box (taking hole 1 as an example)

From Fig. 1-13, it can be seen that there are two types of holes, $\phi16$ type and $\phi20$ type, among which the size of hole 1 is $\phi20$ type, so $\phi20$ type hole opener is selected. The size of each grid in the diagram is 100 mm × 100 mm. According to the dimension of the grid diagram, it can be calculated that the positioning dimension of hole 1 is 100 mm from the upper edge and 200 mm from the left edge. The dimensions of other holes in the diagram can be calculated in the same way.

(2) Tapping process of distribution box (taking hole 1 as an example)

The tapping process of distribution box hole 1 is shown in Fig. 1-14. In the tapping

process, remember to pay attention not to neglect safety problems in pursuit of quick cutting, and other holes can be processed in the same way.

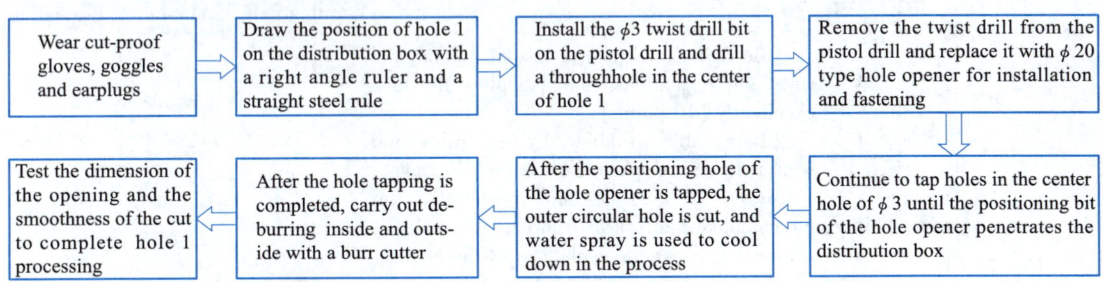

Fig. 1-14 Tapping Process of Distribution Box Hole 1

4. Distribution box installation process (taking A1 distribution box as an example)

The installation process of distribution box A1 is shown in Fig. 1-15, and other types of distribution boxes can be installed in the same way.

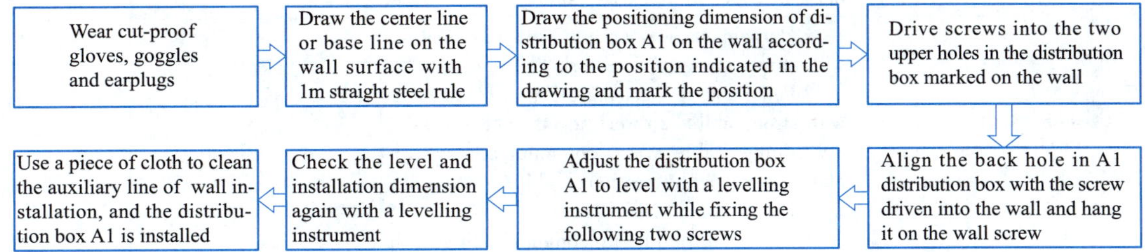

Fig. 1-15 Installation Process of Distribution Box A1

5. Cleaning and finishing

① Clean up the workbench, and put all tools in corresponding positions after cleaning.

② Check the appearance of distribution box and wall surface, and clean up the marking and residual waste.

③ Clean the floor of the work station

IV. Task Evaluation and Summary

1. Examination and evaluation form

After the above task is completed, the learning evaluation can be carried out according to the contents in Table 1-23.

Table 1-23 Examination and Evaluation Form

Evaluation item	Evaluation content	Evaluation criterion	Evaluation method		
			Self-evaluation	Group evaluation	Teacher evaluation
Professional quality (30 points)	Sense of safety and responsibility	①Be rigorous in style, consciously obey the rules and regulations, and complete the task excellently (10 points). ②Being able to abide by the rules and regulations and complete the task well (7 points). ③Abide by the rules and regulations, but not complete the task or complete the task but ignore the rules and regulations (5 points). ④Fail to observe rules and regulations, and fail to complete the task (0 point)			
	Learning attitude	①Actively participate in teaching activities, with full attendance (10 points). ②Absenteeism reaches 10% of the total class hours of the task (8 points). ③Absenteeism reaches 20% of the total class hours of the task (6 points). ④Absenteeism reaches 30% of the total class hours of the task (4 points)			
	Sense of teamwork	①Harmonious cooperation with classmates, with strong sense of teamwork (10 points). ②Being able to communicate with classmates, with strong ability to work together (8 points). ③Being able to communicates with classmates, with ordinary ability to work together (6 points). ④Having difficulty in communicating with classmates, with poor ability to work together (4 points)			
Professional competence (70 points)	Product appearance	Good product appearance, without wrinkles and physical damage (10 points)			
	Bending radius	Bending radius meets the drawing requirements (10 points)			
	Burrs	After processing, all corners have no burrs (10 points)			
	Installation dimension	Being able to install correctly according to the drawing, with error less than 1 mm (15 points)			
	Horizontal and vertical	The installation of line pipe meets the technical requirements, and the horizontal error is less than 1 mm (15 points)			
	Innovation capacity	In the process of learning, put forward innovative and feasible suggestions (10 points)			
General comments					

2. Task summary

Summarize the problems encountered in the training process of tapping and installing distribution boxes and the solutions to the problems, and exchange experiences.

Task 6　Installation of Incandescent Lamp Lighting Circuit

I. Task Description

On the installation and commissioning platform of indoor lighting circuit in SX-WSC18 electrical equipment training system, it is necessary to complete the laying and installation of incandescent lamp lighting circuit, and complete the processing and installation of materials according to the provided Fig. 1-16.

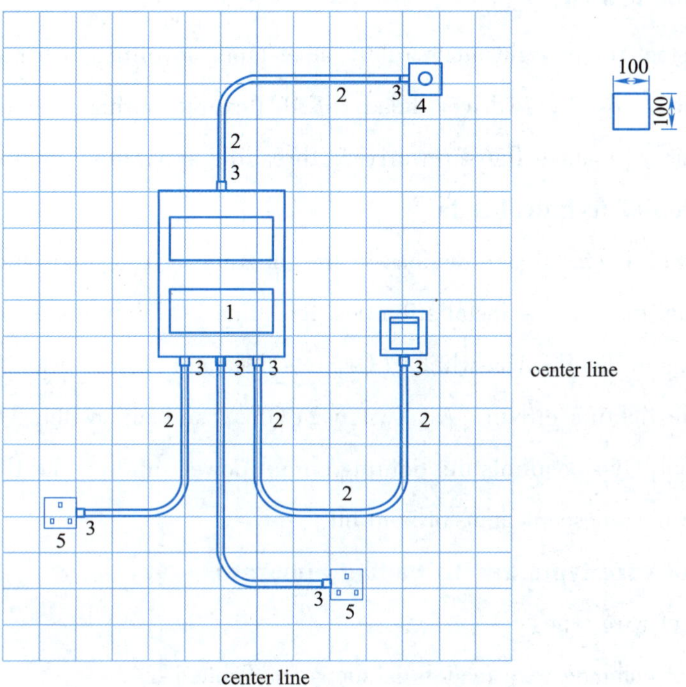

Fig. 1-16　Laying Diagram of Incandescent Lamp Lighting Circuit

1—350 mm × 460 mm control box; 2—20 type PVC pipe; 3—20 type PVC pipe clamp; 4—Incandesent lamp; 5—Socket; 6—Single connection

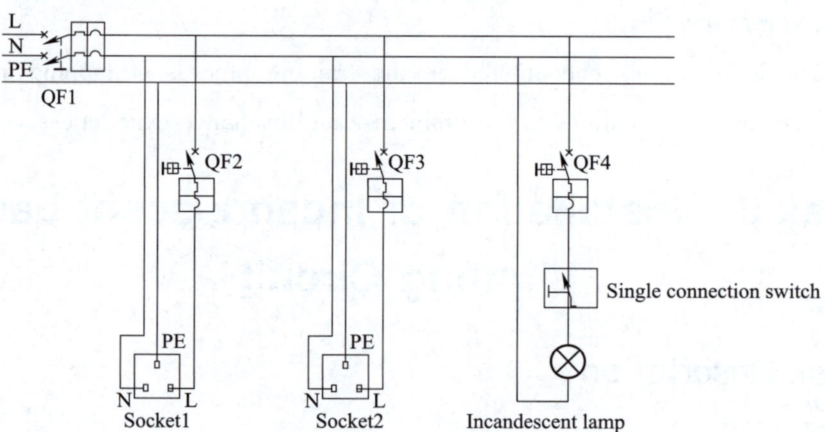

Fig. 1-17 Schematic Diagram of Incandescent Lamp Lighting Circuit

II. Task Preparation

1. Preparation of tools

1 m straight steel ruler, right angle ruler, steel tape, levelling instrument, marking pen, electric hand drill, cross screwdriver head, $\phi 20$ flexural spring, deburring cutter, wire stripper, wire crimper, manual flat screwdriver, threading apparatus, multimeter, etc.

2. Preparation of technical data

As shown in Fig. 1-16, all the devices in the diagram have legends indicating the type of installed devices and the specific installation position. Fig. 1-17 introduces the circuit trend and control requirements in detail. Air switch 1(QF1) is the main switch, which controls the power supply of the whole lighting circuit. Air switch 2(QF2) and air switch 3(QF3) control two sockets; air switch 4(QF4) controls the lighting circuit power supply, and the single connection switch controls the incandescent lamp on and off.

3. Analysis of wire types and threading apparatus

(1) Analysis of wire types

The analysis of common wire models is shown in Table 1-24.

Table 1-24 Analysis of Common Wire Models

<table>
<tr><th>Installation instructions</th><th>Introduction to wire specifications</th></tr>
<tr><td>As shown on the right, it is a list of symbols and names of wire models, in which letters represent the following meanings:
B(B): The first letter indicates wiring, and the second letter indicates glass fiber weaving.
V(V): The first letter indicates polyethylene (plastic) insulation, and the second letter indicates polyethylene sheath
L(L): stands for aluminum wire; or stands for copper wire without L
F(F): stands for compound type
R: stands for soft wire
S: stands for twisted pair
X: stands for insulating rubber
In addition to the material, the wire model also has parameters such as rated voltage, cross-sectional area. The commonly used cross-sectional areas of this project are 1 square millimeter, 1.5 square millimeters, 2.5 square millimeters, 4 square millimeters, only some of which are listed here. For comprehensive models, please refer to the international wire model table</td><td><table>
<tr><th>Model</th><th>Usage</th></tr>
<tr><td>BX(BLX)
BXF(BLXF)
BXR</td><td>Suitable for electrical circuits and lighting devices below AC 500 V or below DC 1,000 V</td></tr>
<tr><td>BV(BLV)
BVV(BLVV)
BVVB(BLVVB)
BVR
BV - 105</td><td>It is suitable for laying various AC and DC electrical devices, electrical instruments, instruments, telecommunications equipment, power and lighting lines</td></tr>
<tr><td>RV
RVB
RVS
RV - 105
RXS
RX</td><td>It is suitable for the connection of various AC and DC appliances, electrical instruments, household appliances, small electric tools, power and lighting</td></tr>
</table></td></tr>
</table>

(2) Analysis threading apparatus

The analysis of structure and use of threading apparatus are shown in Table 1-25.

Table 1-25 Analysis of Structure and Use of Threading Apparatus

Installation instructions	Installation diagrammatic presentation
The right figure shows a structural diagram of a threading apparatus, which is composed of three parts: metal warhead 1, spring elbows 2 and multi-strand steel wires 3. The threading apparatus is used in situations where the pipeline is circuitous and complicated. When using, one end of the spring elbow first passes through the pipeline or channel. After the spring elbow is exposed, the wire to be threaded is bound on another metal head, and the wire is pulled out from the spring elbow side. If there are many wires placed at one time, it can be processed together with the wire binder. Please refer to the relevant data for the specific use of the wire binder	1 2 3

III. Task Implementation

1. Preparation of technical data

Read and familiarize yourself with the installation drawings and mark the dimensions accordingly.

2. Material and device configuration

Select devices and material types according to Fig. 1-16, and fill in Table 1-26.

Table 1-26 List of Materials and Device for Laying Diagram of Incandescent Lamp Lighting Circuit

No.	Material and device name	Model	Quantity	Remarks
1				
2				
3				
4				
5				
6				
7				
8				

3. Installation of incandescent lamp lighting circuit

(1) Dimension calculation

As shown in Fig. 1-16, the laid material is 20 type PVC pipe. The unit of each grid given in the diagram is 100 mm × 100 mm, in which the straight part is 26 grids and the arc part has 5 elbows, so the total length of the straight part is 2, 600 mm, and the arc part is bent by 5 times the pipe diameter, which is $L = 1.57R$, that is, the length of one bend is 157 mm and the total length of the bent part is 785 mm. Therefore, the total length of the line pipe is 3, 358 mm. According to Fig. 1-17, the wire length can also be calculated, in which the reserved wire of distribution box and terminal device is half of the device perimeter, and the total wire length is 3, 935 mm. In the same way, the amount of wires and materials used in other projects can be calculated.

(2) Laying process of incandescent lighting circuit

The laying process of incandescent lamp lighting circuit is shown in Fig. 1-18. It shall be noted that the laying process is not fixed and unique. The above laying process is for reference only, and the actual operation process can be slightly adjusted if the process requirements are met.

4. Cleaning and finishing

① Clean up the workbench, and put all tools in corresponding positions after cleaning.

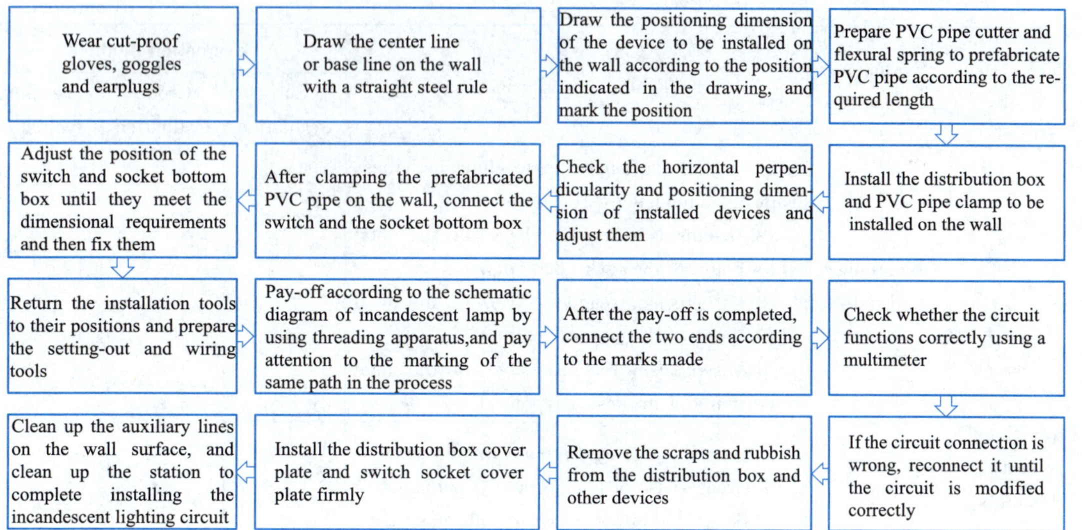

Fig. 1-18 Laying Process of Incandescent Lamp Lighting Circuit

② Check the appearance of distribution box and wall surface, and remove the line diagram marks and residual scraps.

③ Clean the floor of the work station.

IV. Task Evaluation and Summary

1. Examination and evaluation form

After the above task is completed, the learning evaluation can be carried out according to the contents in Table 1-27.

Table 1-27 Examination and Evaluation Form

Evaluation item	Evaluation content	Evaluation criterion	Evaluation method		
			Self-evaluation	Group evaluation	Teacher evaluation
Professional quality (30 points)	Sense of safety and responsibility	①Be rigorous in style, consciously obey the rules and regulations, and complete the task excellently (10 points). ②Being able to abide by the rules and regulations and complete the task well (7 points). ③Abide by the rules and regulations, but not complete the task or complete the task but ignore the rules and regulations (5 points). ④Fail to observe rules and regulations, and fail to complete the task (0 point)			

Continued

Evaluation item	Evaluation content	Evaluation criterion	Evaluation method		
			Self-evaluation	Group evaluation	Teacher evaluation
Professional quality (30 points)	Learning attitude	①Actively participate in teaching activities, with full attendance (10 points). ②Absenteeism reaches 10% of the total class hours of the task (8 points). ③Absenteeism reaches 20% of the total class hours of the task (6 points). ④Absenteeism reaches 30% of the total class hours of the task (4 points)			
	Sense of teamwork	①Harmonious cooperation with classmates, with strong sense of teamwork (10 points). ②Being able to communicate with classmates, with strong ability to work together (8 points). ③Being able to communicates with classmates, with ordinary ability to work together (6 points). ④Having difficulty in communicating with classmates, with poor ability to work together (4 points)			
Professional competence (70 points)	Product appearance	Good product appearance without wrinkles and physical damage (5 points)			
	Bending radius	Bending radius of line pipe meets drawing requirements (5 points)			
	Burrs	After processing, all corners and device edges are free of burrs (5 points)			
	Installation dimension	All devices can be installed correctly according to the diagrams, and the error is less than 1 mm (10 points)			
	Horizontal and vertical	Installation of line pipes and devices meets the requirements of the process, and the horizontal error is less than 1 mm (10 points)			
	Wiring technology	Wire connection is firm, without insulation damage and exposed copper (10 points)			
	Line function	Line function is correct and meets the drawing requirements (15 points)			
	Innovation capacity	In the process of learning, put forward innovative and feasible suggestions (10 points)			
General comments					

2. Task summary

Summarize the problems encountered in the training of incandescent lighting circuit laying and the solutions to the problems, and exchange experiences.

Task 7 Inspection and Commissioning of Lighting Circuit

I. Task Description

On the installation and commissioning platform of indoor lighting circuit in SX-WSC18 electrical equipment training system, the laying and installation of incandescent lamp lighting circuit has been completed. Please complete the circuit detection and commissioning according to the provided Fig. 1-16 and Fig. 1-17.

II. Task Preparation

1. Preparation of tools

Electric hand drill, cross screwdriver head, wire stripper, wire crimper, manual flat screwdriver, multimeter, etc.

2. Analysis of test report and multimeter usage

(1) Analysis of test report

Table 1-28 shows the test report of installation of incandescent lamp lighting circuit, and the test contents mainly include the following points:

① Equipment appearance. Whether the equipment appearance is damaged, whether there are unreliable connections such as wires not entering the trunking. If there are equipment appearance problems, the test will fail.

② Grounding continuity resistance, which mainly tests whether the grounding of all equipment is independent and meets the specifications. If the equipment is grounded virtually, the grounding continuity resistance will become larger or directly infinite, and the wiring continuity resistance shall not be greater than 0.5 Ω. If it is greater, the test will fail.

③ Insulation resistance. Insulation resistance test is used to test the insulation resistance of different components in the system, and megohmmeter or multimeter with insulation test function is required for testing. The resistance value of insulation resistance test shall be no less than 0.5 MΩ. If it is less than the value, the system leaks electricity and the test fails.

Table 1-28 Test Report of Incandescent Lamp Lighting Circuit

Module name	Installation of incandescent lamp lighting circuit		Station number	
Item	First time	Second time	Third time	
Insulation resistance				
Grounding continuity resistance				
Equipment appearance	In good condition □ Not in good condition □	In good condition □ Not in good condition □	In good condition □ Not in good condition □	
First attempt	Date and time	Referee 1 (signature)	Referee 2 (signature)	Player(signature)
Second attempt	Date and time	Referee 1 (signature)	Referee 2 (signature)	Player(signature)
Third attempt	Date and time	Referee 1 (signature)	Referee 2 (signature)	Player(signature)

(2) Introduction to the use of multimeter

Table 1-29 provides an introduction to the functions of one type of multimeter, and the use of other brands of multimeter is similar to that of this multimeter.

Table 1-29 Introduction to the Functions of the Multimeter

Introduction to the functions of the multimeter	Outline diagram of the multimeter
The right figure shows Shengli multimeter. ①LCD screen: used to display the type and size of the current measured value. ② Function switching: used to change the measuring function and measuring range and control the startup and shutdown. ③ On-off indicator lamp: used for on-off detection and alarm. ④20 A Current test: 20 A current test jack. ⑤ mA Current test: capacitance, temperature, test accessory "–" pole and current test socket less than 200 mA. ⑥Common terminal: capacitance, temperature, "+" pole socket of test accessory and common ground. ⑦ Voltage and resistance measurement: voltage, resistance and "+" pole socket of diode. ⑧Back light: turn the display backlight on or off.	

Here is an introduction to using multimeter to measure DC voltage and AC voltage. For more operations, please refer to the instruction manual of multimeter.

① DC voltage measurement: insert the black probe into the COM jack and the red probe into the V/Ω jack; then turn the range switch to the corresponding DCV range, and then connect the test probe across the circuit under test, and the voltage and polarity of this point connected by the red probe will be displayed on the screen.

② AC voltage measurement: insert the black probe into the COM jack and the red probe into the V/Ω jack; then turn the range switch to the corresponding ACV range, and then connect the test probe across the tested circuit.

During use, the following points shall be paid attention to:

① If there is no concept of the voltage range to be measured in advance, turn the range switch to the highest position, and then turn to the corresponding position according to the displayed value.

② If "1" is displayed on the screen, it indicates that the range has been exceeded, and the range switch must be turned to a higher position.

③ It is not allowed to measure the voltage or current value exceeding the range of multimeter.

III. Task Implementation

1. Circuit testing

Check the lines according to Fig. 1-16 and Fig. 1-17.

2. Preparing a test report

Conduct circuit test according to Fig. 1-16 and Fig. 1-17, and fill in Table 1-28.

3. Test on incandescent lamp lighting circuit

(1) Equipment appearance

Check the appearance of all equipment in the system for destructive damage; check whether the wires passing through the line pipe and trunking are exposed and laid directly without passing through the line pipe or trunking; check whether the trunking cover plate is properly covered; check whether there is any false installation or false hanging with obvious potential safety hazards in the device installation in the system.

(2) Grounding continuity testing process

The grounding continuity testing process is shown in Fig. 1-19. In actual measurement, the

equipment that is not electrified may not wear insulating gloves, but for the sake of safety, it is suggested that protective measures shall be taken during any exploratory operation.

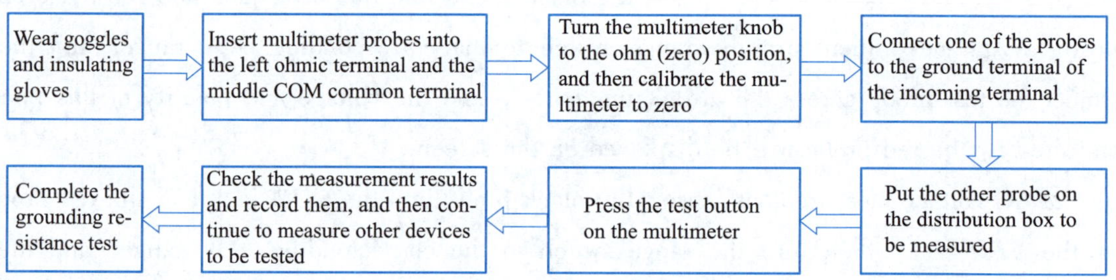

Fig. 1-19 Testing Process of Grounding Continuity of Incandescent Lamp Lighting Line

(3) Insulation resistance testing process

The process of insulation resistance testing process is shown in Fig. 1-20. During the measurement process, it is necessary to ensure that the contact between the probe and the tested line is good. If the measurement data flicker during the measurement process, there are two possibilities: one is that the multimeter probe is in poor contact, and the other is that the multimeter probe and terminal are not in stable contact during the test.

Wear goggles and insulating gloves
Unplug the industrial socket and disconnect the system power supply
Insert multimeter probes into the right insulated terminal and the middle COM common terminal
Turn multimeter knob to 500 V gear
Close all circuit breakers in the distribution box
Put one end of the multimeter probe on the L line, and put the other end on the N line, and ensure good contact
Press the test button of multimeter and record the insulation resistance value
Cross-measure L, N and PE lines in the same way, and the insulation resistance test is completed

Fig. 1-20 Insulation Resistance Testing Process of Incandescent Lamp Lighting Circuit

(4) Applying for power-on of the system

① Clean up the workbench, and put all tools in corresponding positions after cleaning.

② After all tests are completed according to the contents of the test report, check whether there are errors or omissions in the test values of the test report again.

③ Apply to the referee or instructor for power-on, and power-on can only be performed after approval.

IV. Task Evaluation and Summary

1. Examination and evaluation form

After the above task is completed, the learning evaluation can be carried out according to the contents in Table 1-30.

Table 1-30　Examination and Evaluation Form

Evaluation item	Evaluation content	Evaluation criterion	Evaluation method		
			Self-evaluation	Group evaluation	Teacher evaluation
Professional quality (30 points)	Sense of safety and responsibility	①Be rigorous in style, consciously obey the rules and regulations, and complete the task excellently (10 points). ②Being able to abide by the rules and regulations and complete the task well (7 points). ③Abide by the rules and regulations, but not complete the task or complete the task but ignore the rules and regulations (5 points). ④Fail to observe rules and regulations, and fail to complete the task (0 point)			
	Learning attitude	①Actively participate in teaching activities, with full attendance (10 points). ②Absenteeism reaches 10% of the total class hours of the task (8 points). ③Absenteeism reaches 20% of the total class hours of the task (6 points). ④Absenteeism reaches 30% of the total class hours of the task (4 points)			
	Sense of teamwork	①Harmonious cooperation with classmates, with strong sense of teamwork (10 points). ②Being able to communicate with classmates, with strong ability to work together (8 points). ③Being able to communicates with classmates, with ordinary ability to work together (6 points). ④Having difficulty in communicating with classmates, with poor ability to work together (4 points)			

Continued

Evaluation item	Evaluation content	Evaluation criterion	Evaluation method		
			Self-evaluation	Group evaluation	Teacher evaluation
Professional competence (70 points)	Safety protection	Whether to wear relevant protective equipment when conducting tests with potential safety hazards (10 points)			
	Earth Test	Ground continuity test value meets the test requirements (10 points)			
	Insulation test	Insulation test value meets the test requirements (15 points)			
	Testing method	The test process is standardized and there is no illegal operation (10 points)			
	Test report	Fill in the test report correctly, and the test values are true and valid (5 points)			
	Powering on the system	After completing the test report, power on correctly after the application is approved, and there is no unauthorized power-on behavior such as conducting power-on without applying for or conducting power-on even if the application is not approved (10 points)			
General comments					

2. Task summary

Summarize the problems encountered in the training process of incandescent lamp lighting circuit detection and the solutions to the problems, and exchange experiences.

Task 8 Installation of Fluorescent Lamp Lighting Circuit

I. Task Description

On the installation and commissioning platform of indoor lighting circuit in SX-WSC18 electrical equipment training system, it is necessary to complete the laying and installation of fluorescent lighting circuit, and complete the processing and installation of materials according to the provided Fig. 1-23 and Fig. 1-21.

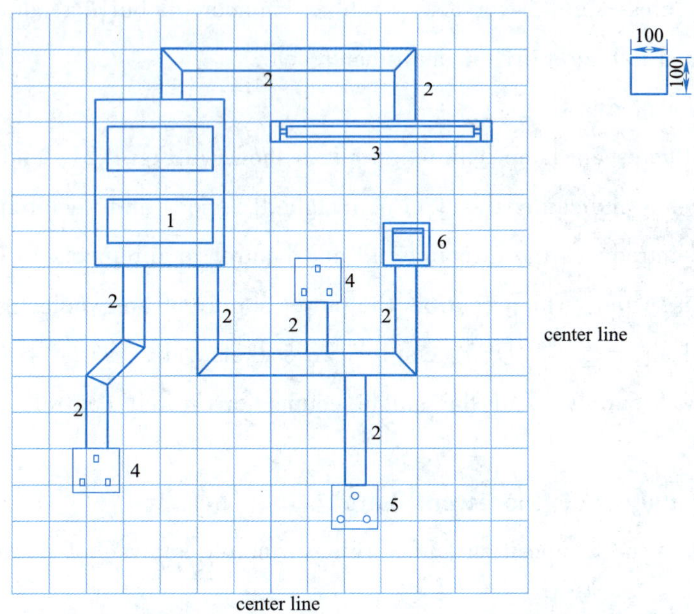

Fig. 1-21　Laying Diagram of Fluorescent Lamp Lighting Circuit

1- 350 mm × 460 mm Control box;　2- 40 × 20 PVC trunking;　3- Fluorescent lamp;
4- 3 bit Socket;　5- Industrial socket;　6-1 bit Switch

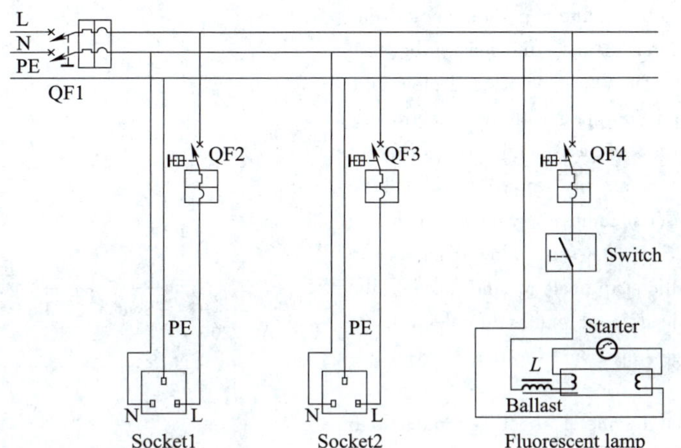

Fig. 1-22　Schematic Diagram of Fluorescent Lamp Lighting Circuit

II. Task Preparation

1. Preparation of tools

1 m straight steel rule, right angle rule, steel tape, levelling instrument, marking pen,

electric hand drill, cross screwdriver head, rubber hammer, deburring cutter, wire stripper, wire crimper, manual flat screwdriver, multimeter, etc.

2. Preparation of drawing

The laying of fluorescent lamp lighting circuit is shown in Fig. 1-21, and all the devices in the figure have legends indicating the type of installed devices and specifying the installation position. Fig. 1-22 introduces the circuit trend and control requirements in detail. Air switch 1(QF1) is the main switch, which controls the power supply of the whole lighting circuit. Air switch 2(QF2) and air switch 3(QF3) control two sockets; air; switch 4(QF4) controls the lighting circuit power supply, and the single connection switch controls the switch of the fluorescent lamp.

3. Principle analysis of fluorescent lamp

Table 1-31 gives the composition and working principle analysis of fluorescent lamp.

Table 1-31 The Composition and Working Principle Analysis of Fluorescent Lamp

Installation instructions	Installation diagrammatic presentation
A fluorescent lamp is mainly composed of ballast, starter and lamp tube, in which the ballast is used to limit the current of lamp tube; and generate enough self-induced electromotive force to make the lamp tube easy to discharge and ignite. The starter is a small glow tube filled with neon gas and equipped with two electrodes, one of which is composed of two metals with different expansion coefficients, commonly known as bimetallic strip. When the fluorescent lamp is switched on during operation, the voltage first causes the glow discharge in the starter, the bimetallic strip heats up and turns on the circuit, the filament heats and emits the electron up converter, the discharge stops, and the metal strip cools and retracts. The ballast separated by metal sheet generates high self-induced electromotive force, which is superimposed on both ends of the lamp tube with AC 220 V voltage to make water vapor conduct and emit ultraviolet rays, and the fluorescent powder coated on the inner wall of the lamp tube emits light close to sunlight	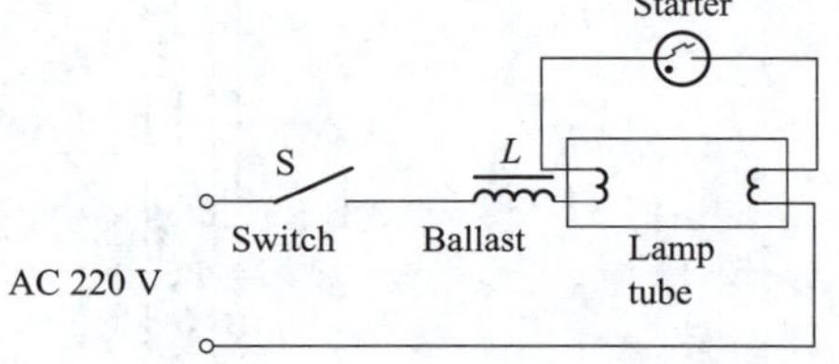

III. Task Implementation

1. Preparation of technical data

Read and familiarize yourself with the installation drawing and mark the dimensions accordingly.

2. Material and device configuration

Select devices and material types according to Fig. 1-22, and fill in Table 1-32.

Table 1-32 List of Materials and Device for Laying Diagram of Fluorescent Lamp Lighting Circuit

No.	Material and device name	Model	Quantity	Remarks
1				
2				
3				
4				
5				
6				
7				
8				

3. Installation of fluorescent lamp lighting circuit

(1) Dimension calculation

As shown in Fig. 1-22, the laid material is 40 × 20 PVC trunking, and the unit of each grid in the figure is 100 mm × 100 mm. The length of trunking can be calculated by calculating the number of grids.

(2) Laying process of fluorescent lamp lighting circuit

The laying process of fluorescent lamp lighting circuit is shown in Fig. 1-23. It shall be noted that the laying process is not fixed and unique. The above laying process is only for reference, and the actual operation process can be slightly adjusted if it meets the technological requirements.

4. Cleaning and finishing

① Clean up the workbench, and put all tools in corresponding positions after cleaning.

② Check the appearance of distribution box and wall surface, and clean up the marking and residual waste.

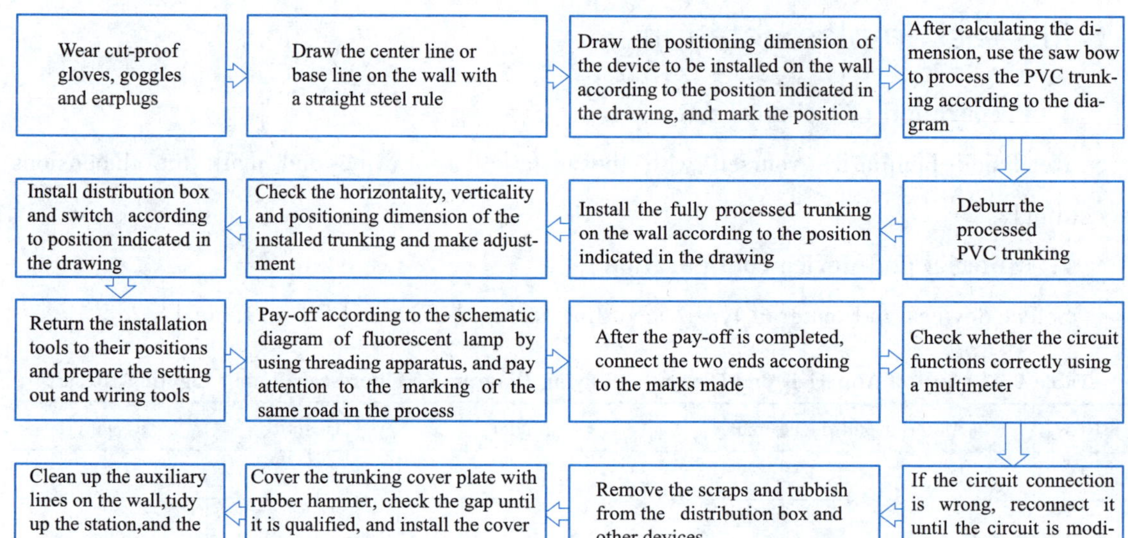

Fig. 1-23 Laying Process of Fluorescent Lamp Lighting Circuit

③ Clean the floor of the work station.

IV. Task Evaluation and Summary

1. Examination and evaluation form

After the above task is completed, the learning evaluation can be carried out according to the contents in Table 1-33.

Table 1-33 Examination and Evaluation Form

Evaluation item	Evaluation content	Evaluation criterion	Evaluation method		
			Self-evaluation	Group evaluation	Teacher evaluation
Professional quality (30 points)	Sense of safety and responsibility	①Be rigorous in style, consciously obey the rules and regulations, and complete the task excellently (10 points). ②Being able to abide by the rules and regulations and complete the task well (7 points). ③Abide by the rules and regulations, but not complete the task or complete the task but ignore the rules and regulations (5 points). ④Fail to observe rules and regulations, and fail to complete the task (0 point)			

Continued

Evaluation item	Evaluation content	Evaluation criterion	Evaluation method		
			Self-evaluation	Group evaluation	Teacher evaluation
Professional quality (30 points)	Learning attitude	①Actively participate in teaching activities, with full attendance (10 points). ②Absenteeism reaches 10% of the total class hours of the task (8 points). ③Absenteeism reaches 20% of the total class hours of the task (6 points). ④Absenteeism reaches 30% of the total class hours of the task (4 points)			
	Sense of teamwork	①Harmonious cooperation with classmates, with strong sense of teamwork (10 points). ②Being able to communicate with classmates, with strong ability to work together (8 points). ③Being able to communicates with classmates, with ordinary ability to work together (6 points). ④Having difficulty in communicating with classmates, with poor ability to work together (4 points)			
Professional competence (70 points)	Product appearance	Good product appearance without scratches and physical damage (5 points)			
	Trunking gap	Trunking splicing gap meets drawing requirements (5 points)			
	Burrs	After processing, all corners and device edges are free of burrs (5 points)			
	Installation dimension	All devices can be installed correctly according to the diagrams, and the error is less than 1 mm (10 points)			
	Horizontal and vertical	Installation of line pipes and devices meets the requirements of the process, and the horizontal error is less than 1 mm (10 points)			
	Wiring technology	Wire connection is firm, without insulation damage and exposed copper (10 points)			
	Line function	Line function is correct and meets the drawing requirements (15 points)			
	Innovation capacity	In the process of learning, put forward innovative and feasible suggestions (10 points)			
General comments					

2. Task summary

Summarize the problems encountered in the training process of fluorescent lamp lighting circuit laying and the solutions to the problems, and exchange experiences.

Task 9 Comprehensive Training in Lighting Circuit

I. Task Description

On the installation and commissioning platform of indoor lighting circuit in SX-WSC18 electrical equipment training system, it is necessary to complete the laying and installation of comprehensive lighting circuit, and complete the processing and installation of materials according to Fig. A-1, Fig. B-1.

II. Task Preparation

1. Preparation of tools

Saw bow, file, deburring cutter, 1 m straight steel rule, woodworking pencil, steel tape, bevel protractor, levelling instrument, hand hammer, electric hand drill , $\phi 3$ twist drill, cross screwdriver head, PVC pipe cutter, $\phi 20$ type flexural spring, PVC deburring cutter, metal pipe cutter, metal pipe bender, metal deburring cutter, marking pen, hexagon socket wrench, adjustable wrench and rebar shearing pliers, $\phi 20$ hole opener, $\phi 20$ twist drill bit, watering can, square ruler, wire stripping pliers, wire pressing pliers, slotted screwdriver, threading device, multimeter, etc.

2. Reading of drawing

As shown in Fig. A-1, all devices in this figure have legends indicating the types of installed devices and clear installation positions. Fig. B-1 introduces the circuit trend and control requirements in detail.

3. Analysis of midway system switch

Midway system switch is also called midway switch or two-way reversing switch. In villas, staggered floors and other large-area rooms, or in some public places, there may be a lighting appliance that needs to be switched on and off in three or more places. The midway system

switch is designed to meet this demand. Allowing people in three places to control an electrical appliance requires two double-control switches and one midway switch; and allowing people in four places requires two midway system switches, and so on. Table 1-34 gives the schematic diagram and introduction of the midway system switch circuit.

Table 1-34　The Schematic Diagram and Introduction of the Midway System Switch Circuit

Function description	Circuit diagrammatic presentation
S1 S2 S3 ~220 V Lamp	S1 and S3 are double-control switches, S2 is midway system switch, and the lamp status is ON. You can cut off the lamp by pressing any one of the three switches, and turn on the lamp by pressing any one of the switches after the lamp is turned off. If the lights need to be turned on or off in a fixed order, the circuit is wrong

III. Task Implementation

1. Preparation of technical data

Read and familiarize yourself with the installation drawings and mark the dimensions accordingly.

2. Material and device configuration

Select devices and material types according to Fig. A-1, and fill in Table 1-35.

Table 1-35　List of Materials and Devices for Laying Diagram of Fluorescent Lamp Lighting Circuit

No.	Material and device name	Model	Quantity	Remarks
1				
2				
3				
4				
5				
6				
7				
8				
9				

3. Comprehensive training installation of lighting circuit

(1) Dimension calculation

As shown in Fig. A-1, the laid materials and models are diverse, and the grid unit in the figure is 100 mm × 100 mm. The material length can be calculated by calculating the number of grids.

(2) Comprehensive training laying process of lighting circuit

The comprehensive training in lighting circuit laying process is shown in Fig. 1-24, and actual operation process can be slightly adjusted under the condition of meeting the technological requirements.

1. Read the drawing and calculate the marks and dimensions before installation
2. Wear cut-proof gloves, goggles and earplugs
3. Prepare line diagram tools,and draw datum and auxiliary installation lines on the wall according to the drawing requirements
4. Prepare trunking processing tools, and prepare materials such as cutting and opening PVC trunking according to the calculated dimension
5. Check whether the length of finished PVC trunking, burrs of bottom plate and cover plate meet the requirements
6. Install PVC trunking according to the mark of installation auxiliary line, and check and make adjustments horizontal and vertical
7. Check the horizontality, verticality and positioning dimension of the installed trunking and make adjustment
8. Install distribution box and switch according to position indicated in the drawing
9. Check the horizontality, verticality and positioning dimension of the installed trunking and make adjustment
10. Install PVC pipe clamp and transition joint at one end, and ensure fastening
11. Prepare PVC line pipe processing tools, and cut and bend pipes according to the calculated length
12. Install the processed PVC pipe and install transition joint at the other end
13. Check the dimension, horizontality and verticality of PVC pipe again
14. Process and install metal pipes as per the same process
15. Cut off the PVC hose according to the calculated length, and install the transition joint at both ends directly
16. After the transition joints at both ends are installed, install the fixed snaps at appropriate positions
17. Prepare bridge processing tools and process the bridge according to the calculated dimensions
18. After the L-shaped bracket is clamped with the bridge, first fix the bridge bracket at the right height and then fix the left bracket
19. After the installation of the straight bridge, check the dimension of the bridge and its horizontality and verticality
20. Check all installed devices for omission, and clean up the trunking and distribution box for setting out
21. Return the installation tools to their positions and prepare the setting-out and wiring tools
22. Pay-off according to the lighting circuit diagram by using the threading apparatus, and pay attention to marking both ends of the same path in the process
23. After thepay-off is completed, connect the two ends according to the marks made
24. Check whether the circuit functions correctly using a multimeter
25. If the circuit connection is wrong, reconnect it until the circuit is modified correctly
26. Tie the PVC cables passing through the bridge and the wall with cable ties
27. Bind the outlet wire and button wire of the trunking inside the distribution box
28. Remove the scraps and rubbish from the distribution box and other devices
29. Cover the trunking cover plate with rubber hammer, check the gap until it is qualified, and install the cover plates of other devices
30. Use multimeter to test before power-on according to the test report
31. Submit test report, organize tools and apply for power-on
32. Clean up the auxiliary lines on the wall surface, and arrange the lighting circuits at the station to complete the laying of the integrated circuits

Fig. 1-24 The Comprehensive Training in Lighting Circuit Laying Process

4. Cleaning and finishing

① Clean up the workbench, and put all tools in corresponding positions after cleaning.

② Clean the floor of the work station.

IV. Task Evaluation and Summary

1. Examination and evaluation form

After the above task is completed, the learning evaluation can be carried out according to the contents in Table 1-36.

Table 1-36　Examination and Evaluation Form

Evaluation item	Evaluation content	Evaluation criterion	Evaluation method		
			Self-evaluation	Group evaluation	Teacher evaluation
Professional quality (30 points)	Sense of safety and responsibility	①Be rigorous in style, consciously obey the rules and regulations, and complete the training task excellently (10 points). ②Being able to abide by the rules and regulations and complete the task well (7 points). ③Abide by the rules and regulations, but not complete the task or complete the task but ignore the rules and regulations (5 points). ④Fail to observe rules and regulations, and fail to complete the task (0 point)			
	Learning attitude	①Actively participate in teaching activities, with full attendance (10 points). ②Absenteeism reaches 10% of the total class hours of the task (8 points). ③Absenteeism reaches 20% of the total class hours of the task (6 points). ④Absenteeism reaches 30% of the total class hours of the task (4 points)			
	Sense of teamwork	①Harmonious cooperation with classmates, with strong sense of teamwork (10 points). ②Being able to communicate with classmates, with strong ability to work together (8 points). ③Being able to communicates with classmates, with ordinary ability to work together (6 points). ④Having difficulty in communicating with classmates, with poor ability to work together (4 points)			

Continued

Evaluation item	Evaluation content	Evaluation criterion	Evaluation method		
			Self-evaluation	Group evaluation	Teacher evaluation
Professional competence (70 points)	Product appearance	Good product appearance without scratches and physical damage (5 points)			
	Trunking gap	Trunking splicing gap meets drawing requirements (5 points)			
	Burrs	After processing, all corners and device edges are free of burrs (5 points)			
	Installation dimension	All devices can be installed correctly according to the diagrams, and the error is less than 1 mm (10 points)			
	Horizontal and vertical	Installation of line pipes and devices meets the requirements of the process, and the horizontal error is less than 1 mm (10 points)			
	Wiring technology	Wire connection is firm, without insulation damage and exposed copper (10 points)			
	Circuit function	Circuit function is correct and meets the drawing requirements (15 points)			
	Innovation capacity	In the process of learning, put forward innovative and feasible suggestions (10 points)			
General comments					

2. Task summary

Summarize the problems encountered in the comprehensive training process of lighting circuit and the solutions to the problems, and exchange experiences.

Project II

Installation and Commissioning of Electrical Control Circuit

Project Description

The main task of electrical control commissioning and maintenance is to install and debug electrical control circuits in a simulation room with trapezoidal basic outer frame composed of aluminum alloy profiles, steel mesh boards and wood boards. It is necessary to drill holes in distribution boxes, install and debug electrical control circuits, and install and program LOGO controller system lines. The model selection, installation, wiring and power-on test run of components for all lines are installed by students themselves, which is convenient for students to accumulate methods and experience in training.

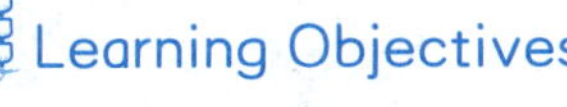

Learning Objectives

① Be familiar with the graphic symbols and letter symbols of buttons and contactors, and learn to correctly identify, select, install and use buttons and contactors;

② Master the wiring process of electric drive lines, and master the installation and wiring methods of buttons, AC contactors, fuses and time relays;

③ Be familiar with the general installation steps of motor control circuit;

④ Be able to design circuit schematic diagram, electrical wiring diagram and electrical arrangement diagram according to control requirements, and carry out installation and commissioning.

Task 1 Installation and Commissioning of Corotation Control Circuit of Three-phase Asynchronous Motor

I. Task Description

In the simulation room of SX-WSC18 electrical equipment training system (as shown in Fig. 2-1), complete the installation and commissioning of three-phase asynchronous motor corotation control circuit, you need to select components, control cabinet layout and wiring according to the diagram.

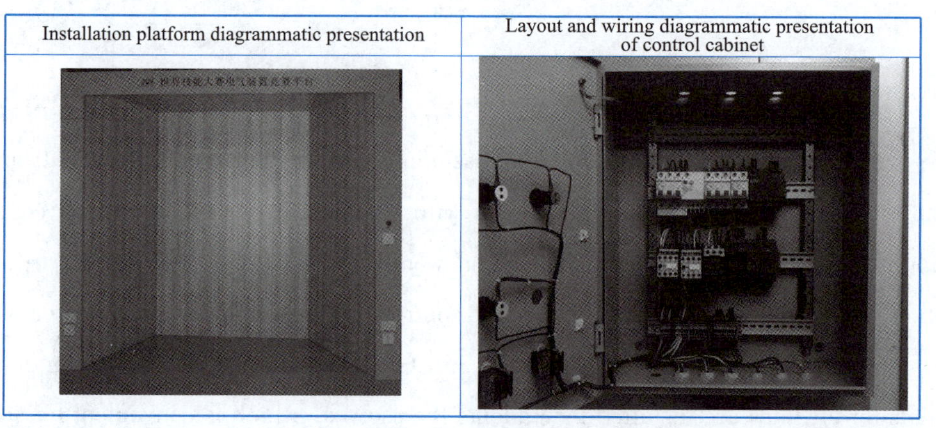

Fig. 2-1 Physical Map SX-WSC18 Electrical Equipment Simulation Room and Control Cabinet

II. Task Preparation

1. Preparation of tools

Multimeter, flat screwdriver, cross screwdriver, wire stripper, diagonal pliers, etc.

2. Introduction to components

(1) Push-button switch

Push-button switch has various structures, which can be divided into mushroom head type, self-locking type, self-resetting type, rotary handle type, indicator lamp type, lamp symbol type and key type, etc. Outline diagram and graphic symbols of push-button switch are shown in Fig. 2-2.

Fig. 2-2 Outline Diagram and Graphic Symbols of Push-button switch

In order to indicate the function of each button and avoid misoperation, the button caps are usually made into different colors to show the difference, such as red, green, black, yellow, blue and white. For example, red means stop button, green means start button.

(2) AC contactor

AC contactor is used to control the circuit ON-OFF by attracting under the action of electromagnetic force and releasing under the action of reaction spring force. The outline diagram and graphic symbols of AC contactor are shown in Fig. 2-3. It uses main contacts to open and close the circuit and auxiliary contacts to execute control instructions. AC contactor mainly consists of four parts:

① Electromagnetic system, including attraction coil, moving iron core and static iron core;

② Contact system, including three groups of main contacts and one to two groups of normally closed and normally closed auxiliary contacts, which are connected with the moving iron core and linked with each other;

③ Arc extinguishing devices, generally AC contactors with large capacity are equipped with arc extinguishing devices, so as to cut off the arc quickly and avoid burning out the main contacts;

④ Insulation shell and accessories, all kinds of springs, transmission mechanisms, short-circuit rings and terminals, etc.

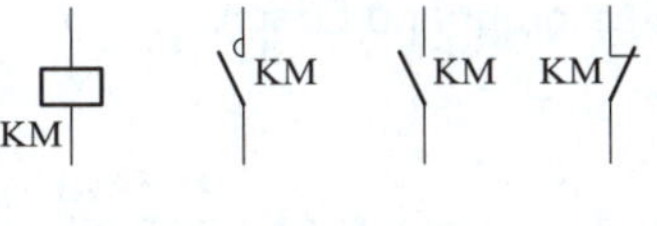

Fig. 2-3 Outline Diagram and Graphic Symbols of AC Contactor

(3) Low-voltage circuit breaker

Low-voltage circuit breaker is a switching appliance that can not only switch on and off

normal load current and overload current, but also switch on and off short-circuit current. The low-voltage circuit breaker not only plays a control role in the circuit, but also has certain protection functions, such as overload, short circuit, undervoltage and leakage protection. The outline diagram and graphic symbol of the low-voltage circuit breaker are shown in Fig. 2-4.

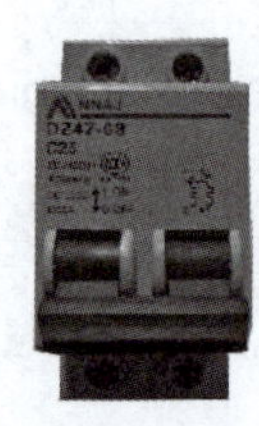

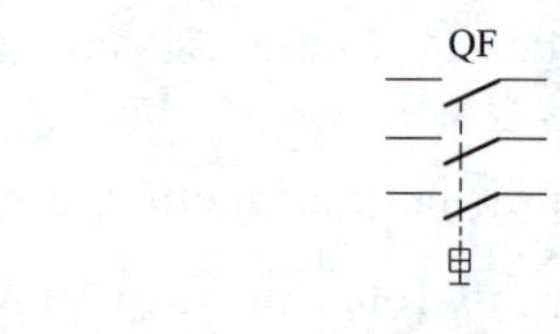

Fig. 2-4 Outline Diagram and Graphic Symbol of Low-voltage Circuit Breaker

(4) Fuse

Fuse is an electrical component that installed in a circuit to ensure the safe operation of the circuit. Fuse is actually a kind of short-circuit protector, which is widely used in power distribution system and control system, mainly for short-circuit protection or severe overload protection. The outline diagram and graphic symbol of fuse are shown in Fig. 2-5.

(5) Thermal relay

Thermal relay is used for overload protection of motor and electrical equipment. It can be divided into ordinary bimetallic thermal relay and thermal relay with differential open-phase protection. The outline diagram and graphic symbol of thermal relay are shown in Fig. 2-6.

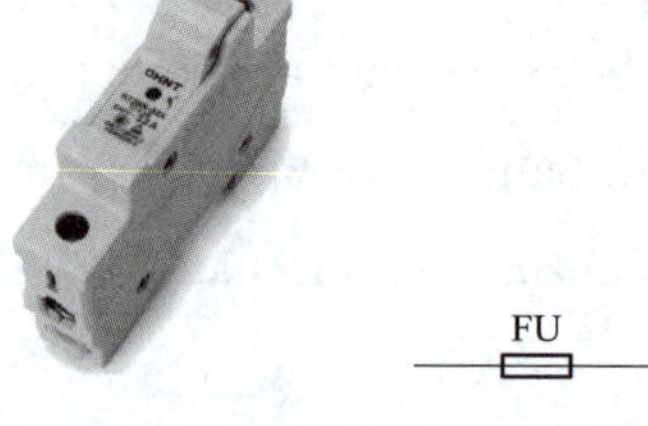

Fig. 2-5 Outline Diagram and Graphic Symbol of Fuse

Fig. 2-6 Outline Diagram and Graphic Symbol of Thermal Relay

3. Unidirectional operation protection link

(1) Short circuit protection (FU)

All control circuits in electric drive have short circuit protection function, and both the main circuit and the auxiliary circuit are connected with fuses in series. Moreover, these fuses can only implement short circuit protection, but cannot implement overload protection and overcurrent protection. Fuse short-circuit protection can be implemented by fuse knife switch and other combined

components, learning the main circuit and auxiliary circuit of each circuit installed, or directly connecting fuses in series in the circuit. There are two reasons why fuses can not implement overload protection. On the one hand, the specifications of fuses must be properly selected according to the starting current of motors. On the other hand, the fusing protection characteristics of fuses have inevitable hysteresis and dispersion. Hysteresis refers to the time lag. When the current flowing through the fuse is 1.6 times of its rated current, it takes more than one hour to fuse, which causes the protection to lag in time. Dispersion refers to the dispersion of performance.

(2) Undervoltage and voltage loss protection (KM, KA)

When the power supply voltage drops to 85% or below the rated voltage for some reason, the measure taken to ensure that the power supply is not connected is called undervoltage protection. Through such protective measures, the safe use of motors or other electrical equipment can be ensured. In the control circuit with contactor self-locking, when the motor works normally, the power supply voltage drops to a certain value, which weakens the magnetic flux of contactor coil and makes the electromagnetic attraction insufficient. The moving iron core is released under the action of the reaction spring, and the self-locking contact is disconnected, self-locking is lost, and the main contact is also disconnected, which stops the motor, thus realizing under-voltage protection.

In operation, the electrical equipment or motor loses power instantaneously due to some reason. After troubleshooting and restoring power supply, the electrical equipment or motor can not be started by itself to protect equipment and personal safety. This protection measure is called voltage loss protection. The control circuit with contactor self-locking has this function.

To sum up, the control circuit with contactor self-locking link itself has the functions of voltage loss and undervoltage protection.

(3) Overload protection (FR)

Due to excessive load and frequent operation, large current flows through the stator windings of many production machines for a long time, which will cause overheating of the stator windings, affect the service life of the motors, and even burn out the motors in severe cases. Therefore, overload protection link must be added to the motor control circuit. Usually, we set thermal relay in the circuit to implement overload protection.

In practice, in order to improve the sensitivity of thermal relay to three-phase unbalanced overload current protection, the thermal elements of thermal relay are connected in series on the three-phase load lines of the motor.

4. Self-locking

In addition to the three normally open main contacts, the contactor also has several normally open or normally closed auxiliary contacts, which, like the main contacts, are controlled by whether the armature is attracted or not. That is to say, when the contactor coil is energized, not only the main contact will be closed, but also the auxiliary normally-open contact will be closed and the auxiliary normally-closed contact will be disconnected. This makes it possible to obtain a self-locking long-acting circuit. Therefore, the auxiliary normally-open contacts of a contactor are connected in parallel at both ends of the normally-open start button SB2 of the auxiliary circuit as shown in Fig. 2-7. This phenomenon, which relies on the contactor's auxiliary normally-open contact to keep the contactor coil itself energized, is called self-locking or self-holding. Auxiliary normally-open contacts connected in parallel at both ends of the start button are called self-locking contacts. The biggest difference between motor long-motion control and inching control is that the former has self-locking, while the latter has not self-locking.

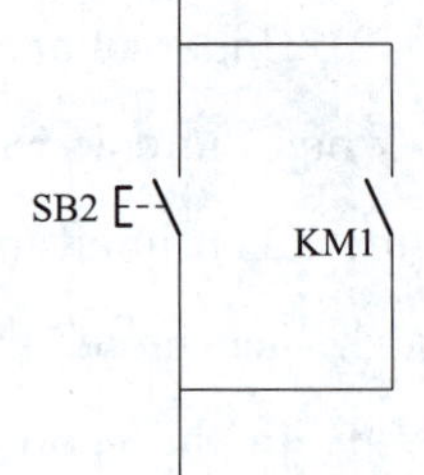

Fig. 2-7 Self-locking Control

5. Electrical schematic diagram

The schematic diagram of continuous corotation control circuit of three-phase asynchronous motor is shown in Fig. 2-8.

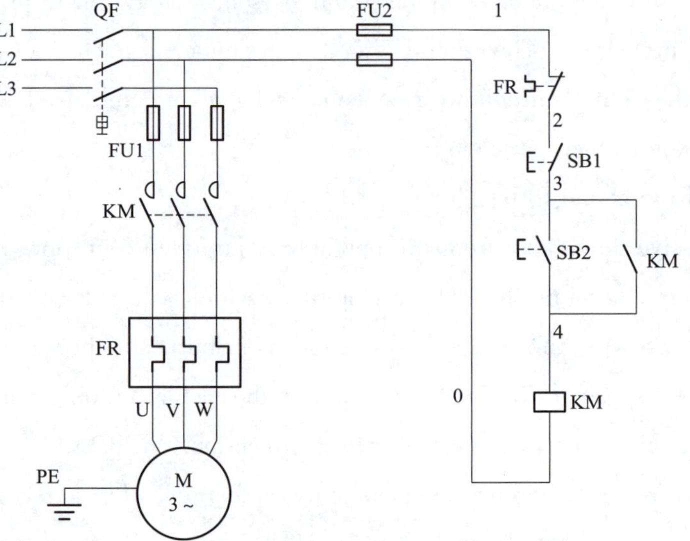

Fig. 2-8 Schematic Diagram of Continuous Corotation Control Circuit of Three-phase Asynchronous Motor

6. Working principle

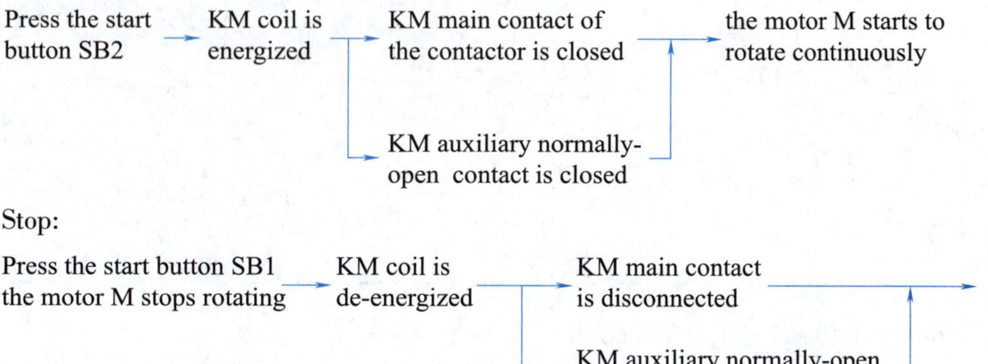

III. Task Implementation

1. Formulate a component and material list

Fill the formulated component material list in Table 2-1.

Table 2-1 Component Material List

No.	Component name	Model	Quantity	Remarks
1				
2				
3				
4				
5				
6				
7				

2. Draw a distribution box layout diagram

3. Draw a connection diagram

4. Complete the circuit connection

①Do not omit the earth line. It is forbidden to use metallic flexible hose as grounding channel.

②When wiring the wires laid in the wire channel, you must concentrate on finding out a wire, immediately put on the coding casing, and then conduct re-inspection after connecting.

③In the process of installation and commissioning, the use of tools and instruments shall meet the requirements.

④When connecting the buttons internally, do not use too much force to prevent the screws from slipping.

⑤The metal shell of motor and button must be grounded reliably. The wire connected to the motor must be protected through the wire channel, or the tough four-core rubber or plastic sheath line shall be used for temporary power-on verification.

⑥When conducting live inspection and troubleshooting, there shall be a tutor to supervise on site.

5. Power-on test run

①During the power-on idling test, carefully observe all electrical components and lines.

②During power-on load test, carefully observe all electrical components and lines.

IV. Task Evaluation and Summary

1. Examination and evaluation form

After the above task is completed, the learning evaluation can be carried out according to the contents in Table 2-2.

Table 2-2 Examination and Evaluation Form

Evaluation item	Evaluation content	Evaluation criterion	Evaluation method		
			Self-evaluation	Group evaluation	Teacher evaluation
Professional quality (30 points)	Sense of safety and responsibility	①Be rigorous in style, consciously obey the rules and regulations, and complete the tasks excellently (10 points). ②Being able to abide by the rules and regulations and complete the tasks well (7 points). ③Abide by the rules and regulations, but not complete the task or complete the task but ignore the rules and regulations (5 points). ④Fail to observe rules and regulations, and fail to complete the task (0 point)			
	Learning attitude	①Actively participate in teaching activities, with full attendance (10 points). ②Absenteeism reaches 10% of the total class hours of the task (8 points). ③Absenteeism reaches 20% of the total class hours of the task (6 points). ④Absenteeism reaches 30% of the total class hours of the task (4 points)			
	Sense of teamwork	①Harmonious cooperation with classmates, with strong sense of teamwork (10 points). ②Being able to communicate with classmates, with strong ability to work together (8 points). ③Being able to communicates with classmates, with ordinary ability to work together (6 points). ④Having difficulty in communicating with classmates, with poor ability to work together (4 points)			
Professional competence (70 points)	Formulate a component list	Whether the selection of material and components is reasonable (5 points)			
	Draw a distribution box layout diagram	Whether layout diagram is reasonable (5 points)			
	Draw a connection diagram	Whether the connection diagram is reasonable (5 points)			
	Complete the circuit connection	Be able to design circuit schematic diagram and install and debug according to control requirements (30 points)			
	Power-on test run	5 points will be deducted for each failure until all the points are deducted (15 points)			
	Innovation capacity	In the process of learning, put forward innovative and feasible suggestions (10 points)			
		General comments			

2. Task summary

Review and summarize the problems encountered in the process of line installation and commissioning and the solutions to the problems.

Task 2 Installation and Commissioning of Corotation and Contrarotation Control Circuit for Double Interlocking of Three-phase Asynchronous Motor

I. Task Description

In the simulation room of SX-WSC18 electrical equipment training system (as shown in Fig. 2-1), to complete the installation and commissioning of the corotation and contrarotation control circuit of double interlocking of three-phase asynchronous motor, you need to select components, control cabinet layout and wiring according to the diagram.

II. Task Preparation

1. Preparation of tools

Multimeter, flat screwdriver, Cross screwdriver, wire stripper, diagonal plier.

2. Concept of interlocking

In the corotation and contrarotation control circuit of motor, if KM1 and KM2 are powered at the same time, there will be serious consequences of phase-to-phase short circuit. Interlock control circuit shall be adopted to avoid this phase-to-phase short circuit fault.

In the corotation and contrarotation control circuit of contactor interlocking, two contactors are used, namely KM1 for corotation and KM2 for contrarotation, as shown in Fig. 2-9, which are controlled by corotation button SB2 and contrarotation button SB3 respectively. It must be pointed out that the main contacts of contactors KM1 and KM2 are never allowed to be closed at the

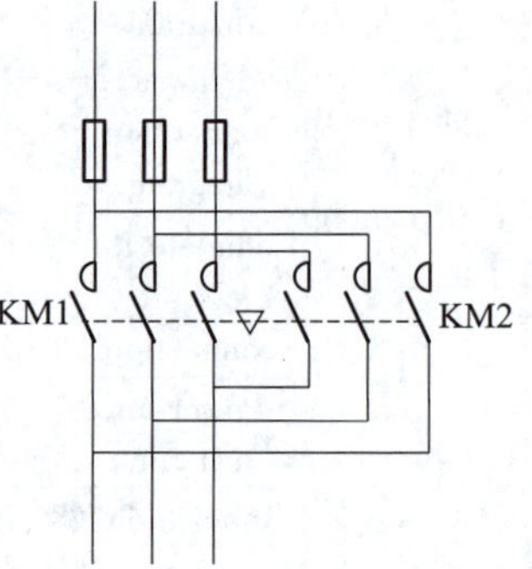

Fig. 2-9 Main Circuit

same time, otherwise two-phase power supply short circuit accident will be caused. In order to avoid the simultaneous energization of two contactors KM1 and KM2, a pair of normally-closed contacts of the other contactor are connected in series in the corotation and contrarotation control circuit, so that when one contactor is energized, the other contactor cannot be energized by its auxiliary normally-closed contacts, and this mutual restriction between contactors is called contactor interlocking, as shown in Fig. 2-10.

In the corotation and contrarotation control circuit of button interlocking, the two buttons connected by dotted lines refer to two groups of contacts (normally-open and normally-closed) of one button. When this button is pressed, the two groups of contacts work at the same time, and the normally-open group of contacts become normally open while being closed. Because of interlocking, the two buttons appear crossed dotted lines in the drawing, and the auxiliary normally-closed contacts that implement interlocking function are called interlocking contacts, as shown in Fig. 2-11.

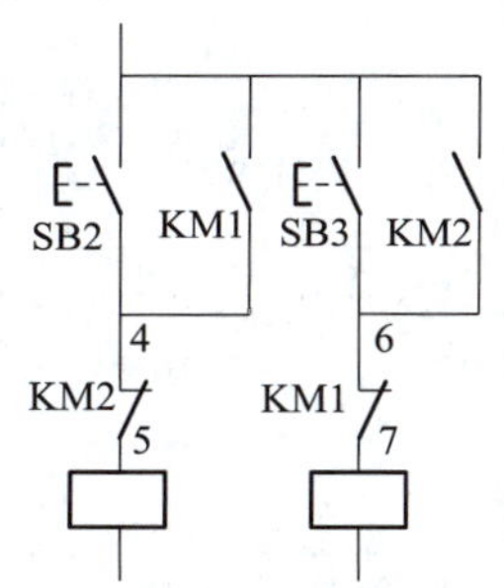

Fig. 2-10 Contactor Interlock

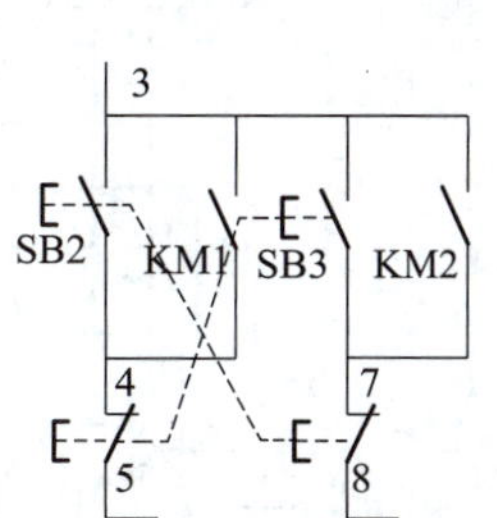

Fig. 2-11 Button Interlock

3. Common motor corotation and contrarotation rotation control circuit

In order to make the motor corotate and contrarotate, two contactors KM1 and KM2 can be used to change the phase sequence of the three-phase power supply of the motor, but the two contactors cannot be closed at the same time. If the contactors are closed at the same time, there will be an short circuit accident of the power supply. In order to prevent this accident, reliable interlocking shall be adopted in the circuit, and the control circuit of motor corotation and contrarotation with contactor interlocking or button and contactor double interlocking shall be adopted.

Interlocking link: It has the function of prohibition and plays the role of safety protection in the line.

(1) Contactor interlock

KM1 coil circuit is connected in series with KM2 auxiliary normally-closed contact, and KM2 coil circuit is connected in series with KM1 normally-closed contact. When the KM1 coil of the corotation contactor is energized, the auxiliary normally-closed contact of KM1 disconnects the coil circuit of KM2. If KM1 is energized and engaged, it is necessary to release the power of KM2 and reset its auxiliary normally-closed contact, thus preventing the short circuit between KM1 and KM2 caused by simultaneous engagement. This circuit link is called interlocking link, as shown in Fig. 2-12.

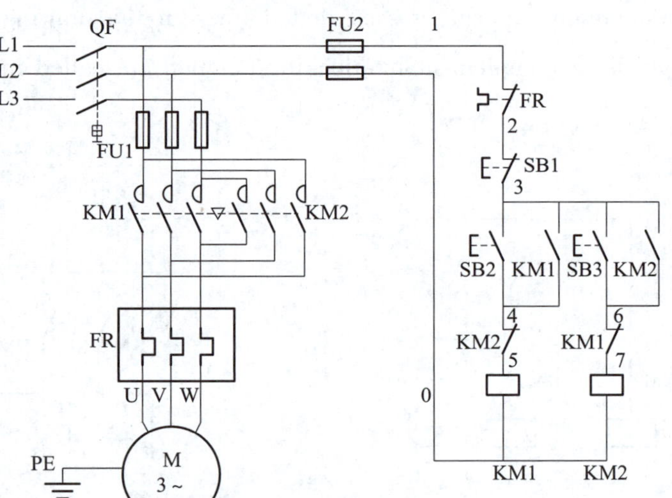

Fig. 2-12 Schematic Diagram of Corotation and Contrarotation Control Circuit for Contactor Interlock of Three-phase Asynchronous Motor

(2) Button interlock

A corotation and contrarotation control circuit operated by control buttons is adopted in the circuit. Buttons SB2 and SB3 both have a pair of normally-open contacts and a pair of normally-closed contacts, which are respectively connected with KM1 and KM2 coil circuits. For example, the normally-open contact of button SB2 is connected in series with contactor KM1 coil, while the normally closed contact is connected in series with contactor KM2 coil. The normally-open contact of button SB3 is connected in series with the contactor KM2 coil, while

the normally-closed contact is connected in series with the KM1 coil. In this way, when SB2 is pressed, only the coils of contactor KM1 can be energized and KM2 can be de-energized; when SB3 is pressed, only the coils of contactor KM2 can be energized and KM1 can be de-energized; if SB2 and SB3 are pressed simultaneously, neither contactor coil can be energized. This acts as an interlock, as shown in Fig. 2-13.

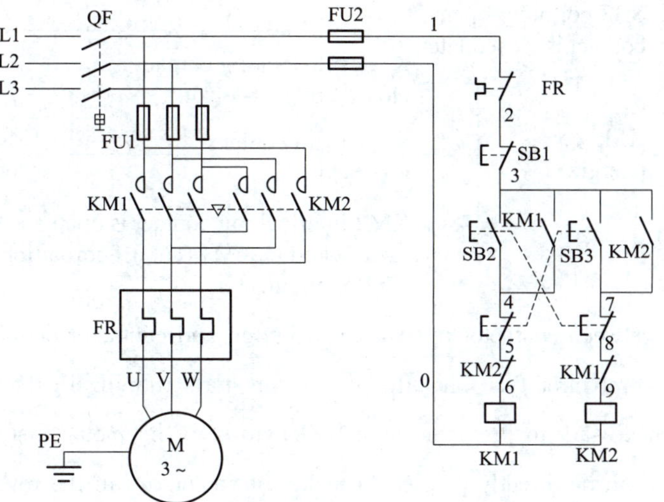

Fig. 2-13 Schematic Diagram of Double Interlocking Corotation and Contrarotation Control Circuit of Button Contactor of Three-phase Asynchronous Motor

4. Working principle

Close the power switch QF first.

(1) Corotation control

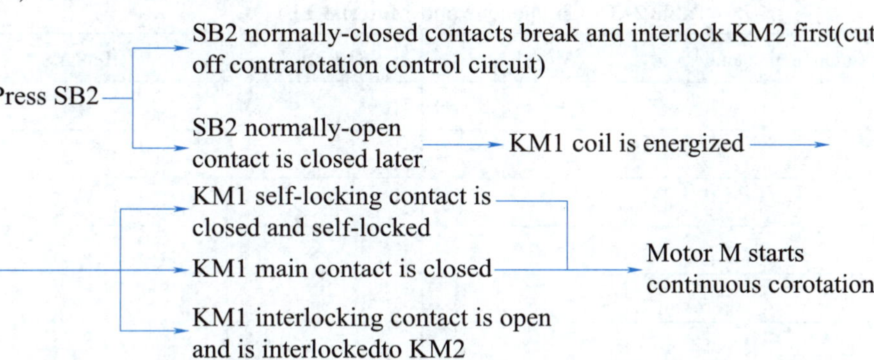

(2) Contrarotation control

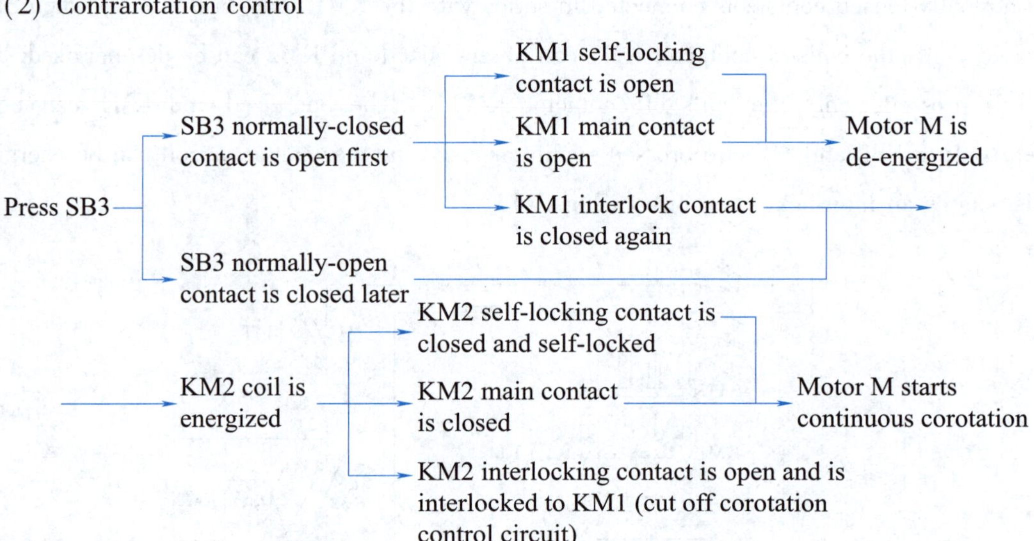

The difference between contactor interlock and button-and-contactor double interlock corotation and contrarotation control circuit is that after the motor starts running in the forward (or reverse) direction, it is not necessary to press the stop button to stop the motor first, but the reverse (or forward) start button can be directly pressed to make the motor run in the reverse direction.

5. Overload protection

Overload protection of motor is completed by thermal relay FR.

III. Task Implementation

1. Formulate a component and material list

Fill the formulated component and material list in Table 2-3.

Table 2-3 Component and Material List

No.	Component name	Model	Quantity	Remarks
1				
2				
3				
4				
5				
6				
7				

2. Draw a distribution box layout diagram

3. Draw a connection diagram

4. Complete the circuit connection

①Do not omit the earth line. It is forbidden to use metallic flexible hose as grounding channel.

②When wiring the wires lay in the wire channel, you must concentrate on finding out a wire, immediately put on the coding casing, and then conduct re-inspection after connecting.

③In the process of installation and commissioning, the use of tools and instruments shall meet the requirements.

④When connecting the buttons internally, do not use too much force to prevent the screws from slipping.

⑤The metal shell of motor and button must be grounded reliably. The wire connected to

the motor must be protected through the wire channel, or the tough four-core rubber or plastic sheath line shall be used for temporary power-on verification.

⑥When conducting live inspection and troubleshooting, there shall be a tutor to supervise on site.

5. Power-on test run

①During the power-on idling test, carefully observe all electrical components and lines.

②During power-on load test, carefully observe all electrical components and lines.

IV. Task Evaluation and Summary

1. Examination and evaluation form

After the above task is completed, the learning evaluation can be carried out according to the contents in Table 2-4.

Table 2-4 Examination and Evaluation Form

Evaluation item	Evaluation content	Evaluation criterion	Evaluation method		
			Self-evaluation	Group evaluation	Teacher evaluation
Professional quality (30 points)	Sense of safety and responsibility	①Be rigorous in style, consciously obey the rules and regulations, and complete the training tasks excellently(10 points). ②Being able to abide by the rules and regulations and complete the tasks well (7 points). ③Abide by the rules and regulations, but not complete the task or complete the task but ignore the rules and regulations (5 points). ④Fail to observe rules and regulations, and fail to complete the task (0 point)			
	Learning attitude	①Actively participate in teaching activities, with full attendance (10 points). ②Absenteeism reaches 10% of the total class hours of the task (8 points). ③Absenteeism reaches 20% of the total class hours of the task (6 points). ④Absenteeism reaches 30% of the total class hours of the task (4 points)			

Continued

Evaluation item	Evaluation content	Evaluation criterion	Evaluation method		
			Self-evaluation	Group evaluation	Teacher evaluation
Professional quality (30 points)	Sense of teamwork	①Harmonious cooperation with classmates, with strong sense of teamwork (10 points). ②Being able to communicate with classmates, with strong ability to work together (8 points). ③Being able to communicates with classmates, with ordinary ability to work together (6 points). ④Having difficulty in communicating with classmates, with poor ability to work together (4 points)			
Professional competence (70 points)	Formulate a component list	Whether the selection of material and components is reasonable (5 points)			
	Draw a distribution box layout diagram	Whether layout diagram is reasonable (5 points)			
	Draw a connection diagram	Whether the connection diagram is reasonable (5 points)			
	Complete the circuit connection	Be able to design circuit schematic diagram and install and debug according to control requirements (30 points)			
	Power-on test run	5 points will be deducted for each failure until all the points are deducted (15 points)			
	Innovation capacity	In the process of learning, put forward innovative and feasible suggestions (10 points)			
General comments					

2. Task summary

Review and summarize the problems encountered in the process of line installation and commissioning and the solutions to the problems.

Task 3 Installation and Commissioning of Star-Delta Step-down Control Circuit for Three-phase Asynchronous Motor

I. Task Description

In the simulation room of SX-WSC18 electrical equipment training system (as shown in Fig. 2-1), Complete the installation and commissioning of star-delta step-down control circuit of three-phase asynchronous motor, you need to select components, control cabinet layout and wiring according to the diagram.

II. Task Preparation

1. Preparation of tools

Multimeter, flat screwdriver, cross screwdriver, wire stripper, diagonal plier.

2. Star and delta connection of motor

There are two connection modes of three-phase power supply: star-connection and delta-connection.

(1) Basic introduction to star and delta connection

Ends U_2, V_2 and W_2 of three windings of three-phase power supply are connected together to form a common point O, and three terminal wires are lead out from the starting ends U_1, V_1 and W_1. This connection is called "Star connection" and "Y connection" (as shown in Fig. 2-14). Three-phase power supply is a system in which three sinusoidal power supplies with the same frequency, equal amplitude and 120° phase difference are connected to supply power to the outside in a certain way.

The delta connection of three-phase power is to connect the power supply or load of each phase end to end in turn, and lead out each connected point as the three-phase lines of three-phase power. By law , no neutral delta and do not lead to neuter line, so there are only three phases, three wire. After the earth line is added, it becomes a three-phase four-wire system.

The line voltage of three-phase electricity with delta connection is equal to the phase

voltage, and the line current is equal to $\sqrt{3}$ times of the phase current.

(2) Star-delta step-down control principle

If the $1/\sqrt{3}$ motor is connected into star shape when starting, the starting voltage applied to each phase stator winding is only $1/\sqrt{3}$ of delta connection, the starting current is 1/3 of delta connection. Therefore, this step-down starting method is only suitable for starting under light load or no load. This step-down starting method can be used for all asynchronous motors whose stator windings are connected in delta connection during normal operation. The two wiring methods are shown in Fig. 2-14.

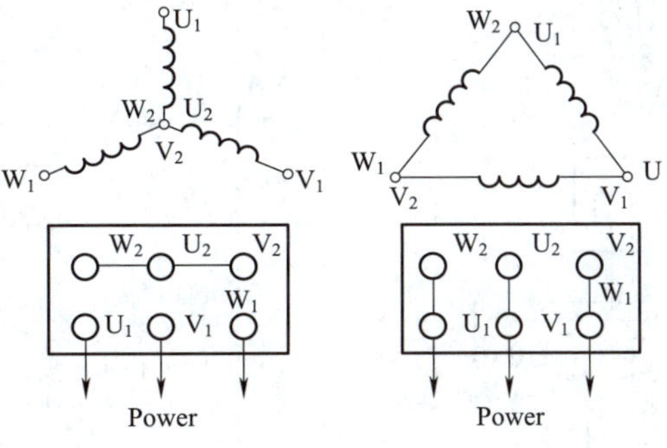

Fig. 2-14 Y- and △-connection of Motor

3. Time relay

Time relay is a kind of automatic control electrical appliance which uses electromagnetic principle or mechanical action principle to implement the delay closing or breaking of contacts. It has a certain delay from obtaining the action signal to the contact action, so it is widely used in electrical circuits that need to be automatically controlled in time sequence. The outline diagram and graphic symbols of time relay are shown in Fig. 2-15.

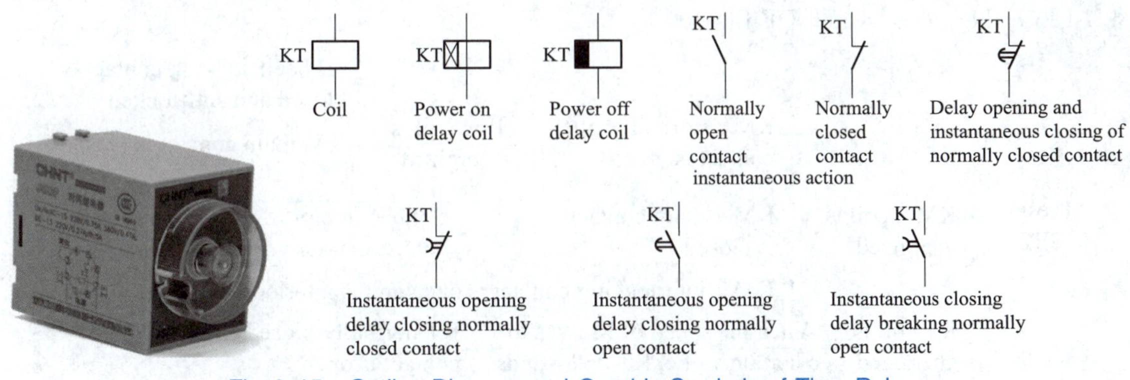

Fig. 2-15 Outline Diagram and Graphic Symbols of Time Relay

There are many kinds of time relays, among which electromagnetic, electric, air damping and transistor are commonly used. According to the delay mode, it can be divided into three types: power-on delay type, power-off delay type and power-on delay type with instantaneous contact.

4. Electrical schematic diagram

The schematic diagram of star-delta step-down control circuit for three-phase asynchronous motor is shown in Fig. 2-16.

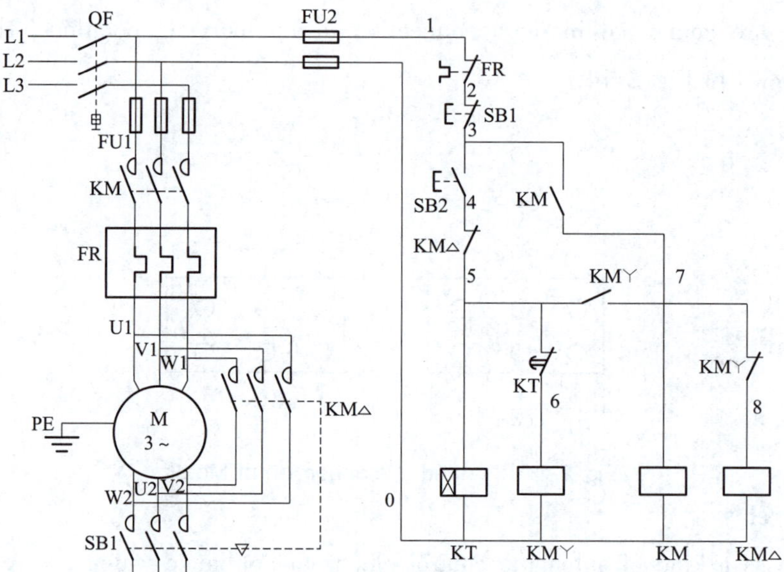

Fig. 2-16 The Schematic Diagram of Star-delta Step-down Control Circuit for Three-phase Asynchronous Motor

5. Working principle

Step-down start:

Close the power switch QF first.

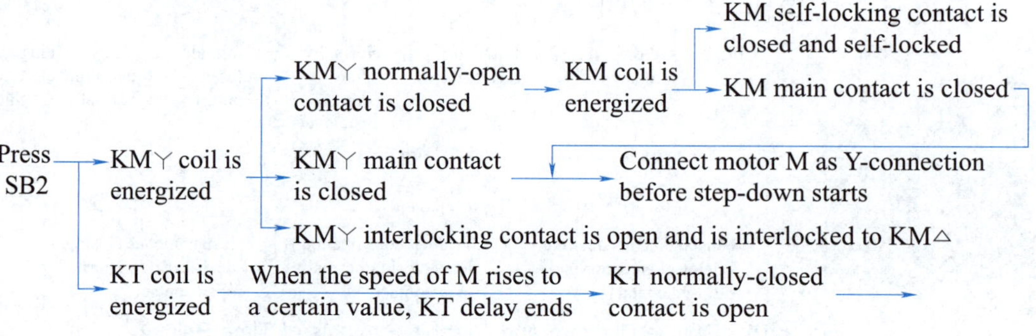

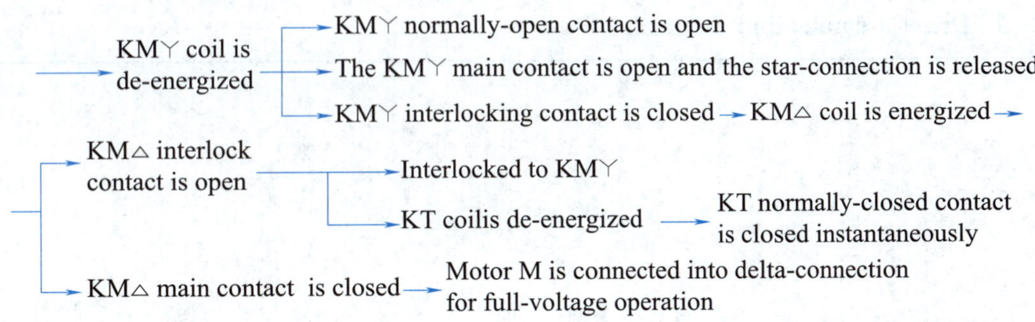

To stop, just press SB1.

In this control circuit, after contactor KMY is energized, contactor KM is energized by KMY's auxiliary normally-open contact, so that KMY's main contact is closed under no-load condition, thus prolonging the service life of contactor KMY's main contact.

III. Task Implementation

1. Formulate a component and material list

Fill the formulated component and material list in Table 2-5.

Table 2-5 Component and Material List

No.	Component name	Model	Quantity	Remarks
1				
2				
3				
4				
5				
6				
7				

2. Draw a distribution box layout diagram

3. Draw a connection diagram

4. Complete the circuit connection

①Do not omit the earth line. It is forbidden to use metallic flexible hose as grounding channel.

②When wiring the wires laid in the wire channel, you must concentrate on finding out a wire, immediately put on the coding casing, and then conduct re-inspection after connecting.

③In the process of installation and commissioning, the use of tools and instruments shall meet the requirements.

④When connecting the buttons internally, do not use too much force to prevent the screws from slipping.

⑤The metal shell of motor and button must be grounded reliably. The wire connected to the motor must be protected through the wire channel, or the tough four-core rubber or plastic sheath line shall be used for temporary power-on verification.

⑥When conducting live inspection and troubleshooting, there shall be a tutor to supervise on site.

5. Power-on test run

①During the power-on idling test, carefully observe all electrical components and lines.

②During power-on load test, carefully observe all electrical components and lines.

IV. Task Evaluation and Summary

1. Examination and evaluation form

After the above task is completed, the project learning evaluation can be carried out according to the contents in Table 2-6.

Table 2-6 Examination and Evaluation Form

Evaluation item	Evaluation content	Evaluation criterion	Evaluation method		
			Self-evaluation	Group evaluation	Teacher evaluation
Professional quality (30 points)	Sense of safety and responsibility	①Be rigorous in style, consciously obey the rules and regulations, and complete the training tasks excellently (10 points). ②Being able to abide by the rules and regulations and complete the tasks well (7 points). ③Abide by the rules and regulations, but not complete the task or complete the task but ignore the rules and regulations (5 points). ④Fail to observe rules and regulations, and fail to complete the task (0 point)			
	Learning attitude	①Actively participate in teaching activities, with full attendance (10 points). ②Absenteeism reaches 10% of the total class hours of the task (8 points). ③Absenteeism reaches 20% of the total class hours of the task (6 points). ④Absenteeism reaches 30% of the total class hours of the task (4 points)			
	Sense of teamwork	①Harmonious cooperation with classmates, with strong sense of teamwork (10 points). ②Being able to communicate with classmates, with strong ability to work together (8 points). ③Being able to communicates with classmates, with ordinary ability to work together (6 points). ④Having difficulty in communicating with class-mates, with poor ability to work together (4 points)			
Professional competence (70 points)	Formulate a component list	Whether the selection of material and components is reasonable (5 points)			
	Draw a distribution box layout diagram	Whether layout diagram is reasonable (5 points)			
	Draw a connection diagram	Whether the wiring diagram is reasonable (5 points)			

Continued

Evaluation item	Evaluation content	Evaluation criterion	Evaluation method		
			Self-evaluation	Group evaluation	Teacher evaluation
Professional competence (70 points)	Complete the circuit connection	Be able to design circuit schematic diagram and install and debug according to control requirements (30 points)			
	Power-on test run	5 points will be deducted for each failure until all the points are deducted (15 points)			
	Innovation capacity	In the process of learning, put forward innovative and feasible suggestions (10 points)			
General comments					

2. Task summary

Review and summarize the problems encountered in the process of line installation and commissioning and the solutions to the problems.

Task 4 Installation and Commission of Lighting Control Circuit of LOGO! Logic Controller

I. Task Description

In the simulation room of SX-WSC18 electrical equipment training system (as shown in Fig. 2-1), complete connecting the lighting circuit of LOGO! logic controller, and complete the corresponding function control.

II. Task Preparation

1. Preparation of tools

Multimeter, flat screwdriver, cross screwdriver, 3 mm wide screwdriver, wire stripper, diagonal plier.

2. Brief introduction to LOGO!

LOGO! is a simple micro programmable controller applicable to a series of applications such as small mechanical equipment, electrical devices and control cabinets. It can be used in

household and installation projects, such as stair lighting, outdoor lighting, awnings, blinds. It can also be used in switchgear and electromechanical equipment, such as door control system, air conditioning system or rain water pump, etc.

The local module of LOGO! is composed of a microprocessor (CPU), a memory, an input/output interface, a communication interface and a power supply circuit. LOGO! has eight kinds of local modules, which can be divided into two types according to whether they have a display panel or not: basic type and economical type. Basic type is provided with a display panel, while economical type is not provided with a display panel. Appearance of the local module is shown in Fig. 2-17. Commonly-used switch output interfaces are divided into two types according to different output switching devices: relay output and transistor output. Relay output interface can drive AC or DC load, but its response time is long and its action frequency is low; the transistor output interface with high response speed and high operating frequency can only be used to drive DC load.

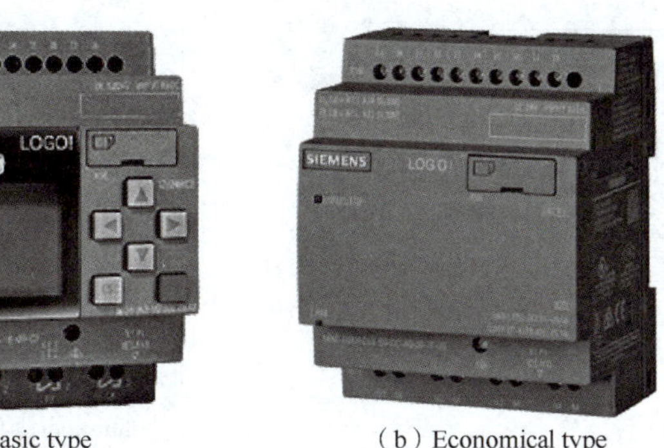

(a) Basic type　　(b) Economical type

Fig. 2-17　Local Module

3. Structure of LOGO!

The structure of LOGO! is shown in Table 2-7.

Table 2-7　Structure of LOGO!

Structure diagrammatic presentation of LOGO!	Structure description of LOGO!
L1 N I1 I2 I3 I4 I5 I6 I7 I8 ① ② ③ ④ ⑤ ⑥ 1 Q1 2 1 Q2 2 1 Q3 2 1 Q4 2	①Power supply; ②Digital quantity input terminal; ③Digital quantity output terminal; ④Module slot with cover plate; ⑤Control panel; ⑥LCD

4. Circuit connection

Circuit connection of LOGO! is shown in Table 2-8.

Table 2-8 Circuit Connection of LOGO!

LOGO!	Description of circuit connection of LOGO!
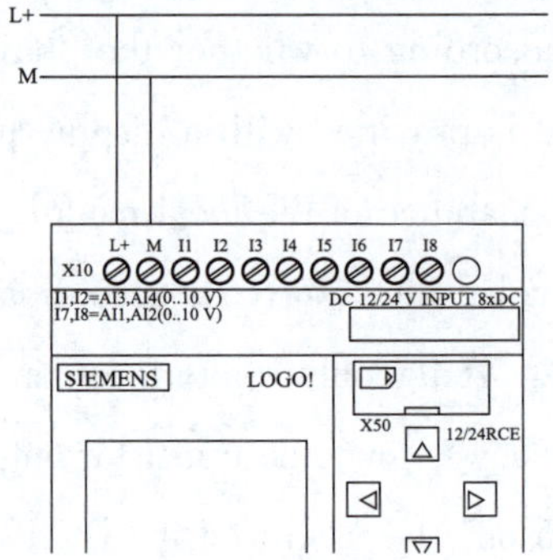	Connection of power supply. The modules of LOGO! have two power supply modes: DC power supply and AC power supply. The power supply voltage is DC 24 V, AC 115 V or AC 230 V. The LOGO! module selected in this task is of 12/24RCE type powered by DC power supply
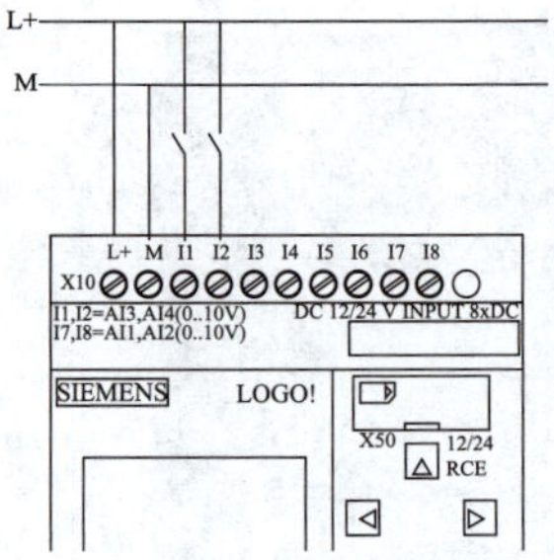	Connect LOGO! input. The digital input terminal is directly connected with passive switches such as switches, buttons and sensors. The input of the LOGO module selected in this task is not an isolated input, so a common reference ground (chassis grounding) is needed
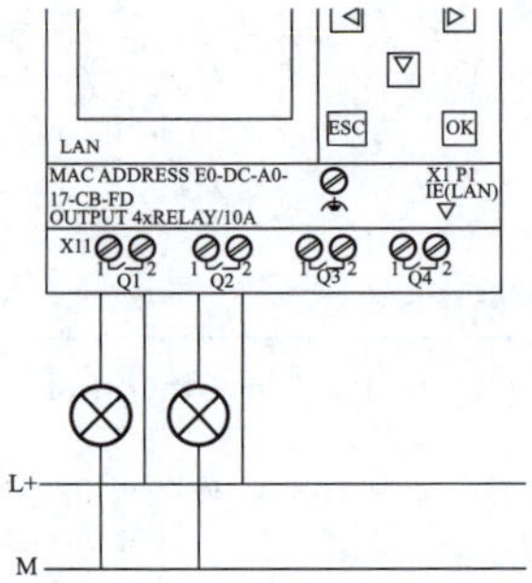	Connect LOGO! output. Output of LOGO!... R... is relay. Contacts of relays are isolated from power supply and input. Requirements for relay output: Different loads, such as lamps, fluorescent pipes, motors and contactors, can be connected to the output. Loads connected to the LOGO! ... R ... must have the following performance: ①The maximum switching current depends on the type of load and the number of operation times. ②When the switch is turned on (Q = 1), the maximum current is 10 A for non-inductive load (8 A at AC 230 V) and 3 A for inductive load (2 A at AC/DC 12 V/24 V)

Some basic inputs can be selected: I1 and I2, I7 and I8, and four analog quantity inputs (0 ~ 10 V) can be set.

5. Simplified steps of using LOGO!

①Describe the control task. That is, to determine the process requirements of the controlled object.

②LOGO! configuration, production and installation LOGO! control system. According to the process requirements, select the required modules to configure LOGO! control system, put LOGO! fixed on DIN(35 mm) standard guide rail (flat rail). According to the drawing of control system, make connection between input and output.

③Editing of control software. According to task description, combine LOGO! function blocks together to realize control functions.

④Commissioning and operation. Make necessary debugging for the formulated LOGO! control system, and start running after it is confirmed to be correct.

6. Software programming

The basic programming methods of LOGO! programming software are shown in Table 2-9.

Table 2-9 The Basic Programming Methodss of LOGO! Programming Software

LOGO! programming diagrammatic presentation	LOGO! programming instructions
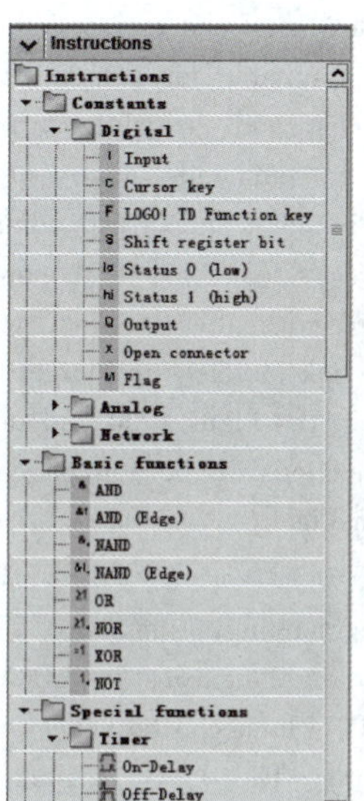	There are three main ways to load constants/connectors and function blocks: ① Find the selected object in the instruction tree, click it, then move the cursor to the appropriate position in the programming area and click the selected object to be loaded into the programming area. ②Find the selected object in the instruction tree, click and hold the left mouse button to drag the object to a suitable position in the programming area for release, and the selected object will be loaded into the programming area. ③Click the button Co GF SF in the toolbar on the left, click the selected object in the button popped up on the lower side of the programming area, then move the cursor to the appropriate position in the programming area and click, and the selected object will be loaded into the programming area

Continued

LOGO! programming diagrammatic presentation	LOGO! programming instructions
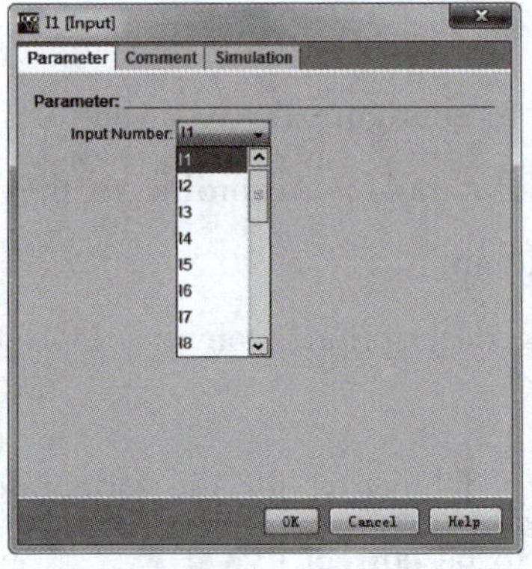	Input and output settings. Double-click input or right-click input block and select "Block Properties" command from the pop-up shortcut menu to open the block properties dialog box. Select and set the input address in the pull-down list of "Input number". You can also select "Comment" tab in this dialog box to add necessary text comments to the input port. The settings of the output ports are similar. Generally, the input is placed on the left side, the output is placed on the right side, and the connection is placed in the middle, so that the line program can be read from left to right
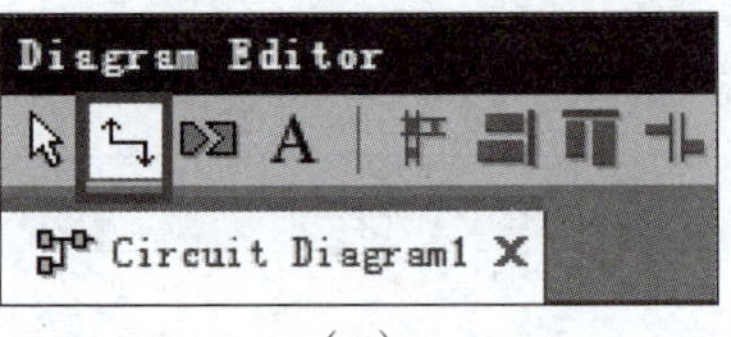 (a) 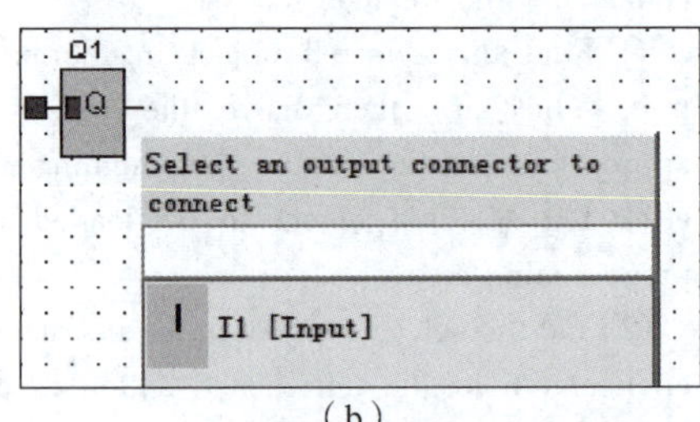 (b)	Connection: ①Click the button in the left toolbar to activate the connection command, then move the cursor to block input or output, click and hold the left mouse button, drag the cursor from the selected source terminal to the target terminal, and then release the left mouse button to fix the connection line to the two terminals, as shown in Fig. (a). ②There is also a connection method, which is especially suitable for use in programs with more connections and a wide range. Activate the connection command, double-click the output or input terminal of the corresponding block, and a list of all blocks that exist in the program and can be connected with this terminal will be displayed. Double-click to select the target or enter the block number in the blank field and press【Enter】, and the connection will be automatically performed, as shown in Fig. (b)
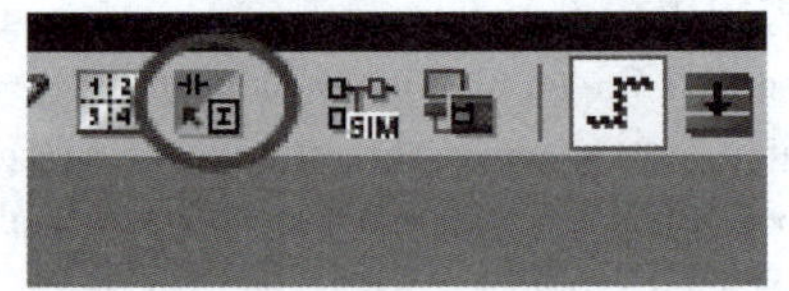	Programming method. There are two programming languages in LOGO!, namely LAD and FBD, which can be converted as shown in the left figure. The LAD language is taken as an example in this book

7. Special function list (partial)

The description of special functions instructions of LOGO! programming software is shown in Table 2-10.

Table 2-10 The Description of Special Function Instructions of LOGO! Programming Software

Symbols in LOGO!	Wiring	Description
Trg, T → Q ON delay timer	Trg (input)	Through Trg, set the turn on time of the "ON delay times".
	T (parameter)	After T time, output ON (the output signal changes from 0 to 1)
	Q (output)	If the trigger signal still exists, the output will be turned on when time T is up
Trg, R, T → Q OFF delay timer	Trg (input)	Start the off delay time at the falling edge (from 1 to 0) of Trg input (trigger)
	R (input)	With R (reset input), reset the timing of off delay relay and set the output to 0
	T (parameter)	Output turns off after T time (output signal changes from 1 to 0)
	Q (output)	If Trg input is turned on, output Q is on; if Trg input is turned off, output Q remains on until the timing time T expires
R, Cnt, Dir, Par → Q (+/−) Up/down counter	R (input)	Reset the internal counter value and clear the output through the R (reset) input
	Cnt (input)	In Cnt (counting) input, the counter only counts the changes from state 0 to state 1, while the changes from state 1 to state 0 are not counted. The maximum counting frequency of the input connector is 5 Hz
	Dir (input)	Specify the counting direction through Dir input. Dir = 0: count up; Dir = 1: count down
	Par (parameter)	Par is the counting threshold, and when the internal counter reaches this value, the output is set
	Q (output)	When the count value is reached, output (Q) is turned on

Note: For detailed special function instructions, you can find LOGO! equipment manuals in SIEMENS official website.

III. Task Implementation

1. Control requirements

As a multifunctional switch system, LOGO! has the following functions:

Lighting on: press the switch (after the set time interval, the lighting is automatically turned off) .

Lighting is constantly on: press the switch twice.

Lighting off: press the switch for 2 s.

2. Draw connection diagram of lighting system

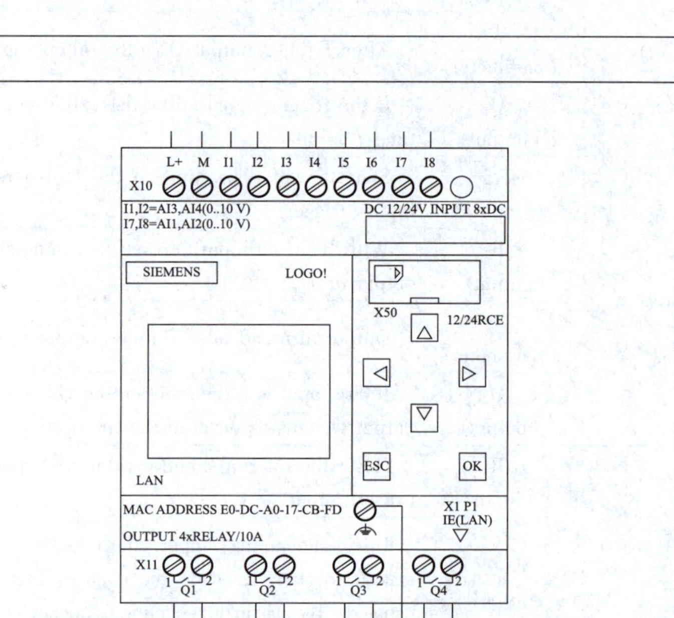

3. Program composing

4. Complete the circuit connection

①Do not omit the earth line. It is forbidden to use metallic flexible hose as grounding channel.

②When wiring the wires laid in the wire channel, you must concentrate on finding out a wire, immediately put on the coding casing, and then conduct re-inspection after connecting.

③In the process of installation and commissioning, the use of tools and instruments shall meet the requirements.

④When connecting the buttons internally, do not use too much force to prevent the screws from slipping.

⑤For live inspection and troubleshooting, there must be a tutor to supervise on site.

5. Programming debugging

①Compose a program on the computer and verify it by simulation.

②Download the composed program to the LOGO! logic controller to check whether the control requirements can be fulfilled.

IV. Task Evaluation and Summary

1. Examination and evaluation form

After the above task is completed, the learning evaluation can be carried out according to the contents in Table 2-11.

Table 2-11 Examination and Evaluation Form

Evaluation item	Evaluation content	Evaluation criterion	Evaluation method		
			Self-evaluation	Group evaluation	Teacher evaluation
Professional quality (30 points)	Sense of safety and responsibility	①Be rigorous in style, consciously obey the rules and regulations, and complete the tasks excellently (10 points). ②Being able to abide by the rules and regulations and complete the tasks well (7 points). ③Abide by the rules and regulations, but not complete the task or complete the task but ignore the rules and regulations (5 points). ④Fail to observe rules and regulations, and fail to complete the task (0 point)			

Continued

Evaluation item	Evaluation content	Evaluation criterion	Evaluation method		
			Self-evaluation	Group evaluation	Teacher evaluation
Professional quality (30 points)	Learning attitude	①Actively participate in teaching activities, with full attendance (10 points). ②Absenteeism reaches 10% of the total class hours of the task (8 points). ③Absenteeism reaches 20% of the total class hours of the task (6 points). ④Absenteeism reaches 30% of the total class hours of the task (4 points)			
	Sense of teamwork	①Harmonious cooperation with classmates, with strong sense of teamwork (10 points). ②Being able to communicate with classmates, with strong ability to work together (8 points). ③Being able to communicates with classmates, with ordinary ability to work together (6 points). ④Having difficulty in communicating with classmates, with poor ability to work together (4 points)			
Professional competence (70 points)	Wiring diagram of lighting system	Whether the wiring diagram is reasonable (5 points)			
	Program composing	Complete the program composing according to the control requirements (25 points)			
	Programming debugging	Whether the lighting system can be controlled according to the control requirements (30 points)			
	Innovation capacity	In the process of learning, put forward innovative and feasible suggestions (10 points)			
General comments					

2. Task summary

Review and summarize the problems encountered in the installation, programming and commissioning of the control system of lighting system and the solutions to the problems; and verify whether control can be implemented by other methods.

Task 5 Installation and commission of Water Pump Control Circuit of LOGO! Logic Controller

I. Task Description

In the simulation room of SX-WSC18 electrical equipment training system (as shown in Fig. 2-1), complete connecting the water pump control circuit of LOGO! logic controller and complete the corresponding function control.

II. Task Preparation

1. Preparation of tools

Multimeter, flat screwdriver, cross screwdriver, 3 mm wide screwdriver, wire stripper, diagonal plier.

2. Special function list (partial)

The description of special function instructions of LOGO! programming software is shown in Table 2-12.

Table 2-12 The Description of Special Function Instructions of LOGO! Programming Software

Symbols in LOGO!	Wiring	Description
En, Inv, Par — Q Asynchronous pulse generator	En (input)	Asynchronous pulse generator is turned on and off by En input
	INV (input)	INV input is used to invert the output signal of asynchronous clock generator when it is running
	Par (parameter)	Used to set pulse duration TH and pulse interval TL
	Q (output)	Q is periodically turned on and off based on pulse timing parameters TH and TL
No1, No2, No3 — Q Week timer	No1, No 2 and No 3 (parameter)	Use the "No" parameter to set the on and off time of three time periods. You can define time by date and hour. Each time switch can set 3 time periods, and each time period can be used to configure a time window. Set the switching time for the time window with the time period. At the ON time, if the output is not turned on, the time switch turns on the output. At the OFF time, if the output is not turned off, the time switch turns off the output

Continued

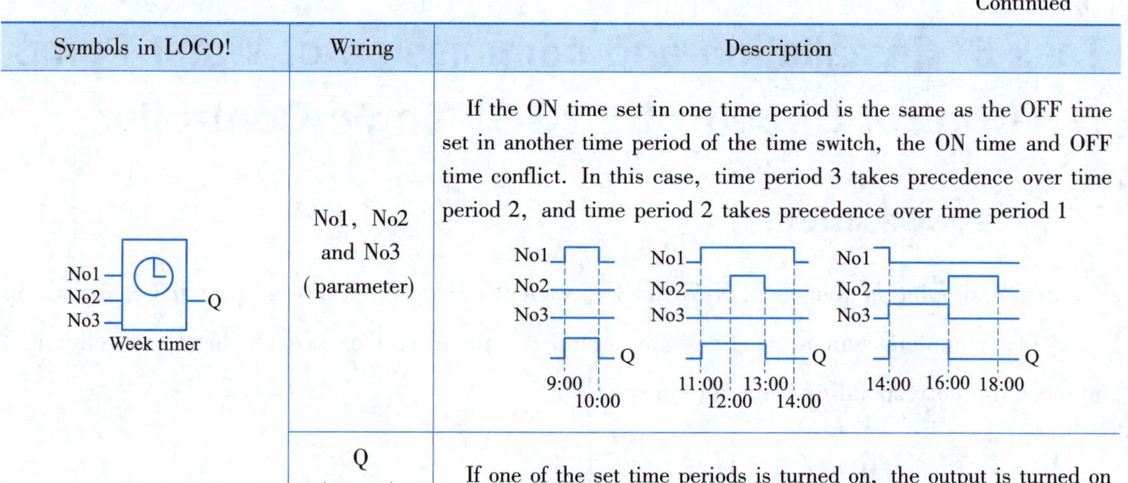

Symbols in LOGO!	Wiring	Description
No1, No2, No3 — Q Week timer	No1, No2 and No3 (parameter)	If the ON time set in one time period is the same as the OFF time set in another time period of the time switch, the ON time and OFF time conflict. In this case, time period 3 takes precedence over time period 2, and time period 2 takes precedence over time period 1 No1 No2 No3 Q 9:00 10:00 No1 No2 No3 Q 11:00 12:00 13:00 14:00 No1 No2 No3 Q 14:00 16:00 18:00
	Q (output)	If one of the set time periods is turned on, the output is turned on

Note: For detailed special function instruction, you can find LOGO! equipment manuals in SIEMENS official website.

III. Task Implementation

1. Control requirements

With the increasing voice of saving water resources, household rainwater recycling system has also attracted people's attention. It can save money and improve the environment. Now please design a domestic rainwater recovery pump control circuit, as shown in Fig. 2-18, which can complete the following functions:

①It can supply water all day. If the amount of rainwater in the rainwater collection tank is insufficient and the water level is between S3 and S4, it can automatically switch to the drinking water source.

②If it is switched to the drinking water source, the drinking water system cannot be mixed with rainwater, and drinking water source will be automatically disconnected when the water level reaches S2.

③If there is not enough water in the rainwater tank, if the water level drops to S4, the pump cannot be connected (rainwater drying protection system). At the same time, the alarm indicator light flashes at 1 Hz.

④When the pressure is lower than the minimum value allowed by the pressure tank, the pump must be switched on.

⑤At some specific time, the pump can start itself.

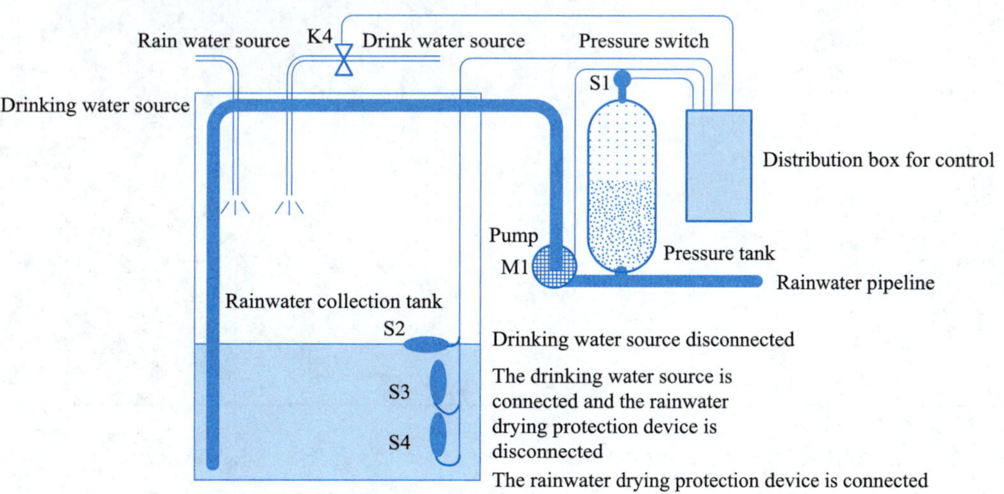

Fig. 2-18 Schematic Diagram of Water Pump Control Circuit.

2. Draw the connection diagram of the water pump control circuit

PE

L+

M

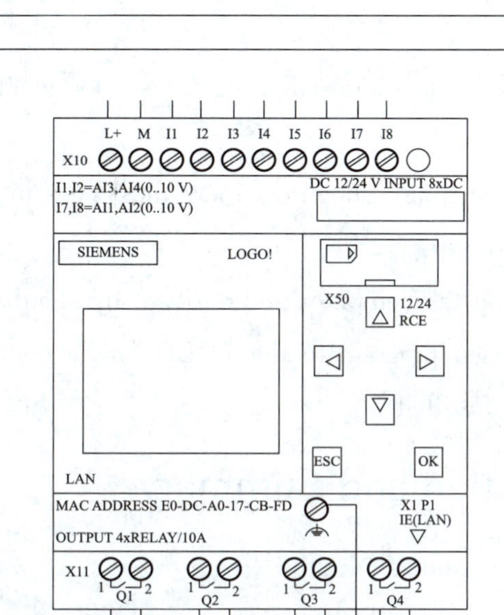

3. Program composing

4. Complete the circuit connection

①Do not omit the earth line. It is forbidden to use metallic flexible hose as grounding channel.

②When wiring the wires laid in the wire channel, you must concentrate on finding out a wire, immediately put on the coding casing, and then conduct re-inspection after connecting.

③In the process of installation and commissioning, the use of tools and instruments shall meet the requirements.

④When connecting the buttons internally, do not use too much force to prevent the screws from slipping.

⑤For live inspection and troubleshooting, there must be a tutor to supervise on site.

5. Programming debugging

①Compose a program on the computer and verify it by simulation.

②Download the composed program to the LOGO! logic controller to check whether the control requirements can be fulfilled.

IV. Task Evaluation and Summary

1. Examination and evaluation form

After the above task is completed, the learning evaluation can be carried out according to the contents in Table 2-13.

Table 2-13 Examination and Evaluation Form

Evaluation item	Evaluation content	Evaluation criterion	Evaluation method		
			Self-evaluation	Group evaluation	Teacher evaluation
Professional quality (30 points)	Sense of safety and responsibility	①Be rigorous in style, consciously obey the rules and regulations, and complete the tasks excellently(10 points). ②Being able to abide by the rules and regulations and complete the tasks well (7 points). ③Abide by the rules and regulations, but not complete the task or complete the task but ignore the rules and regulations (5 points) ④Fail to observe rules and regulations, and fail to complete the task (0 point)			
	Learning attitude	①Actively participate in teaching activities, with full attendance (10 points). ②Absenteeism reaches 10% of the total class hours of the task (8 points). ③Absenteeism reaches 20% of the total class hours of the task (6 points). ④Absenteeism reaches 30% of the total class hours of the task (4 points)			
	Sense of teamwork	①Harmonious cooperation with classmates, with strong sense of teamwork (10 points). ②Being able to communicate with classmates, with strong ability to work together (8 points). ③Being able to communicates with classmates, with ordinary ability to work together (6 points). ④Having difficulty in communicating with classmates, with poor ability to work together (4 points)			
Professional competence (70 points)	Wiring diagram of water pump control circuit	Whether the wiring diagram is reasonable (5 points)			
	Program composing	Complete the program composing according to the control requirements (25 points)			
	Programming commissioning	Whether water pump control circuit can be controlled according to the control requirements (30 points)			
	Innovation capacity	In the process of learning, put forward innovative and feasible suggestions (10 points)			
General comments					

2. Task summary

Review and summarize the problems encountered in installation, programming and commissioning of the control system of the pump system and the solutions to the problems; and verify whether control can be implemented by other methods.

Task 6 Comprehensive Training of Electrical Control

I. Task Description

In the simulation room of SX-WSC18 electrical equipment training system(as shown in Fig. 2-1), complete the comprehensive training in electrical control of LOGO! logic controller.

II. Task Preparation

The preparation for this task mainly includes the following tools: multimeter, flat screwdriver, cross screwdriver, 3 mm wide screwdriver, wire stripper, diagonal plier.

III. Task Implementation

1. Control requirements

Please complete the construction according to the layout provided by the customer, and complete the line design according to the customer's requirements, so as to implement the customer's requirements.

①The rated voltage of the motor is 380 V and the rated current is 1.8 A.

②Motor control: M1 runs in both directions (overload protection is required).

③Control equipment:

SB1: NO + NC (green button); SB2: No + NC (red button); SB3: NO + NC (emergency stop button).

SQ1: NO + NC; SQ2: NO + NC.

④Requirements for signal indicators:

H1: The signal lamp shows that the motor is running in the forward direction (green), and flashes when the motor is running in the forward direction (frequency is 1 Hz).

H2: The signal lamp shows that the motor is running in the reverse direction(red), and flashes when the motor is running in the reverse direction (frequency is 1Hz).

H3: The alarm information (yellow) is displayed, which flashes for 1 Hz only when overload occurs, flashes for 2 Hz only when emergency stop button is pressed, and steady on when overload and emergency stop button is pressed.

H4: It shows that the motor corotates (green), and it always lights up when the motor corotates.

H5: It shows that the motor contrarotates (red), and it always lights up when the motor contrarotates.

⑤Description of LOGO! programming. Design the conveyor belt circuit for the factory. KM1 controls the motor to run in the forward direction and KM2 controls the motor to run in the reverse direction (clockwise rotation indicates forward direction).

a. When the trolley stops at the origin, press the start button SB1, KM1 is energized, and the motor corotates.

b. SQ1 is close, KM1 is de-energized, and the motor stops for 5 s.

c. When 5 s expire, KM2 is energized, and the motor contrarotates.

d. SQ2 is closed, KM2 is de-energized, and the motor stops for 5 s.

e. When 5 s expire, KM1 is energized and the motor corotates.

f. SQ1 is pressed, KM1 is de-energized, and it runs cyclically.

g. When the stop button SB2 is pressed, the motor stops immediately; when overload occurs, the motor stops immediately, and when the thermal relay is not reset, the circuit cannot be started.

h. Press the start button SB1 and start the trolley again, which stop after running back-and-forth three times.

i. Press the start button SB1 to start the trolley again.

j. When SB3 emergency stop button is pressed, the motor will stop immediately. After the emergency stop is restored, the trolley will automatically return to the origin, and then move back-and-forth three times before stopping.

2. Formulate a component and material list

Fill the formulated component and material list in Table 2-14.

Table 2-14 Component and Material List

No.	Component name	Model	Quantity	Remarks
1				
2				
3				
4				
5				
6				
7				

3. Draw a distribution box layout diagram

4. Draw the connection diagram of the system

PE

L+

M

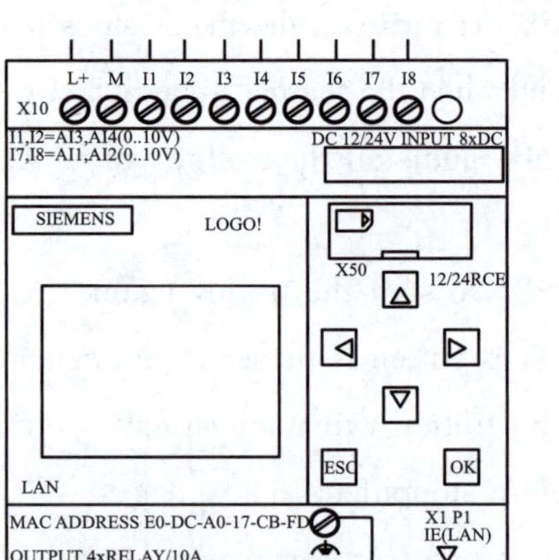

5. Program composing

6. Complete the circuit connection

①Do not omit the earth line. It is forbidden to use metallic flexible hose as grounding channel.

②When wiring the wires laid in the wire channel, you must concentrate on finding out a wire, immediately put on the coding casing, and then conduct re-inspection after connecting.

③In the process of installation and commissioning, the use of tools and instruments shall meet the requirements.

④When connecting the buttons internally, do not use too much force to prevent the screws from slipping.

⑤The metal shell of motor and button must be grounded reliably. The wire connected to the motor must be protected through the wire channel, or the tough four-core rubber or plastic sheath line shall be used for temporary power-on verification.

⑥When conducting live inspection and troubleshooting, there shall be a tutor to supervise on site.

7. Programming debugging

①Compose a program on the computer and verify it by simulation.

②Complete the hardware installation and wiring of the control cabinet.

③Download the composed program to LOGO! whether the control requirements can be fulfilled.

Ⅳ. Task Evaluation and Summary

1. Examination and evaluation form

After the above task is completed, the learning evaluation can be carried out according to the contents in Table 2-15.

Table 2-15 Examination and Evaluation Form

Evaluation item	Evaluation content	Evaluation criterion	Evaluation method		
			Self-evaluation	Group evaluation	Teacher evaluation
Professional quality (30 points)	Sense of safety and responsibility	①Be rigorous in style, consciously obey the rules and regulations, and complete the tasks excellently(10 points). ②Being able to abide by the rules and regulations and complete the tasks well (7 points). ③Abide by the rules and regulations, but not complete the task or complete the task but ignore the rules and regulations (5 points). ④Fail to observe rules and regulations, and fail to complete the task (0 point)			

Continued

Evaluation item	Evaluation content	Evaluation criterion	Evaluation method		
			Self-evaluation	Group evaluation	Teacher evaluation
Professional quality (30 points)	Learning attitude	①Actively participate in teaching activities, with full attendance (10 points). ②Absenteeism reaches 10% of the total class hours of the task (8 points). ③Absenteeism reaches 20% of the total class hours of the task (6 points). ④Absenteeism reaches 30% of the total class hours of the task (4 points)			
	Sense of teamwork	①Harmonious cooperation with classmates, with strong sense of teamwork (10 points). ②Being able to communicate with classmates, with strong ability to work together (8 points). ③Being able to communicates with classmates, with ordinary ability to work together (6 points). ④Having difficulty in communicating with classmates, with poor ability to work together (4 points)			
Professional competence (70 points)	Formulate a component list	Whether the selection of material components is reasonable (5 points)			
	Draw a distribution box layout diagram	Whether layout diagram is reasonable (5 points)			
	Wiring diagram of comprehensive training in electrical control	Whether the wiring diagram is reasonable (5 points)			
	Complete the line connection	Be able to connect lines according to the drawn wiring diagram (15 points)			
	Program composing	Complete the program composing according to the control requirements (15 points)			
	Programming commissioning	Whether can realize the control request of the Electric Control System Synthesis training(15 points)			
	Innovation capacity	In the process of learning, put forward innovative and feasible suggestions (10 points)			
General comments					

2. Task summary

Review and summarize the problems encountered in comprehensive electrical training and the solutions to the problems; Whether can also use other method to realize the Electric Control System Synthesis Training Control request.

Project III Analysis and Troubleshooting of Faults in Electrical Control Circuit

Project Description

The fault assessment module adopts aluminum alloy profile as the main frame, the mounting plate and base are made of iron plate, and four feet are equipped with wheels, which makes the module easy to move. The module has complete indoor lighting circuit, fan and roller shutter motor control circuit in the building, which can analyze and eliminate the faults of indoor lighting circuit, fan and roller shutter motor control circuit. There are 32 fault switches in the fault box, which can set fault points freely and switch fault settings conveniently. The control circuit adopts full open design, which can be directly tested on the control circuit. The training is close to the actual production, and it is convenient to accumulate methods and experience in the training.

Learning Objectives

①Understand the performance of equipment to be troubleshooted;

②Know the common fault types in the electrical control circuit;

③Master the common methods of analysis and troubleshooting such as resistance measurement and voltage measurement;

④Master the methods to analyze and eliminate lighting circuit faults;

⑤Master the methods to analyze and eliminate the faults in motor control circuit of fan and roller shutter;

⑥Have the ability to troubleshoot basic electrical control circuits.

Task 1 Fault Analysis and Troubleshooting of Lighting Circuit

I. Task Description

The fault assessment module in SX-WSC18 electrical equipment training system is equipped with a lighting circuit, as shown in Fig. 3-1. The lighting circuit part of the equipment has a fault, which needs to be analyzed and checked.

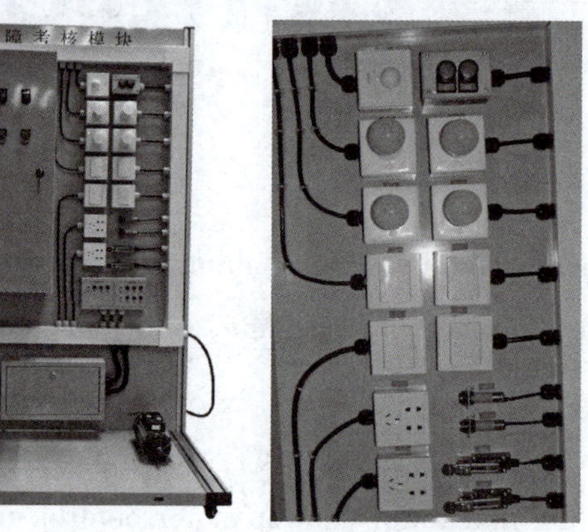

Fig. 3-1 Fault Assessment Module

II. Task Preparation

1. Preparation of tools

Multimeter, test pen, phase-sequence meter, pen, schematic diagram of fault assessment module.

2. Reading and analyzing circuit diagram

The circuit diagram as shown in Fig. B-2 of Appendix B. HL1 and HL2 in lighting circuit are single control, HL3 is double control lamp, and HL4 is inductive switch control. Socket 1 and socket 2 are three-pin sockets with earth line, providing 220 V power supply.

3. The common faults of lighting circuit

(1) Open circuit

Open circuit may occur in both phase line and zero line. After the open circuit fault occurs, the load will not work normally. When the load of three-phase four-wire power supply

line is unbalanced, if the zero line is open, the three-phase voltage will be unbalanced, the voltage of one phase with large load will be low, and the voltage of one phase with small load will be increased. If the load is an incandescent lamp, the light of one phase will be dim, while the light connected to the other phase will become very bright. In addition, if the zero line is open, the voltage to ground will appear on the load side.

Causes of open circuit: fuse blowing, loose wire end, broken wire, switch not connected, aluminum wire joint corrosion.

(2) Short circuit

Short-circuit fault is characterized by fuse blowing. There are obvious burn marks and insulation carbonization at the short-circuit point, which will seriously scorch the insulation layer of the wire and even cause fire.

Causes of short circuit: poor wiring of electrical appliances results in joint collision. Water enters the lamp holder or switch, the inside of the screw cap is loose or the top core of the lamp holder is skewed and touches the screw, resulting in internal short circuit. The insulation layer of wire is damaged or aged, and the insulation of zero line and phase line is touched. When it is found that the short circuit is ignited or the fuse is blown, find out the cause of the short circuit and the fault point of the short circuit, replace the fuse after treatment, and resume power transmission.

(3) Electric leakage

Leakage protector is generally used as leakage protection device. When the leakage current exceeds the set current value, the leakage protector acts to cut off the circuit. Electricity leakage not only causes waste of electricity, but also may cause personal electric shock and casualties. Causes of leakage: the phase line insulation is damaged and grounded, the internal insulation of electrical equipment is damaged and the shell is charged, etc.

Electric leakage fault inspection. If the leakage protector is found to act, find out the grounding point of the leakage, conduct insulation treatment before energization. The grounding points of lighting lines mostly occur in areas such as through walls and near walls or ceilings. When the grounding points are found, attention shall be paid to finding these areas.

4. Fault point marking

The fault points must be marked in the drawing with unified symbols, and Table 3-1 is the marking symbols of common fault types.

Table 3-1 The Marking Symbols of Common Fault Types

Symbol	Indicates the fault type
	Short circuit
	Open circuit
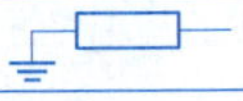	Low resistance insulation fault
S	Wrong setting (timer/overload)
V	Value (wrong component)
	polarity error
	High grounding resistance

III. Task Implementation

1. Analysis of faults

(1) Analysis of open circuit fault (see Table 3-2)

Table 3-2 Analysis of Open Circuit Fault

Fault analysis	Analysis diagrammatic presentation
As shown in the right figure, there is an open-circuit error at HL3. Use a multimeter to verify whether the fault exists and record it in the drawing	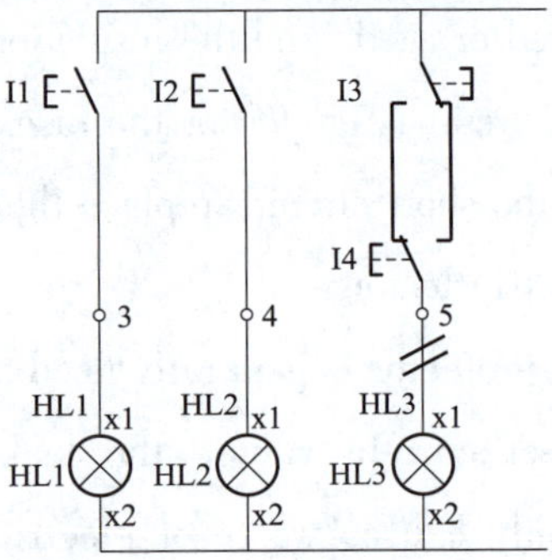

(2) Analysis of short circuit fault (see Table 3-3)

Table 3-3 Analysis of Short Circuit Fault

Fault analysis	Analysis diagrammatic presentation
As shown in the right figure, there is a short circuit error between HL1 and HL2. Use a multimeter to verify whether the fault exists and record it in the drawing.	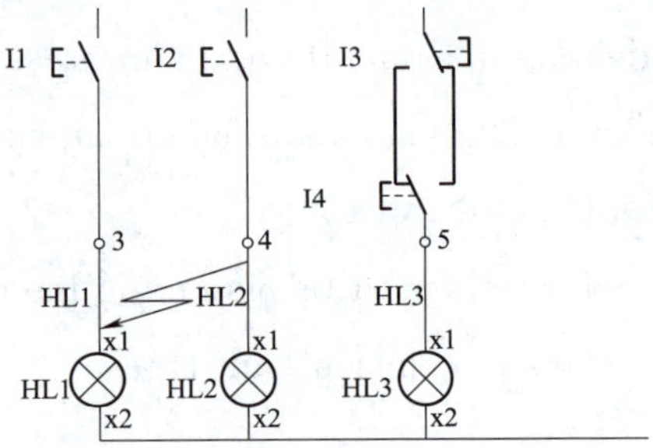

(3) Analysis of polarity error fault(see Table 3-4)

Table 3-4 Analysis of Polarity Error Fault

Fault analysis	Analysis diagrammatic presentation
As shown in the right figure, L and N of socket 1 have polarity fault. Use multimeter to verify whether the fault exists and record it in the drawing.	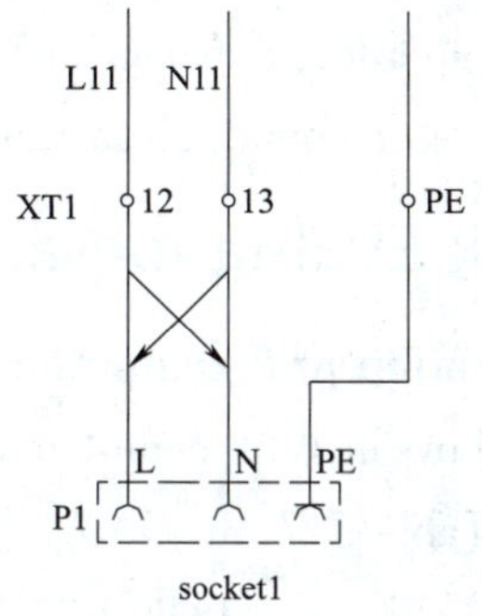

(4) Analysis of high grounding resistance fault at joint(see Table 3-5).

Table 3-5 Analysis of High Grounding Resistance Fault at Joint

Fault analysis	Analysis diagrammatic presentation
As shown in the right figure, PE grounding wire has high resistance fault. Use multimeter to verify whether the fault exists and record it in the drawing.	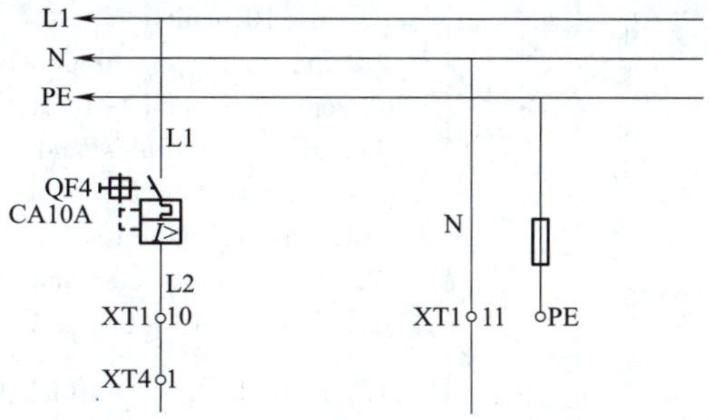

(5) Analysis of appearance irregularity fault(see Table 3-6)

Table 3-6 Analysis of Appearance Irregularity Fault

Fault analysis	Analysis diagrammatic presentation
As shown in the figure on the right, the HL1 and HL2 marks of the field equipment are not constructed according to the diagram, and the appearance is irregular. Use a multimeter to verify whether the fault exists and record it in the drawing. The symbol in box is the wrong use, and the other symbol is the correct drawing number.	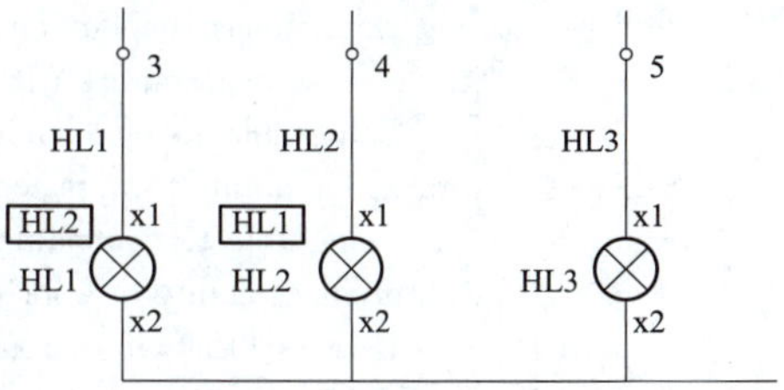

2. Fault finding

(1) Test the electrical device and determine the faults: short circuit, open circuit, wrong polarity, high resistance grounding, and irregular appearance, etc.

(2) A total of 6 faults are set in the hidden place of the device.

(3) Each fault found needs to be accurately marked with the standard symbol shown in Table 3-1 at the corresponding position on the schematic diagram.

IV. Task Evaluation and Summary

1. Examination and evaluation form

After the above task is completed, the learning evaluation can be carried out according to the contents in Table 3-7.

Table 3-7 Examination and Evaluation Form

Evaluation item	Evaluation content	Evaluation criterion	Evaluation method		
			Self-evaluation	Group evaluation	Teacher evaluation
Professional quality (30 points)	Sense of safety and responsibility	①Be rigorous in style, consciously obey the rules and regulations, and complete the tasks excellently(10 points). ②Being able to abide by the rules and regulations and complete the tasks well (7 points). ③Abide by the rules and regulations, but not complete the task or complete the task but ignore the rules and regulations (5 points). ④Fail to observe rules and regulations, and fail to complete the task (0 point)			
	Learning attitude	①Actively participate in teaching activities, with full attendance (10 points). ②Absenteeism reaches 10% of the total class hours of the task (8 points). ③Absenteeism reaches 20% of the total class hours of the task (6 points). ④Absenteeism reaches 30% of the total class hours of the task (4 points)			
	Sense of teamwork	①Harmonious cooperation with classmates, with strong sense of teamwork (10 points). ②Being able to communicate with classmates, with strong ability to work together (8 points). ③Being able to communicates with classmates, with ordinary ability to work together (6 points). ④Having difficulty in communicating with classmates, with poor ability to work together (4 points)			

Continued

Evaluation item	Evaluation content	Evaluation criterion	Evaluation method		
			Self-evaluation	Group evaluation	Teacher evaluation
Professional competence (70 points)	Fault 1	Accurate fault location and fault type identification (10 points)			
	Fault 2	Accurate fault location and fault type identification (10 points)			
	Fault 3	Accurate fault location and fault type identification (10 points)			
	Fault 4	Accurate fault location and fault type identification (10 points)			
	Fault 5	Accurate fault location and fault type identification (10 points)			
	Fault 6	Accurate fault location and fault type identification (10 points)			
	Innovation capacity	In the process of learning, put forward innovative and feasible suggestions (10 points)			
General comments					

2. Task summary

To complete the task summary after class, it shall include the following contents:

①Summarize the work content of this task.

②The main gains you gained from this task.

③Shortcomings of this task and future plans.

Task 2 Fault Analysis and Troubleshooting of Control Circuit of Fan and Roller Shutter Motor

I. Task Description

The fault assessment module in SX-WSC18 electrical equipment training system is equipped with fan and roller shutter motor control circuit, as shown in Fig. 3-2. The motor control circuit of fan and roller shutter parts of the equipment have faults, which need to be

analyzed and checked.

The fault types include high grounding resistance fault, low insulation resistance fault, wrong polarity fault, parameter setting fault, incorrect timer parameter setting, incorrect overload setting, short circuit fault, open circuit fault, high resistance at joints, interconnection (line crossing), wrong polarity, and irregular appearance.

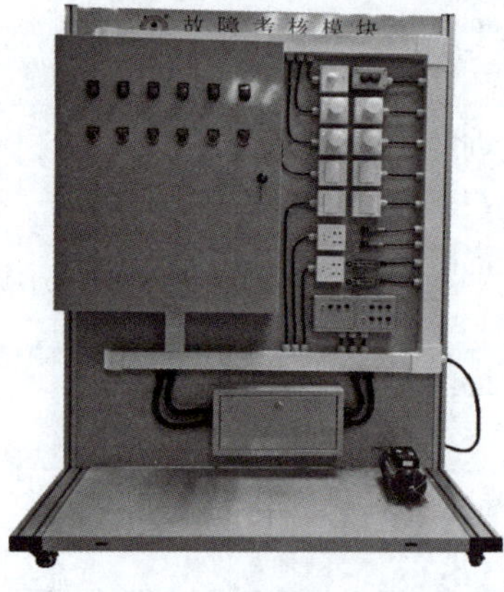

Fig. 3-2 Fault Assessment Module

II. Task Preparation

1. Preparation of tools

Multimeter, test pen, phase-sequence meter, pen, schematic diagram of fault assessment module.

2. Reading and analyzing automotive circuit diagram

The circuit diagram as shown in Fig. B-1, Fig. B-3 and Fig. B-4 of Appendix B. One shutter motor has delay start-stop and adopt star-delta start. One fan motor operates at variable speed by changing the number of poles, and both motors have operation indication and overload alarm indication, etc.

3. Maintenance method of electrical control circuit

After the control circuit is made, it must be carefully checked before it can be energized for trial run, so as to prevent the wrong connection, missing connection and electrical fault from causing abnormal operation of the circuit and even causing short circuit accidents. Check the circuit according to the following steps:

(1) Check the wiring

Check the wire numbers of the terminal connection from the power supply end section by

section according to the schematic diagram and wiring diagram, and eliminate the phenomenon of missed connection and wrong connection. Focus on checking the wire number of the wrong place in the control circuit, and also check whether the two ends of the same wire are wrong.

(2) Check whether the terminal connection is firm

Check the contact condition of the wiring on all terminals, shake and pull the wiring on the terminals by hand, and no looseness is allowed.

(3) Check the circuit by resistance measurement method

Resistance measurement method must be carried out without power. Resistance measurement method can be divided into segmentwise measurement method and stepwise measurement method. If the segmentwise measurement method is used, the resistance between each contact shall be measured one by one. If the measured circuit is connected with other circuits in parallel, the measured circuit must be disconnected from other circuits during measurement.

Manually simulate the operation actions of electrical appliances, and determine the inspection steps and contents according to the actions of circuit. If the measured resistance between some two points is very large, it means that the contact is in poor contact or the wire is disconnected. For contactor coils, the resistance values at both ends of the inlet and outlet lines shall be consistent with the resistance values marked on the nameplate. If the measured resistance between contactor coils is infinite, the coils are broken or the wiring falls off. If the measured resistance between contactor coils is close to zero, the internal insulation of the coils is damaged and the coils may be short-circuited.

(4) Check the circuit by voltage measurement method

Voltage measurement method can be divided into stepwise measurement method and segmentwise measurement method.

The segmentwise measurement method is shown in Fig. 3-3. Adjust the multimeter to AC 500 V gear, turn on the power supply, and press the start button SB2. When it is normal, KM1 is closed and locks itself. At this time, the voltages of 1-2, 2-3 and 3-4 in the circuit are all 0 V, and the working voltage of the coil is 380 V between 4 and 5.

In case of any contact fault, press start button SB2. If KM1 is not closed, first measure the voltage at both ends of the power supply. If the measured voltage is 380 V, the power supply voltage is normal and the fuse is in good condition. Then measure the voltage between contacts. If the measured voltage between the thermal relay contacts is 380 V, it means that the FR

protection contact of the thermal relay has acted or made poor contact. Check whether the contact itself is in poor contact or the connecting wire is loose. If the measured voltage between two ends (between 3 and 4) of KM1 is 380 V, the contact of KM1 is not attracted or the connecting wire is disconnected, and so on.

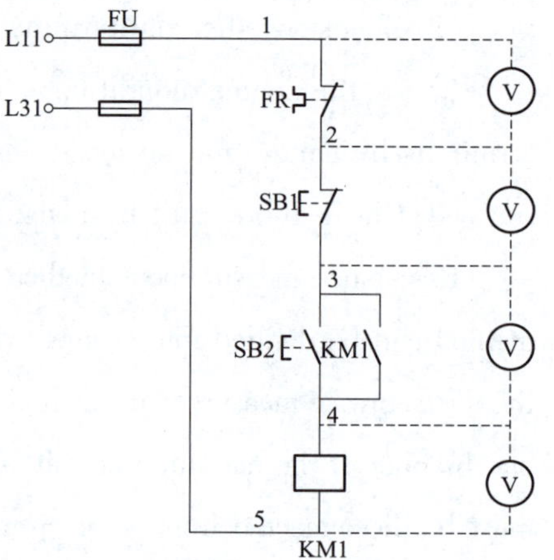

Fig. 3-3 Checking circuit by Voltage Measurement Method

In case of any coil fault, if the voltage between contacts is 0 V, the voltage at both ends of KM1 coil is 380 V, and KM1 does not pull in, the fault is that KM1 coil or connecting wire is disconnected.

In the stepwise measurement method, one probe of the voltmeter is fixed at one end of the line power supply, as shown at point 5 in Fig. 3-3, and the other probe is connected to each contact 4, 3, 2 and 1 in sequence. When normal, the reading of voltmeter is the power supply voltage; If there is no reading, it means that the connection is disconnected. Move the voltmeter up step by step. When it moves to a certain point, the voltmeter reads the power supply voltage again, indicating that the contacts above this point are connected in good condition, and the fault point is the contact just crossed.

III. Task Implementation

1. Analysis of faults

(1) The analysis of low insulation resistance fault (see Table 3-8)

Table 3-8 Fault Analysis of Low Insulation Resistance

Fault analysis	Analysis diagrammatic presentation
As shown in the right figure, U phase of the roller shutter motor has insulation resistance fault with ground. Use multimeter to verify whether the fault exists and record it in the drawing	XT1 1 2 3 PE XT2 1 2 3 PE U V W M1 M 3~ PE Roller shutter motorAC 380 V/180 W

(2) The analysis of incorrect timer parameter setting (see Table 3-9)

Table 3-9 Analysis of Incorrect Timer Parameter Setting

Fault analysis	Analysis diagrammatic presentation
As shown in the right figure, the actual timing time of timer KT1 is set incorrectly (the timer parameter is 5 s and the setting value is 1 s). Use a multimeter to verify whether the fault exists and record it in the drawing	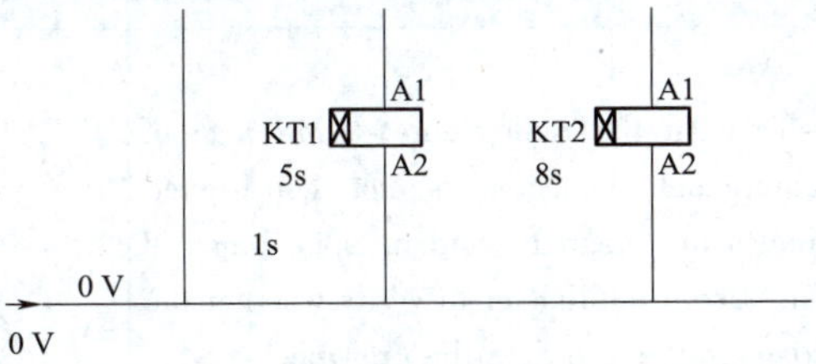 KT1 A1 A2 5s 1s; KT2 A1 A2 8s; 0 V; 0 V

(3) The analysis of incorrect overload setting (see Table 3-10)

Table 3-10 Analysis of Incorrect Overload Setting

Fault analysis	Analysis diagrammatic presentation
As shown in the right figure, the actual overload setting value of thermal relay FR1 is wrong. Use a multimeter to verify whether the fault exists and record it in the drawing. For example: 0. 35 A is the rating of thermal relay, but it is used for 0. 5 A load	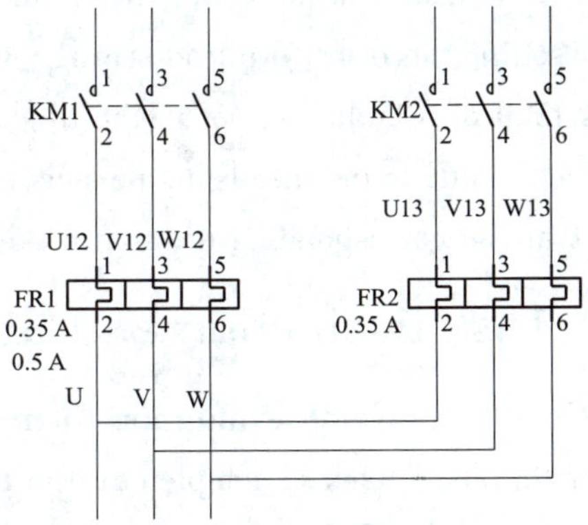 KM1 1 3 5 2 4 6; U12 V12 W12; FR1 0.35 A 0.5 A 1 3 5 2 4 6; U V W; KM2 1 3 5 2 4 6; U13 V13 W13; FR2 0.35 A 1 3 5 2 4 6

(4) The fault analysis of value (wrong components) (see Table 3-11)

Table 3-11 Fault Analysis of Value (Wrong Components)

Fault analysis	Analysis diagrammatic presentation
As shown in the right figure, circuit breaker QF7 is selected incorrectly. Use a multimeter to verify whether the fault exists and record it in the drawing. For example: the rated current parameter of the circuit breaker is 6 A, but it is used for 10 A load	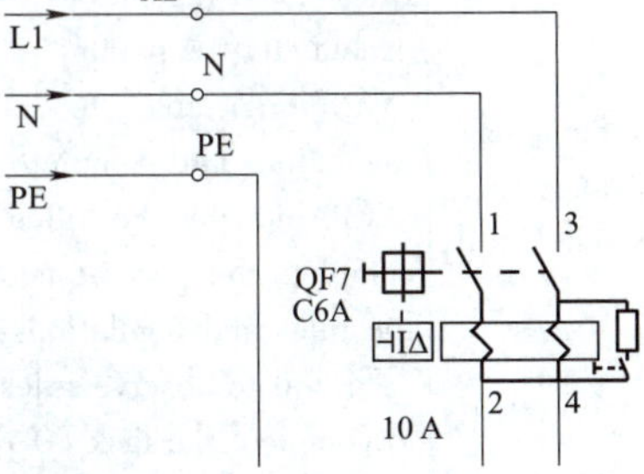 X2 L; L1; N; N; PE; PE; 1 3; QF7 C6A; 2 4; 10 A

(5) The analysis of appearance irregularity fault (see Table 3-12)

Table 3-12 Analysis of Appearance Irregularity Fault

Fault analysis	Analysis diagrammatic presentation
As shown in the right figure, KM3 logo of field equipment contactor is not constructed according to the diagram, and its appearance is irregular. Use a multimeter to verify whether the fault exists and record it in the drawing. For example: the actual number of contactor is KM3, but KM2 is used	

2. Fault finding

①Test the electrical device and determine the faults: low insulation resistance, incorrect timer parameter setting, incorrect overload setting, wrong components, appearance irregularity, etc.

②A total of 6 faults are set in the hidden place of the device.

③Each fault found needs to be accurately marked with the standard symbol shown in Table 3-1 at the corresponding position on the schematic diagram.

IV. Task Evaluation and Summary

1. Examination and evaluation form

After the above task is completed, the learning evaluation can be carried out according to the contents in Table 3-13.

Table 3-13 Examination and Evaluation

Evaluation item	Evaluation content	Evaluation criterion	Evaluation method		
			Self-evaluation	Group evaluation	Teacher evaluation
Professional quality (30 points)	Sense of safety and responsibility	①Be rigorous in style, consciously obey the rules and regulations, and complete the tasks excellently (10 points). ②Being able to abide by the rules and regulations and complete the tasks well (7 points). ③Abide by the rules and regulations, but not complete the task or complete the task but ignore the rules and regulations (5 points). ④Fail to observe rules and regulations, and fail to complete the task (0 point)			

Continued

Evaluation item	Evaluation content	Evaluation criterion	Evaluation method		
			Self-evaluation	Group evaluation	Teacher evaluation
Professional quality (30 points)	Learning attitude	①Actively participate in teaching activities, with full attendance (10 points). ②Absenteeism reaches 10% of the total class hours of the task (8 points). ③Absenteeism reaches 20% of the total class hours of the task (6 points). ④Absenteeism reaches 30% of the total class hours of the task (4 points)			
	Sense of teamwork	①Harmonious cooperation with classmates, with strong sense of teamwork (10 points). ②Being able to communicate with classmates, with strong ability to work together (8 points). ③Being able to communicates with classmates, with ordinary ability to work together (6 points). ④Having difficulty in communicating with classmates, with poor ability to work together (4 points)			
Professional competence (70 points)	Fault 1	Accurate fault location and fault type identification (10 points)			
	Fault 2	Accurate fault location and fault type identification (10 points)			
	Fault 3	Accurate fault location and fault type identification (10 points)			
	Fault 4	Accurate fault location and fault type identification (10 points)			
	Fault 5	Accurate fault location and fault type identification (10 points)			
	Fault 6	Accurate fault location and fault type identification (10 points)			
	Innovation capacity	In the process of learning, put forward innovative and feasible suggestions (10 points)			
General comments					

2. Task summary

To complete the task summary after class, it shall include the following contents:

①Summarize the work content of this task.

②The main gains you gained from this task.

③Shortcomings of this task and future plans.

Task 3　Comprehensive Training in Fault Assessment Module

I. Task Description

In SX-WSC18 electrical equipment training system, the lighting circuit part and fan and shutter motor control circuit are shown in Fig. 3-4 and 10 faults are set, which require analysis and troubleshooting to be completed within 60 min.

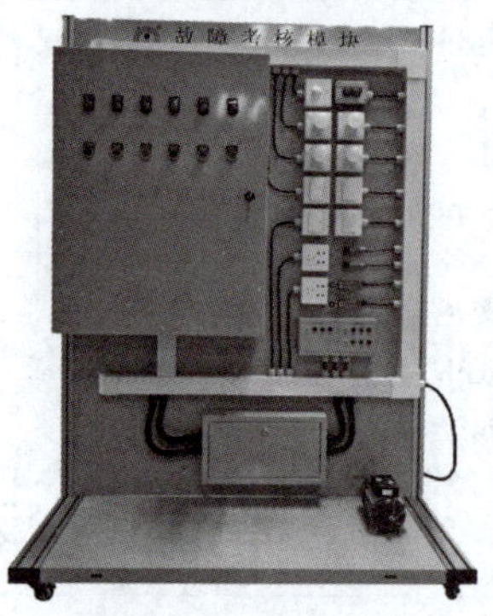
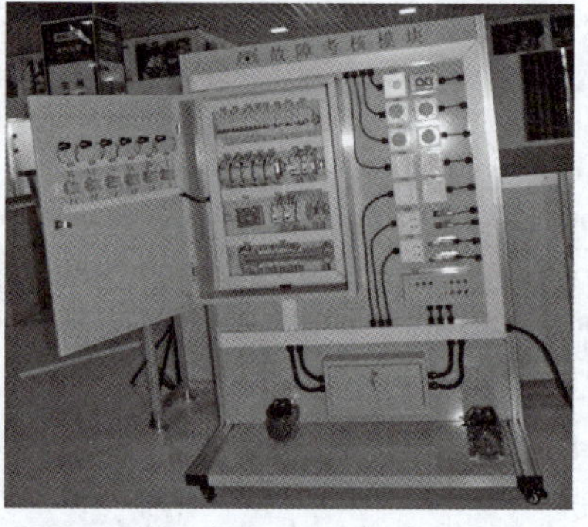

Fig. 3-4　Fault Assessment Module

II. Task Preparation

This task preparation is mainly the preparation of tools, including multimeter, test pen, phase-sequence meter, pen, schematic diagram of fault assessment module, etc.

III. Task Implementation

1. Testing the circuit

The circuit testing includes the following contents: lighting circuit, power supply circuit (such as circuit breaker power supply circuit) and control circuit (such as motor control circuit).

2. Fault finding

①Test the electrical device and determine the faults mainly including: short circuit, open circuit, wrong polarity, high resistance grounding, low resistance insulation, incorrect component setting, component error and cross error.

②A total of 10 faults are set in the hidden place of the device.

③Each fault found needs to be accurately marked with the standard symbol shown in Table 3-1 at the corresponding position on the schematic diagram.

IV. Task Evaluation and Summary

1. Examination and evaluation form

After the above task is completed, the learning evaluation can be carried out according to the contents in Table 3-14.

Table 3-14 Examination and Evaluation Form

Evaluation item	Evaluation content	Evaluation criterion	Evaluation method		
			Self-evaluation	Group evaluation	Teacher evaluation
Professional quality (30 points)	Sense of safety and responsibility	①Be rigorous in style, consciously obey the rules and regulations, and complete the tasks excellently(10 points). ②Being able to abide by the rules and regulations and complete the tasks well (7 points). ③Abide by the rules and regulations, but not complete the task or complete the task but ignore the rules and regulations (5 points). ④Fail to observe rules and regulations, and fail to complete the task (0 point)			
	Learning attitude	①Actively participate in teaching activities, with full attendance (10 points). ②Absenteeism reaches 10% of the total class hours of the task (8 points). ③Absenteeism reaches 20% of the total class hours of the task (6 points). ④Absenteeism reaches 30% of the total class hours of the task (4 points)			
	Sense of teamwork	①Harmonious cooperation with classmates, with strong sense of teamwork (10 points). ②Being able to communicate with classmates, with strong ability to work together (8 points). ③Being able to communicates with classmates, with ordinary ability to work together (6 points). ④Having difficulty in communicating with classmates, with poor ability to work together (4 points)			

Continued

Evaluation item	Evaluation content	Evaluation criterion	Evaluation method		
			Self-evaluation	Group evaluation	Teacher evaluation
Professional competence (70 points)	Fault 1	Accurate fault location and fault type identification (10 points)			
	Fault 2	Accurate fault location and fault type identification (10 points)			
	Fault 3	Accurate fault location and fault type identification (10 points)			
	Fault 4	Accurate fault location and fault type identification (10 points)			
	Fault 5	Accurate fault location and fault type identification (10 points)			
	Fault 6	Accurate fault location and fault type identification (10 points)			
	Fault 7	Accurate fault location and fault type identification (10 points)			
	Fault 8	Accurate fault location and fault type identification (10 points)			
	Fault 9	Accurate fault location and fault type identification (10 points)			
	Fault 10	Accurate fault location and fault type identification (10 points)			
	Innovation capacity	In the process of learning, put forward innovative and feasible suggestions (10 points)			
General comments					

2. Task summary

To complete the task summary after class, it shall include the following contents:

①Summarize the work content of this task.

②The main gains you gained from this task.

③Shortcomings of this task and future plans.

Installation and Commissioning of Smart Home

Project Description

In this project, KNX building smart control system is used as the control system to automate and centrally control and manage all kinds of lighting, air conditioning, curtains and other electrical equipment in the area, so as to realize energy monitoring, which can not only effectively manage the electrical equipment of the building, but also further expand the safety system composed of smoke detectors, intrusion sensors and alarms.

Learning Objectives

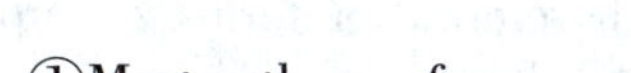

①Master the performance of the smart equipment used;

②Understand the use of smart control panel;

③Understand the basic functions of timer module and relay module;

④Understand the basic functions of infrared sensor and light sensor;

⑤Master the design and commissioning of shutter control circuit;

⑥Master the design and commissioning of lighting control circuit;

⑦Master the design and commissioning of exhaust fan control circuit.

Task 1 Getting Started with ETS5

I. Task Description

With the help of engineering design software ETS5, the basic configuration and parameter

configuration are carried out after understanding the model and version of basic modules included in SX-KNX house and building smart control training system(see Fig. 4-1).

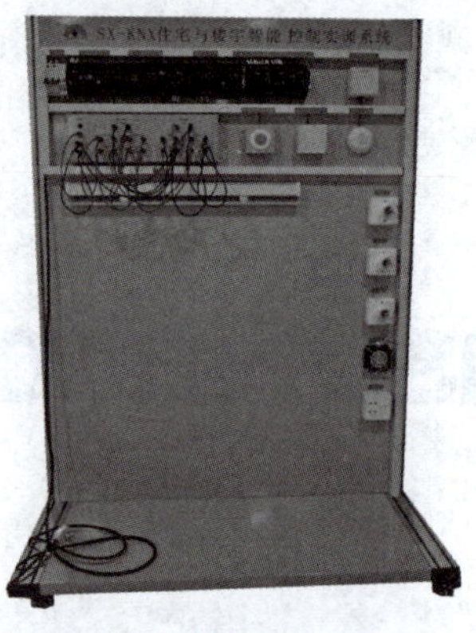

Fig. 4-1 SX-KNX House and Building Smart Control Training System

II. Task Preparation

Get familiar with KNX standard and complete ETS5 software installation.

1. Software installation

ETS5 is installed and authorized in advance.

2. Introduction to house and smart building control standard (KNX)

As the only open international standard in the field of home and building control, KNX is developed by merging three European bus protocols EIB, BatiBus and EHS, and has been approved as European standard, international standard, American standard and Chinese guiding standard. Through KNX bus system, it can implement not only the control of lighting, shading/blinds, security system, energy management, heating, ventilation, air conditioning system, signal and monitoring system, service interface and building control system, video/audio, large household appliances but also remote control and metering. Therefore, in terms of project design and installation, commissioning, bus system operation and maintenance, the requirements of KNX are completely consistent with those of the power industry. In order to understand the use of KNX more intuitively, taking the comparison between traditional lighting control and smart lighting control as an example (as shown in Fig. 4-2), we simply understand the basic use of KNX here.

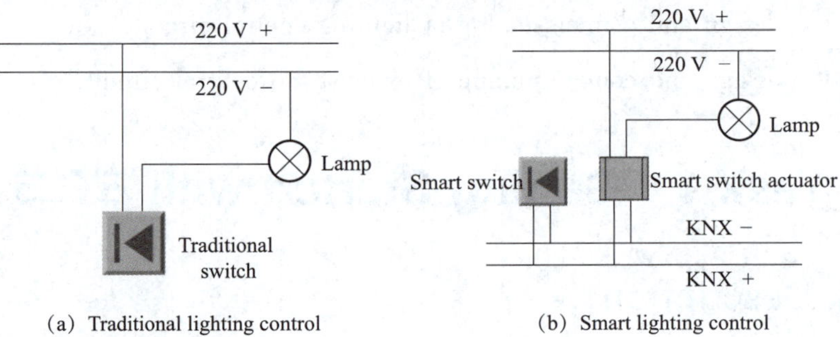

Fig. 4-2 Comparison Between Traditional Lighting Control and Smart Lighting Control

3. Brief introduction to ETS

With regard to planning, project design and commissioning of KNX system, the planner and installer are responsible for deciding the unified project design and commissioning scheme of KNX system. ETS is the engineering design tool software, and ETS5 is the latest version of ETS.

ETS project design can be summarized as shown in Fig. 4-3 according to time sequence.

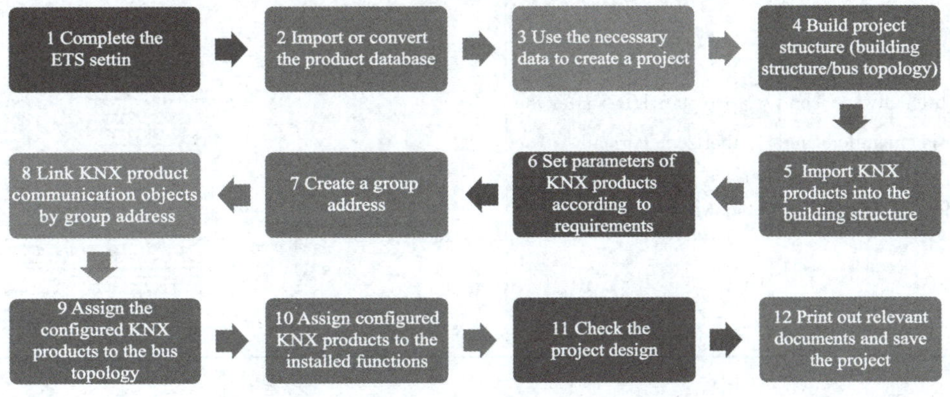

Fig. 4-3 ETS Project Design Flowchart

III. Task Implementation

1. Module nameplate information statistics

Combined with the training platform, observe the nameplate of each module and fill in the relevant contents in Table 4-1.

Table 4-1 Registration of Module Information

No.	Module	Model	Version	Remarks

2. Starting the ETS5 software

(1) Startup interface(as shown in Table 4-2)

Table 4-2 ETS5 Software Startup Interface

Description of software installation	Software installation diagrammatic presentation
Click the software icon [ ] to start ETS5 after the software is installed and authorized normally. The English version of the interface will appear when starting for the first time, as shown in the right figure	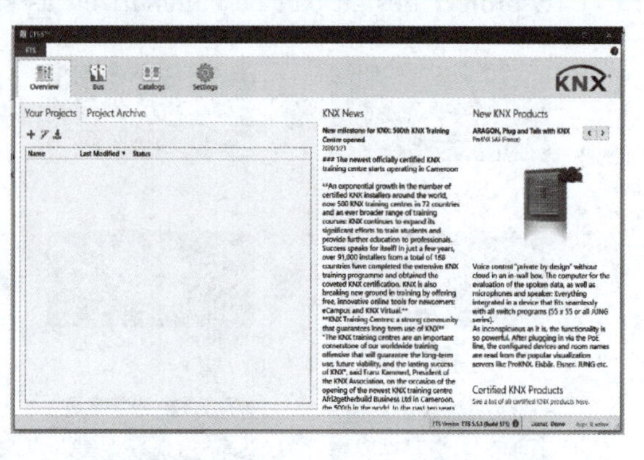

(2) Switch the interface language (as shown in Table 4-3)

Table 4-3 ETS5 Software Interface Language Switching Settings

Description of language switching settings	Language switching settings diagrammatic presentation
In order to get started quickly, you can switch the interface language to Chinese. The setting method is shown in the figure on the right. After the operation is completed, you will be prompted whether to restart the software and select the Restart option	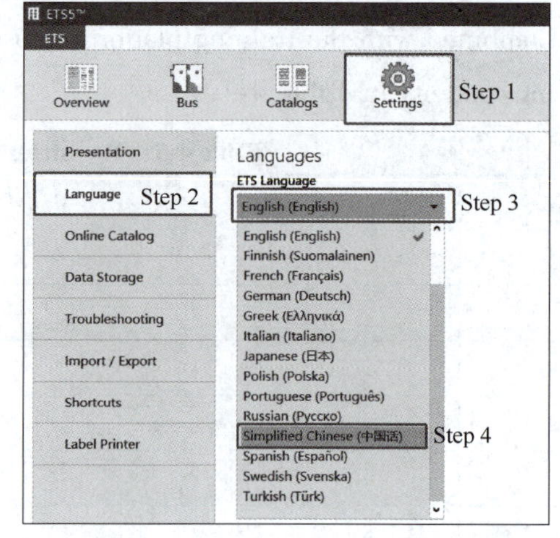

3. Set up database

Generally, when using EST5 software for the first time, it is necessary to import the database of required products into the software. The specific setting method is as follows.

(1) Importing the product database (as shown in Table 4-4)

Table 4-4 Importing Product Database

Description of product database importing	Product database importing diagrammatic presentation
When the software is used for the first time, the database of ETS5 is empty. Importing database is a necessary condition for setting module parameters normally to implement functions. Generally, the database can be obtained from the module supplier. In order to use ETS5, the product data used in the training equipment must be imported into the database, so by referring to the module information filled in Table 4-1, the database of related products can be imported quickly and correctly. Database import operations are added in turn according to the steps on the right	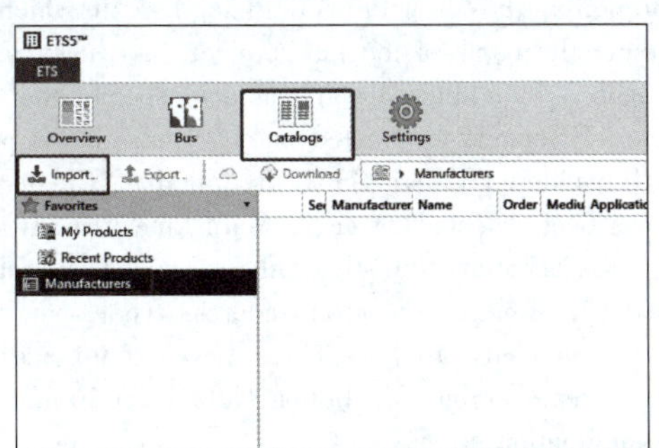 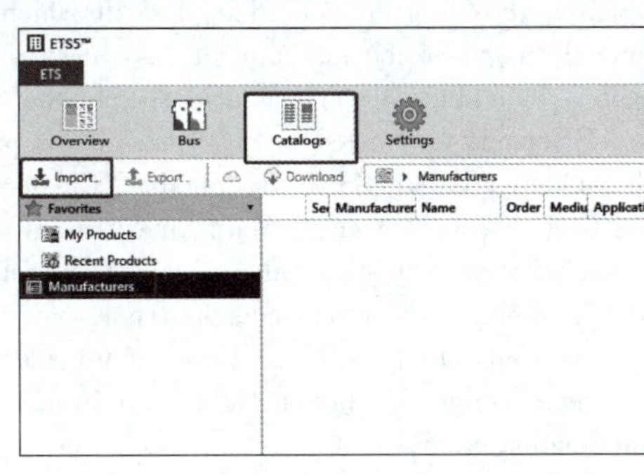
According to the database path, the database of the corresponding module is imported, usually with a suffix . vd5. On the right, importing smart panel database is taken as an example	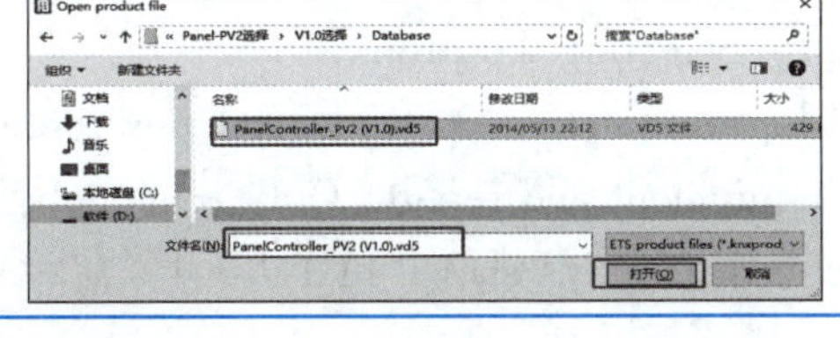

(2) Selecting specific product types

Select the specific product type according to the model and specification of the product, as shown in Table 4-5.

Table 4-5 Selecting Specific Product Types

Description of product type selection	Product type selection diagrammatic presentation
Taking the EIB panel as an example, after importing the product database, the designer needs to select the model specifications matching the equipment, as shown in the right figure. Question 1: If the product selection is inconsistent with the actual hardware, how to delete the imported product database and record it in the task summary after thinking and practicing	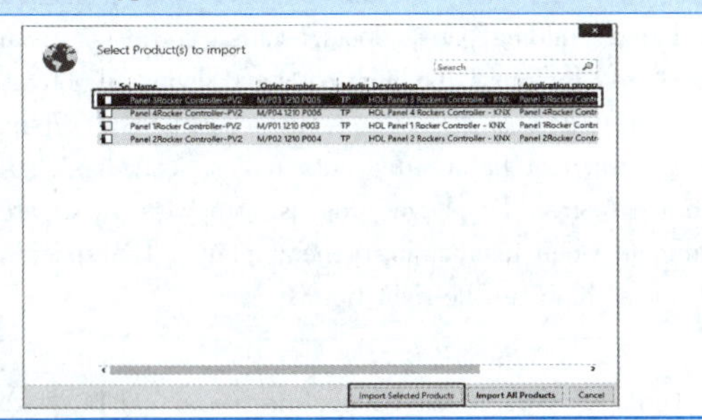

4. Project design

The steps of project design include: creating a new project, selecting the project view, assigning physical addresses, setting the module parameters, setting the group address, configuring the bus interface and downloading the configuration information.

(1) Creating a new project

The method of creating new ETS5 project is shown in Table 4-6, in which the project name must be defined.

Table 4-6 Creating a New Project

Description of new project creation	New project creation diagrammatic presentation
Click the "Create New Project" button on the overview page to pop up the "New Project" dialog box, in which you must enter the name of the new project, as shown in the right figure. In addition, you can also specify the used medium (TP stands for twisted pair; PL stands for power line; IP stands for Ethernet). If the function "Create Line 1.1" has been selected, Area 1, Main Line 1.0 and Line 1.1 will be generated directly. Otherwise, the project has no topology. Finally, the group address type is defined, which is commonly used as Three Level group address. Click "Create Project" button after confirming the above information	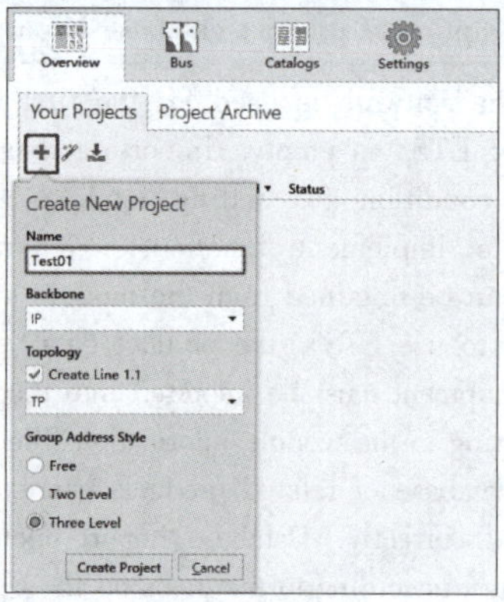

(2) Selecting the project view

The view options provide six view options: building, group address, topology, project root, equipment and report. Only commonly used architectural views and topological views are introduced here, as shown in Table 4-7.

Table 4-7 Two Project View Interfaces

Description of project view interface	Project view interface diagrammatic presentation
Building view is the main view of ETS. With the building view, the construction of KNX project and the insertion of KNX equipment can be completed according to the actual building structure. Elements that can be used when constructing a building: building parts, floors, stairs, corridors, rooms and functions. Buildings, building parts and floors are only used for structures and shall not directly contain any equipment. Equipment can be inserted into rooms, corridors, stairs or storage rooms. For large projects, stepwise views are very valuable when maintaining general plans. The specific view effect is shown in the right figure	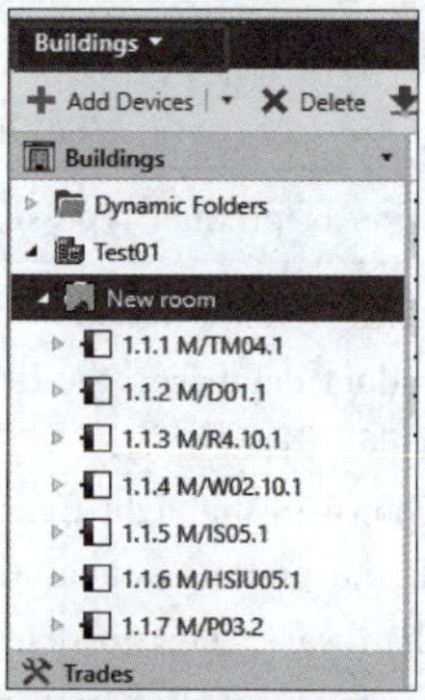
Topology view is used to define the actual bus structure and assign physical addresses to devices. This view can be used together with other views, and can also display KNX project related to bus structure. Equipment assigned to different lines must be tested. IP network lines of twisted pair and power line box are represented by different symbols. The tree view (left) shows the current bus topology of KNX project; on the right side, the marked elements in the left window are displayed in a list view. The specific view effect is shown in the right figure	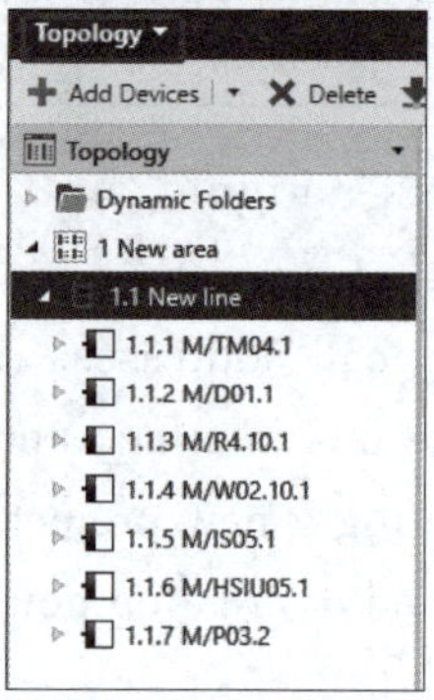

(3) Assigning physical addresses

The assignment of physical addresses of equipment in ETS5 software is shown in Table 4-8, which can be automatically assigned by the system or manually modified.

Table 4-8 Assigning Physical Addresses of Equipment in ETS5

Description of physical address assigning	Physical address assigning diagrammatic presentation
Physical address is used to define the physical location of equipment in the system. The physical address assignment diagram of equipment in practical application is shown in the right figure	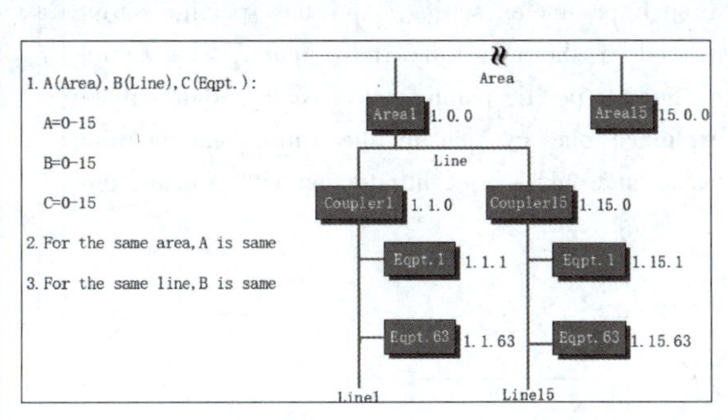
When software is imported into the module, the system will automatically assign a physical address to the module, A (area). Two addresses of B (line) have been assigned when the module is imported, so C (equipment) system will assign them to the module in the order from 1 to 255, and the existing address system will not assign them again, but will only assign unused addresses, which can be modified artificially according to specific users. The figure on the right provides a reference example. Question 2: Set the physical address of the first module to 1.1.10, the physical address of the second module to 1.1.11, and so on. What matters shall be paid attention to when changing the physical address, which shall be recorded in the task summary after thinking and practicing	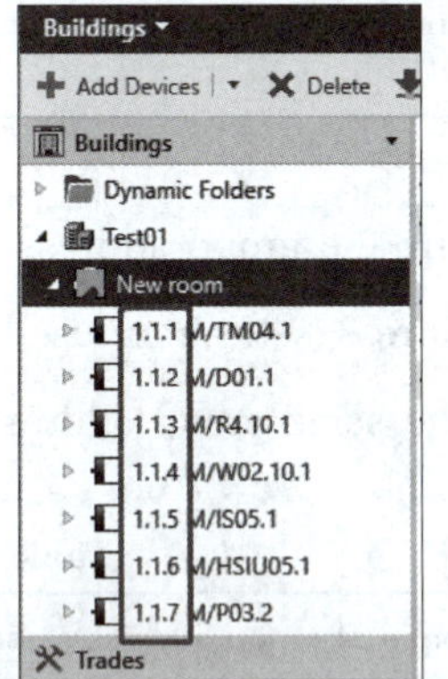

(4) Setting the module parameters

In order to use the specific functions of the module, it is necessary to complete the parameter setting of the module according to the project requirements, as shown in Table 4-9.

Table 4-9 Setting the Module Parameters

Description of module parameter setting	Module parameter setting diagrammatic presentation
The function of each module is implemented through parameter setting, and the specific setting method is shown in the right figure. The setting method of specific parameters of each module will be explained one by one in the subsequent learning tasks, and only a brief introduction will be made here	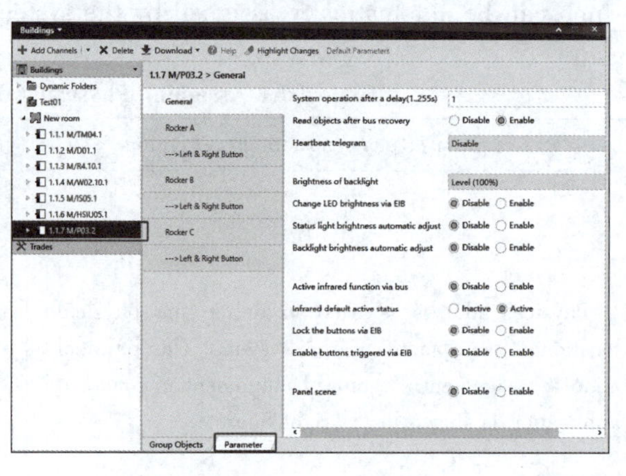
Question 3: Complete the parameter setting of key A of EIB panel, change its working mode to "Independent button mode", and the interface shown in the right figure will appear. After completion, record the operation steps in the task summary	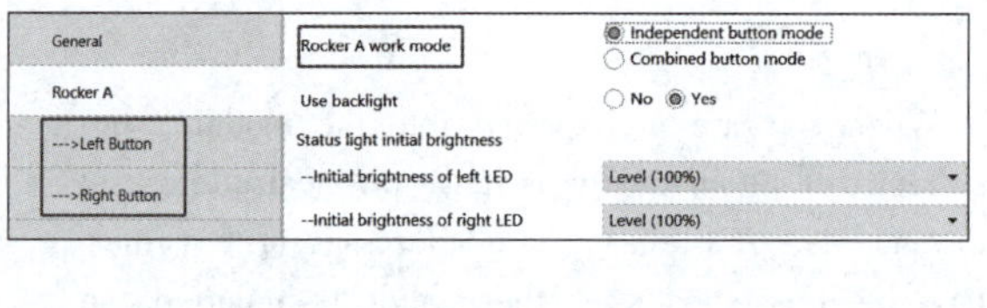

(5) Setting the group address

Group address setting is used to implement mutual communication and control between devices with the same group address. The setting method is shown in Table 4-10.

Table 4-10 Setting the Group Address

Description of group address setting	Group address setting diagrammatic presentation
Equipment objects with the same group address can implement mutual communication and control, and the specific assignment principle is shown in the right figure	1. X=0-15, Y=0-7, Z=1-255 Group address 0/0/0 is reserved for broadcast message 2. The two layers of group address X.Y: X=0-15, Y=1-2047 3. The same object can link to several group address 4. The different object can use the same group address Main line Coupler1 Coupler2 Panel1 Light1 Line1 Light2 Static-dynamic sensor Line2

Continued

Description of group address setting	Group address setting diagrammatic presentation
In the follow-up study, the application of group address in the actual project will be explained in detail, and only a simple understanding will be made here. The figure on the right shows the effect after setting the group address in the actual project	

(6) Configuring the bus interface

The bus interface configuration method is shown in Table 4-11.

Table 4-11 Configuring the Bus Interface

Description of bus interface configuring	Bus interface configuring diagrammatic presentation
After the above steps are completed, enter the link for downloading data. Before downloading, it is necessary to configure the bus interface to ensure successful communication between the host computer (such as computer) and the field hardware. The setting method is shown on the right	

(7) Downloading the configuration information (as shown in Table 4-12)

Table 4-12 Downloading the Configuration Information

Description of Downloading	Downloading diagrammatic presentation
After the system is designed, the physical address needs to be downloaded to the device. When downloading the physical address, options of different downloading methods are provided, as shown in the right figure	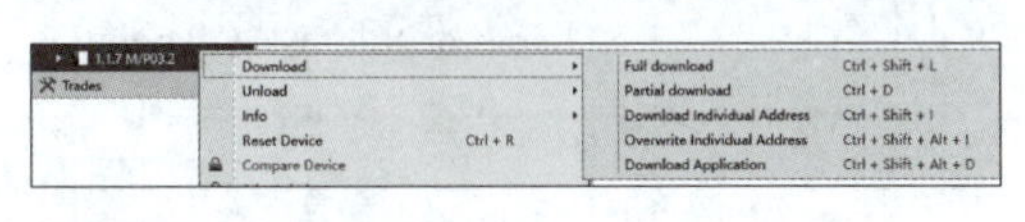
Click "Full download". After the download process starts, the view "Pending Operations" will open in the sidebar. At this time, ETS requires that the corresponding programming button on the device be pressed, and then the view will show the progress of the download process	

IV. Task Evaluation and Summary

1. Examination and evaluation form

After the above task is completed, the learning evaluation can be carried out according to the contents in Table 4-13.

Table 4-13 Examination and Evaluation Form

Evaluation item	Evaluation content	Evaluation criterion	Evaluation method		
			Self-evaluation	Group evaluation	Teacher evaluation
Professional quality (30 points)	Sense of safety and responsibility	①Be rigorous in style, consciously obey the rules and regulations, and complete the tasks excellently(10 points). ②Being able to abide by the rules and regulations and complete the tasks well (7 points). ③Abide by the rules and regulations, but fail to complete the task; or complete the task but ignore the rules and regulations (5 points). ④Fail to observe rules and regulations, and fail to complete the task (0 point)			
	Learning attitude	①Actively participate in teaching activities, with full attendance (10 points). ②Absenteeism reaches 10% of the total class hours of the task (8 points). ③Absenteeism reaches 20% of the total class hours of the task (6 points). ④Absenteeism reaches 30% of the total class hours of the task (4 points)			
	Sense of teamwork	①Harmonious cooperation with classmates, with strong sense of teamwork (10 points). ②Being able to communicate with classmates, with strong ability to work together (8 points). ③Being able to communicates with classmates, with ordinary ability to work together (6 points). ④Having difficulty in communicating with classmates, with poor ability to work together (4 points)			

Continued

Evaluation item	Evaluation content	Evaluation criterion	Evaluation method		
			Self-evaluation	Group evaluation	Teacher evaluation
Professional competence (70 points)	Module nameplate information	The model and version number are correct and consistent with those used in the training platform, without omission (15 points)			
	Product database importing	The product database is imported correctly and consistent with the training platform (15 points)			
	Physical address setting	The models and parameters are correct, and the design requirements meet the task requirements (15 points)			
	Module parameter setting	Key A parameters of EIB panel are set correctly (15 points)			
	Innovation capacity	In the process of learning, put forward innovative and feasible suggestions (10 points)			
General comments					

2. Task summary

Summarize the three problems set in the process of task implementation, and review and summarize the difficulties encountered and the solutions to the problems.

Task 2 Use of EIB Smart Panel

I. Task Description

Combined with the basic functions of the three-button smart panel, the smart switch controller can perform the switching action, and the physical diagram is shown in Fig. 4-4. According to the actual demand in the application scenario, two outputs of the switch controller are connected with lamp HL1 and lamp HL2 respectively, and the specific control requirements are as follows:

①Short-press the key A left of the panel to turn on HL1; Long-press it (for more than 2 s) to turn on HL2.

②Short-press the key A right of the panel to turn off HL1; Long-press it (for more than 3 s) to turn off HL2.

③You can turn off HL1 or HL2 by short-pressing the key B left or right of the panel.

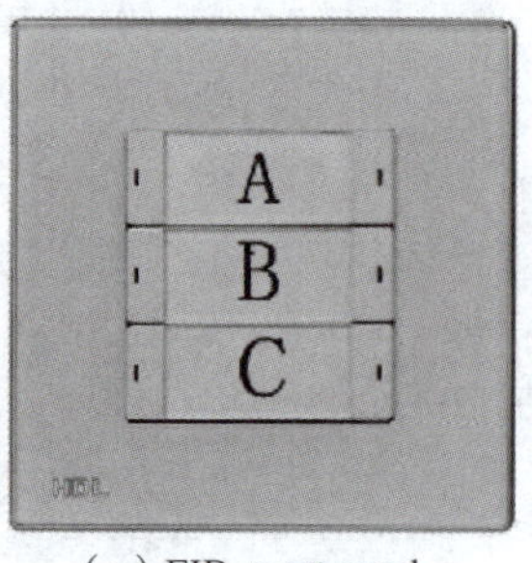

(a) EIB smart panel

(b) Smart switch controller

Fig. 4-4 Physical Diagram of EIB Smart Panel and Smart Switch Controller

II. Task Preparation

Be familiar with the main functions and functions of EIB smart panel and smart switch controller.

1. Brief introduction to EIB smart panel

①Each button has backlight and HL indicator light.

②The multifunctional wall panel is provided with three big keys, each of which can be divided into left/right keys, and each key can be set with different functions respectively.

③Each key has two working modes: combined key and left/right independent key.

④Support multiple functions: switch control, dimming control, curtain control, scene control, sequence control, combination control, backlight brightness setting, key locking, key triggering, etc.

⑤Programming mode: Long-press the left key of the first big key and the right key of the last big key at the same time, for about 2 s, and the HL indicator light flashes to enter programming mode.

⑥There are three parts to be set when programming: physical address, parameter setting and group address setting.

2. Brief introduction to smart switch controller

①The smart switch controller can drive four loads.

②Maximum output of 10A per circuit, supporting manual operation.

③Support multiple functions: relay switch, scene control, curtain control and threshold function, etc.

④Logical functions: AND, OR, NOT.

⑤There are three parts to be set when programming: physical address, parameter setting and group address setting.

III. Task Implementation

1. Import the database and create a new project

First, we need to import EIB smart panel and smart Switch Controller, and then create a new project, as shown in Table 4-14.

Table 4-14 Importing the EIB Smart Panel and Smart switch controller and Creating a New Project

Description of importing equipment and creating a new project	Diagrammatic presentation of Importing equipment and creating a new project
This task uses EIB smart panel and smart switch controller in SX-KNX house and building smart control training system. First, import the relevant information of these two products from the database. The effect after import is shown on the right	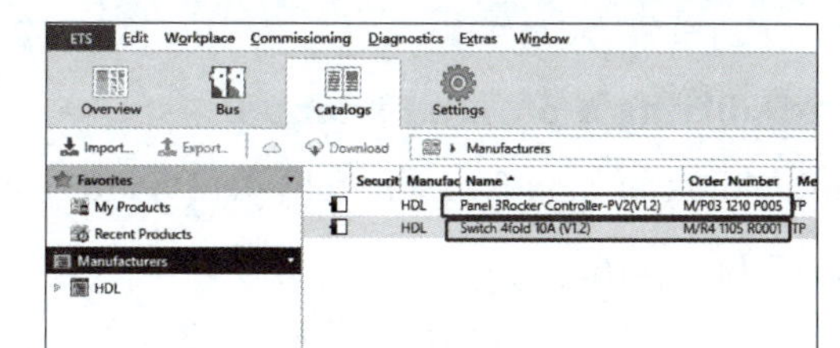
After importing product information successfully, create a project "The Smart Panel". Create the project as shown in the right figure	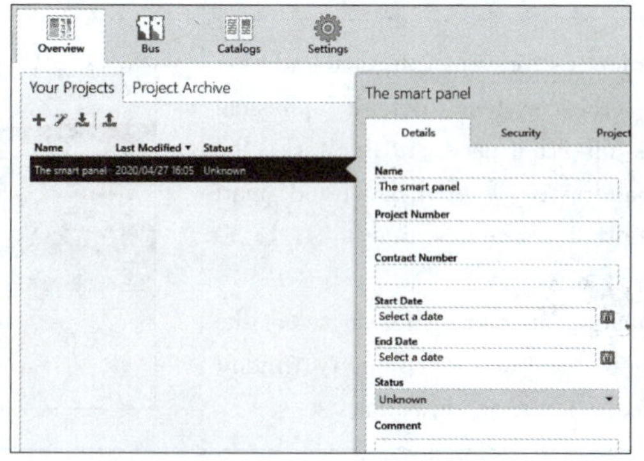

2. Adding a device

To add a device, you must first add a room, and then add the required equipment, as shown in Table 4-15.

Table 4-15 Adding a Smart Panel Device

Description of adding a smart panel device	Diagrammatic presentation of adding a smart panel device
You cannot add a device directly in the item "Smart Panel", but you must add a room first. Right-click the item "Smart Panel", select Add A→ Room → Name it "switch control". Right-click the switch control in the room, select Add A → Equipment → Double-click the required products from the product catalog to complete adding the device. The effect after the device is added is shown in the right figure	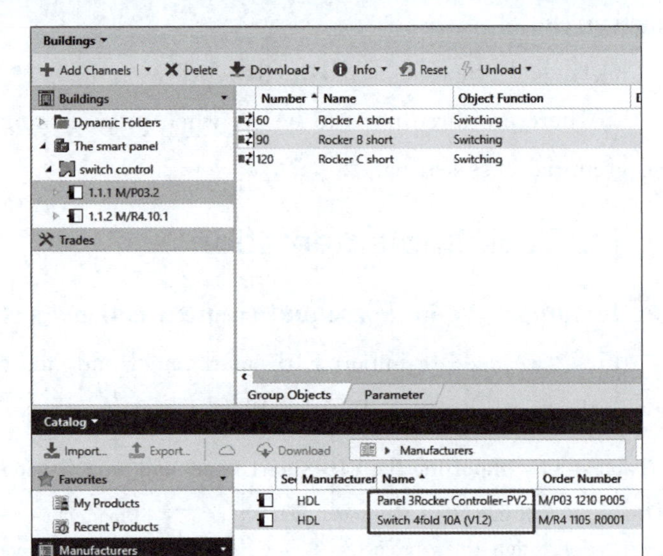

3. Modifying a physical address

The method of modifying the physical address of smart panel and smart switch controller is shown in Table 4-16.

Table 4-16 Modifying the Physical Address of Smart Panel and Smart Switch Controller

Description of physical address modifying	Diagrammatic presentation of physical address modifying
In order to prevent physical address conflict, the system default physical address is often not used. In this task, the physical addresses of smart panel and smart switch controller are modified to 1. 1. 30 and 1. 1. 31 respectively. Modification method. Click to select the device to be modified → property window → physical address modification	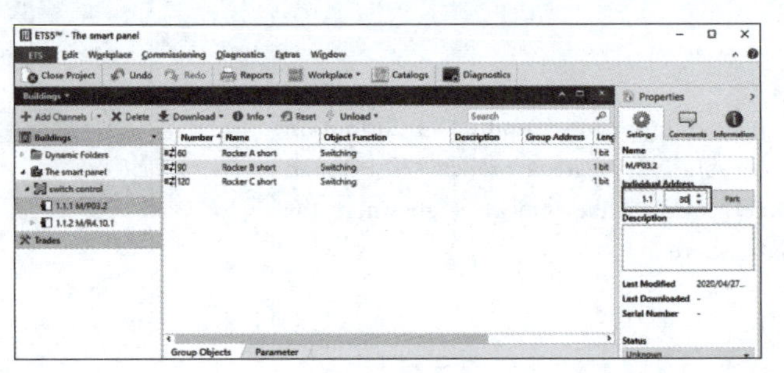

4. Setting the smart panel parameters

The specific steps and methods to set the parameters of the smart panel module are as follows.

(1) Open the parameter setting interface

Open the parameter setting interface of smart panel as shown in Table 4-17.

Table 4-17 Parameter Settings of Smart Panel

Description of smart panel parameter setting	Diagrammatic presentation of smart panel parameter setting
In this task, you need to set the related parameters of left and right keys of Rocker A, and Rocker B of the smart panel. Open the parameter setting interface as shown in the right figure	

(2) Rocker A function setting

The function setting method of the left and right keys of Rocker A is shown in Table 4-18, and the requirements of task description shall be combined in the setting process.

Table 4-18 Function Setting of Left and Right Keys of Rocker A

Description of function setting of left and right keys of Rocker A	Diagrammatic presentation of function setting of left and right keys of Rocker A
In this task, the functions of the left and right keys of Rocker A control the switch state of HL1 and HL2 respectively. In order to show their functions more intuitively, we set the left and right keys separately. Select the "independent button mode". Question 1: Is it possible to select "Combined button mode" here, and then conduct setting	
Set the Rocker A left. The function of short-press is ON, and the function of long-press is also on, and long-press is only considered if the left key is pressed for >2 s	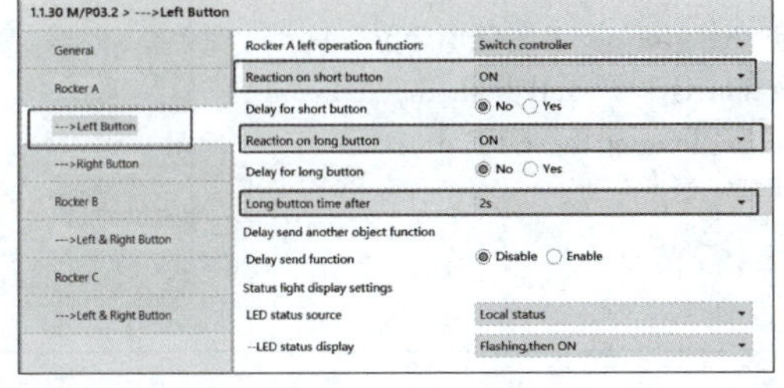

Continued

Description of function setting of left and right keys of Rocker A	Diagrammatic presentation of function setting of left and right keys of Rocker A
In the same way, set the Rocker A right. The function of short-press is OFF, and the function of long-press is also OFF, and it is set to press the left key > 3 s before long-press	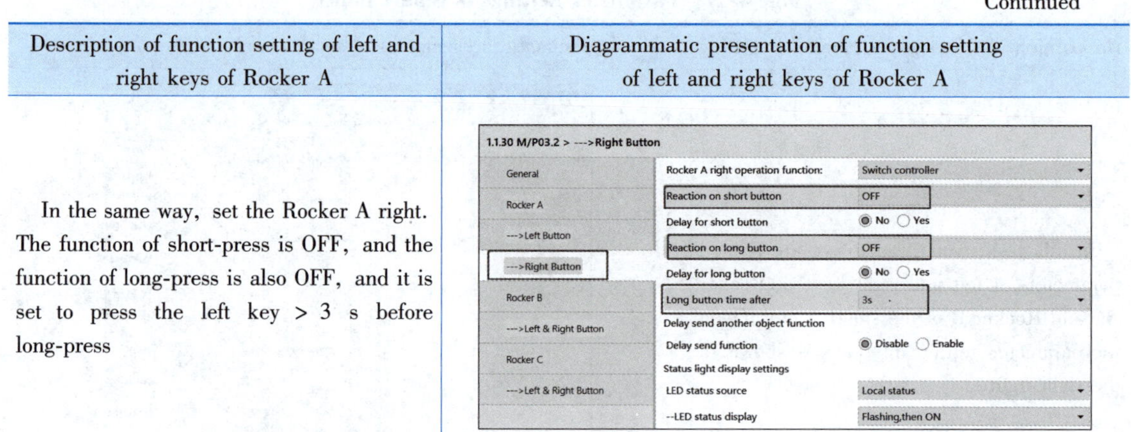

(3) Rocker B function setting

The function setting method of Rocker B left and right is shown in Table 4-19, and the requirements of task description shall be combined in the same way.

Table 4-19 Function Setting Method of the Left and Right Keys of Rocker B

Description of function setting of left and right keys of Rocker B	Diagrammatic presentation of function setting of left and right keys of Rocker B
In this task, the Rocker B, left and right, implements the OFF function. So the working mode is set to a combined button mode	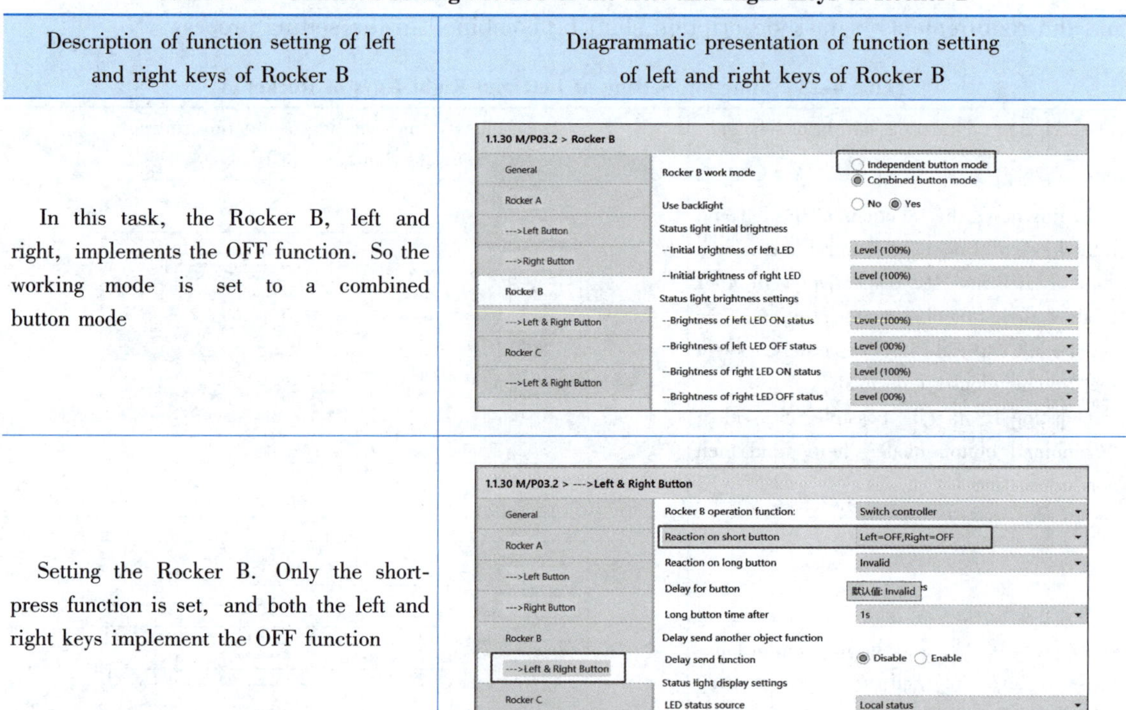
Setting the Rocker B. Only the short-press function is set, and both the left and right keys implement the OFF function	

5. Setting the group address

The method of setting the group address of the smart panel is shown in Table 4-20. Because the working mode of Rocker B is combined button mode, Rocker B has only one group address.

Table 4-20 The Method of Setting the Group Address of Smart Panel

Description of group address setting of smart panel	Diagrammatic presentation of group address setting of smart panel
Return to the group object interface from the parameter interface, check whether the object functions of the smart panel, such as Rocker A left short, exist, and then right-click the corresponding position to link the group address, as shown in the right figure for details	
Create a new group address. According to the control requirements, create a new group address for all functions of the smart panel and name it, for example, 111 (1 space 1 space 1) -115. The effect when the link is over is shown in the right figure. Question 2: Can you set the group address to "1 10 1" and explain why	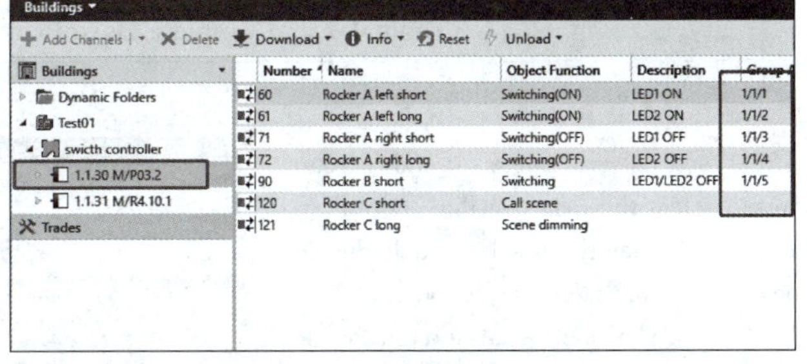
As for the smart switch controller, channel A controls the switch state of HL1 and channel B controls the switch state of HL2. Link to the "existing" group address, as shown in the right figure	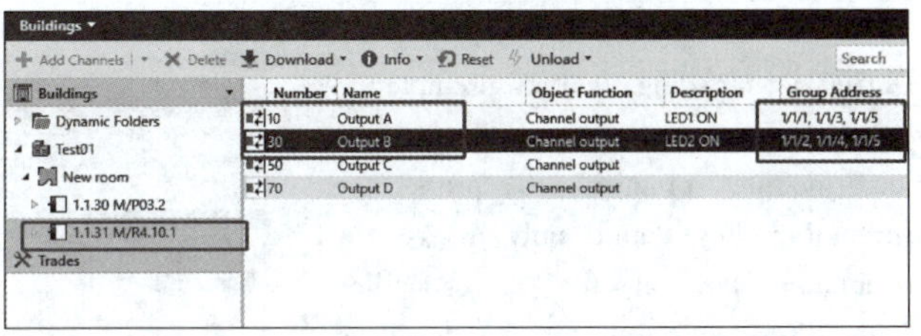

6. Configuring the bus interface

Complete configuring the bus interface as shown in Table 4-21 to ensure correct communication and successful download.

Table 4-21 Configuring the Bus Interface

Description of bus interface configuring	Diagrammatic presentation of bus interface configuring
After the above steps are completed, enter the link for downloading data. Before downloading, it is necessary to configure the bus interface to ensure successful communication between the host computer (such as computer) and the field hardware. The setting method is shown on the right	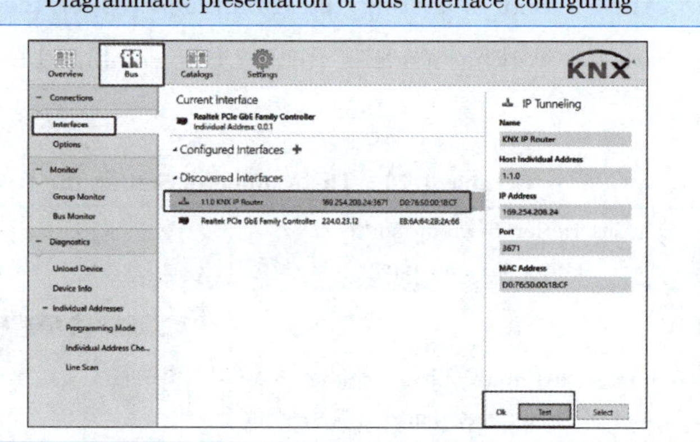

7. Complete download

Downloading can be done completely or by selecting each device before downloading can be done one by one, as shown in Table 4-22. During the download process, press the programming key of the corresponding module as prompted.

Table 4-22 Complete Download of Smart Panel

Description of Downloading	Diagrammatic presentation of downloading
After setting parameters and group address, select the room "switch control" to download completely or select each device to download completely one by one. Question 3: Under what circumstances can you choose "Download Application"	
During downloading, you are prompted to press the programming key. Please note which module prompts to press the programming key, and only press the programming key of the corresponding module. Press and wait for the download end prompt OK	

8. Load wiring, on-site debugging

The external wiring is relatively simple. Please refer to Appendix C and connect the A and B outputs of the smart switch controller to two lighting circuits respectively.

IV. Task Evaluation and Summary

1. Examination and evaluation form

After the above task is completed, the learning evaluation can be carried out according to the contents in Table 4-23.

Table 4-23 Examination and Evaluation Form

Evaluation item	Evaluation content	Evaluation criterion	Evaluation method		
			Self-evaluation	Group evaluation	Teacher evaluation
Professional quality (30 points)	Sense of safety and responsibility	①Be rigorous in style, consciously obey the rules and regulations, and complete the tasks excellently (10 points). ②Being able to abide by the rules and regulations and complete the tasks well (7 points). ③Abide by the rules and regulations, but fail to complete the task; or complete the task but ignore the rules and regulations (5 points). ④Fail to observe rules and regulations, and fail to complete the task (0 point)			
	Learning attitude	①Actively participate in teaching activities, with full attendance (10 points). ②Absenteeism reaches 10% of the total class hours of the task (8 points). ③Absenteeism reaches 20% of the total class hours of the task (6 points). ④Absenteeism reaches 30% of the total class hours of the task (4 points)			
	Sense of teamwork	①Harmonious cooperation with classmates, with strong sense of teamwork (10 points). ②Being able to communicate with classmates, with strong ability to work together (8 points). ③Being able to communicates with classmates, with ordinary ability to work together (6 points). ④Having difficulty in communicating with classmates, with poor ability to work together (4 points)			

Continued

Evaluation item	Evaluation content	Evaluation criterion	Evaluation method		
			Self-evaluation	Group evaluation	Teacher evaluation
Professional competence (70 points)	Adding a device	The model and version number are correct and consistent with those used in the training platform, without omission (10 points)			
	Physical address setting	The model and parameters are correct, and the design requirements meet the task requirements (10 points)			
	Module parameter setting	If the parameters are set correctly, the functions of the project tasks can be implemented (10 points)			
	Group address setting	The address setting is correct, and the link is reasonable and correct (10 points)			
	Download operation	Use the programming keys correctly to ensure that the device configuration can be downloaded normally (10 points)			
	External wiring	The wiring is correct and reasonable, and there is no wrong connection or omitted connection (10 points)			
	Innovation capacity	In the process of learning, put forward innovative and feasible suggestions (10 points)			
General comments					

2. Task summary

Summarize the three problems set in the process of task implementation, and review and summarize the difficulties encountered and the solutions to the problems.

Task 3 Use of Logic Timing Controller

I. Task Description

Combined with the basic functions of the logic timing controller, the smart switch controller can perform the switch action. The physical diagram is shown in Fig. 4-5. According to the

actual demand in the application scenario, the two outputs of the switch controller are connected with bulbs and exhaust fans respectively. The specific control requirements are as follows: On April 1, 2020, the bulbs will light up at 7:00; at 18:15, the exhaust fan is turned on; at 22:30, the bulb and exhaust fan are turned off.

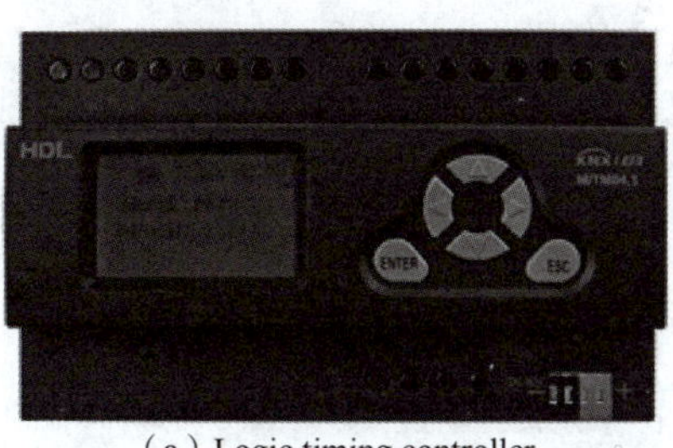

(a) Logic timing controller

(b) Smart switch controller

Fig. 4-5 Physical Diagram of Logic Timing Controller and Smart Switch Controller

II. Task Preparation

The functions of the logic timing controller include:

①Timing controller supports a variety of schedule modes: annual schedule, monthly schedule, weekly schedule, daily schedule and special day.

②Control objectives include: switch control, alarm control, scene control, sequence control, percentage control and threshold control.

③Power failure recovery function.

④Functions of control keys of logic timing controller as shown in Table 4-24.

Table 4-24 Functions of Control Keys of Logic Timing Controller

Diagrammatic presentation of control key area distribution	Description of control key functions
Screen Control Key Programming Key & Indicator KNX/EIB	Description of key functions: 【Enter】Confirm key. 【Esc】Escape key. 【△】Up key, used to modify the setting value, and increase the key value. 【▽】Down key, used to modify the setting value, and decrease the key value. 【<】Left shift key, used to change the modified item and set the bit selection. 【>】Right shift key, used to change the modified item and set the bit

III. Task Implementation

1. Creating a project

Creating a project as shown in Table 4-25.

Table 4-25 Creating a Project

Description of project creating	Diagrammatic presentation of project creating
In task 1 and task 2 of this project, some basic operations of creating a project are introduced. Here is just a brief introduction to the basic process: ①Import database → ② Add equipment → ③ Modify physical address. The effect after completion is shown in the right figure	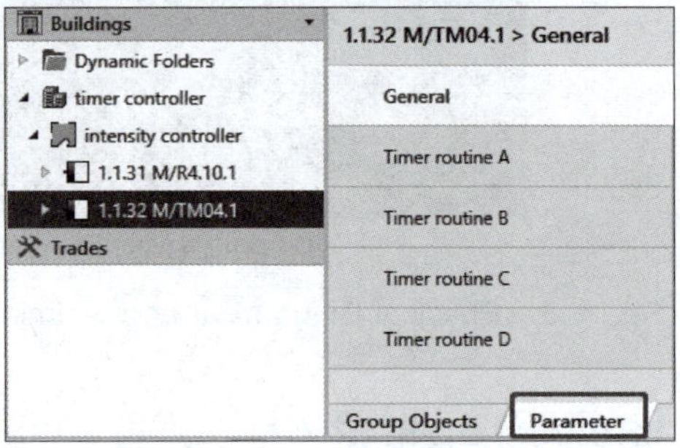 Buildings Dynamic Folders timer controller intensity controller 1.1.31 M/R4.10.1 1.1.32 M/TM04.1 Trades 1.1.32 M/TM04.1 > General General Timer routine A Timer routine B Timer routine C Timer routine D Group Objects Parameter

2. Setting the logic timing controller parameters

The specific steps and methods of set the parameters of the logic timing controller are as follows.

(1) Open the parameter setting interface of the logic timing controller.

Open the parameter setting interface of the logic timing controller as shown in Table 4-26.

Table 4-26 Parameter Settings of the Logic Timing Controller

Description of parameter settings	Diagrammatic presentation of parameter settings
In this task, three time periods on special dates are involved, so it is necessary to set parameters in the timer. Open the parameter setting interface as shown in the right figure	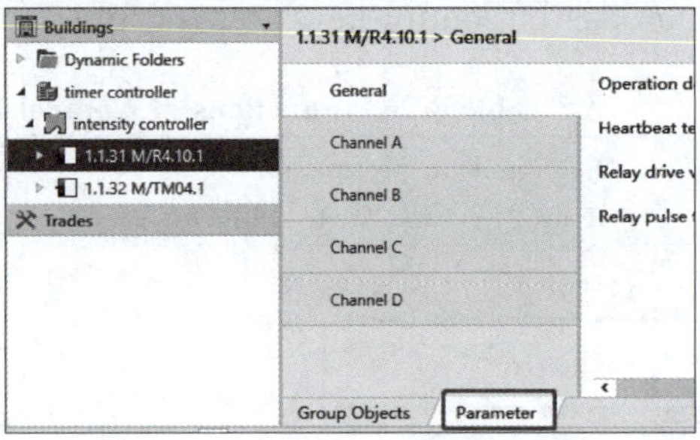 Buildings Dynamic Folders timer controller intensity controller 1.1.31 M/R4.10.1 1.1.32 M/TM04.1 Trades 1.1.31 M/R4.10.1 > General General Channel A Channel B Channel C Channel D Operation d Heartbeat te Relay drive v Relay pulse t Group Objects Parameter

(2) Channel A function setting

In this task, there are two groups of switch control (one for light bulb and one for exhaust fan), so it is necessary to set the parameters of two channels. Function settings of channel A are shown in Table 4-27.

Table 4-27 Function Settings of Channel A

Description of channel A function settings	Diagrammatic presentation of channel A function settings
First, open channel-A. According to the control requirements, it involves a specific day, so it is necessary to open the function of "Special day page". The operation method is shown in the right figure. Question 1: If it is necessary to set the task of daily repetitive control, which function shall be selected here	
Start the function specific to a certain day in the setting of "Special Day"	
Then, set "April 1, 2020", and the operation method is shown in the right figure. Question 2: If you want to set Friday in the first week of April 2020, how the parameters are set	
Finally, set the time point, where only two time points of the bulb switch are set: turn on at 7:00 and turn off at 22:30	

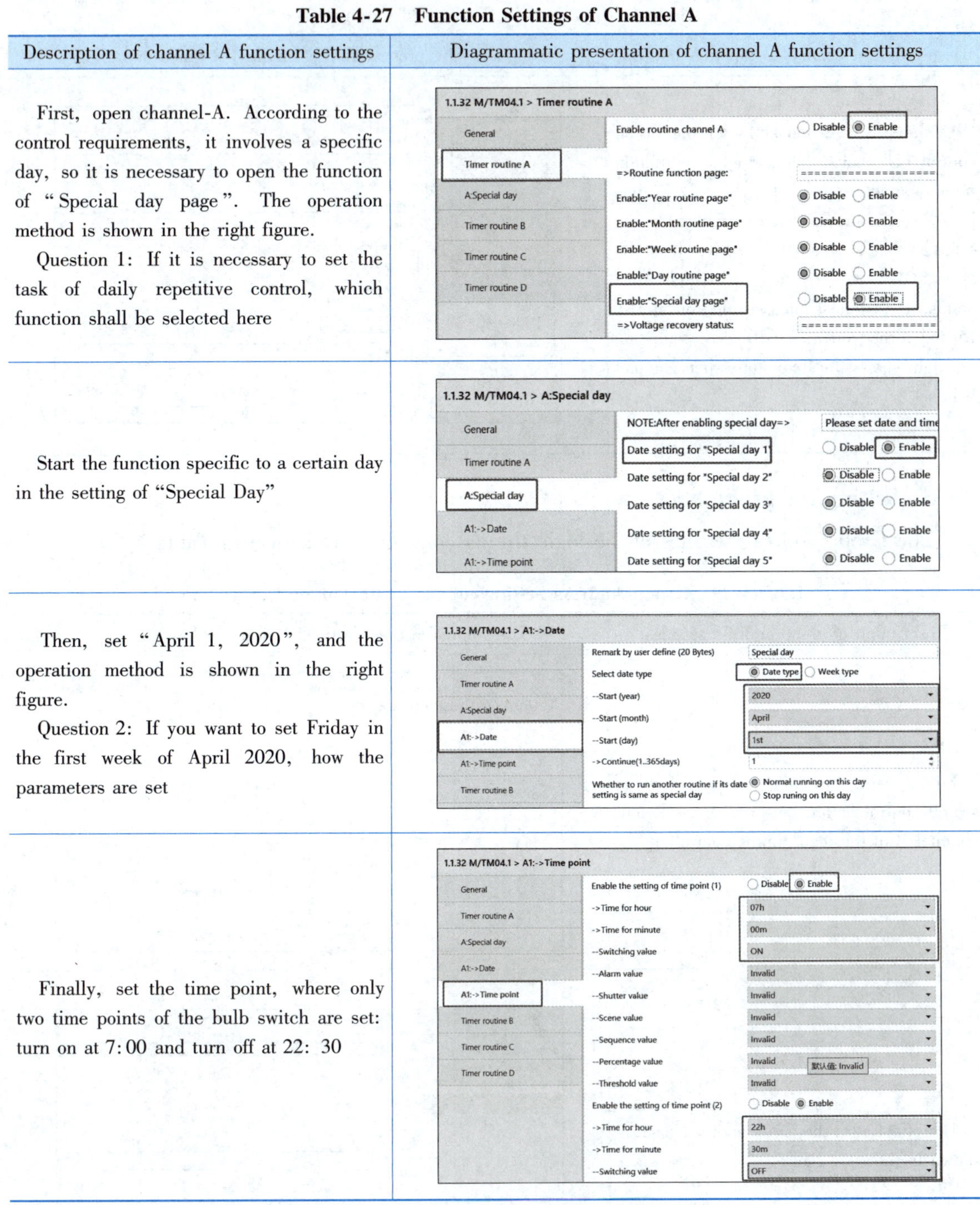

(3) Channel B function setting

Function settings of channel B are shown in Table 4-28.

Table 4-28　Function Settings of Channel B

Description of channel B function settings	Diagrammatic presentation of channel B function settings
Channel B is responsible for the on-off control of exhaust fan, which is different from channel A in that it is only a time point, so the previous setting method is the same as that of channel A, so it will not be described here. As to the switch time points, the exhaust fan is turned on at 18:15 and turned off at 22:30. The figure on the right shows the final state when channel B is set	

3. Setting the group address

The Group address settings of the logic timing controller are shown in Table 4-29.

Table 4-29　Group Address Settings of the Logic Timing Controller

Description of group address settings	Diagrammatic presentation of group address settings
Firstly, set the group address for the switch control parameters in channel A and channel B of the logic timing controller	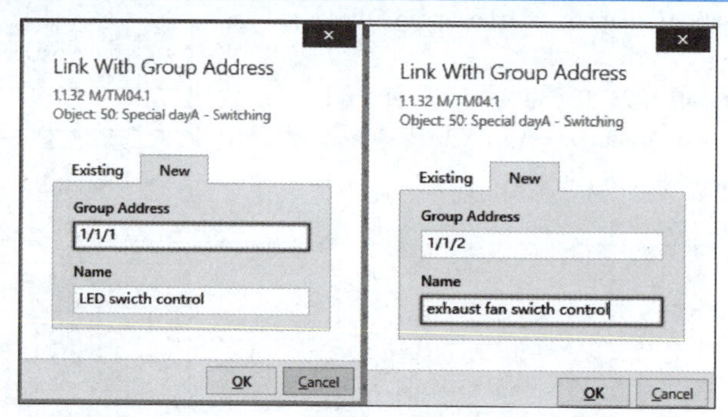
The effect after the group address is set is shown in the right figure	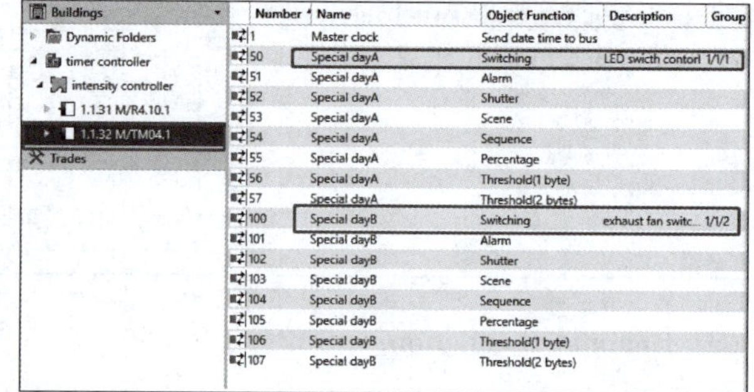

Continued

Description of group address settings	Diagrammatic presentation of group address settings
As for the smart switch controller, channel A controls the switch state of the bulb, and channel B controls the switch state of the exhaust fan. Link to the "existing" group address, as shown in the right figure. Question 3: If the channel C of the smart switch controller is wrongly linked to the group address 1 1 1, how will it be changed	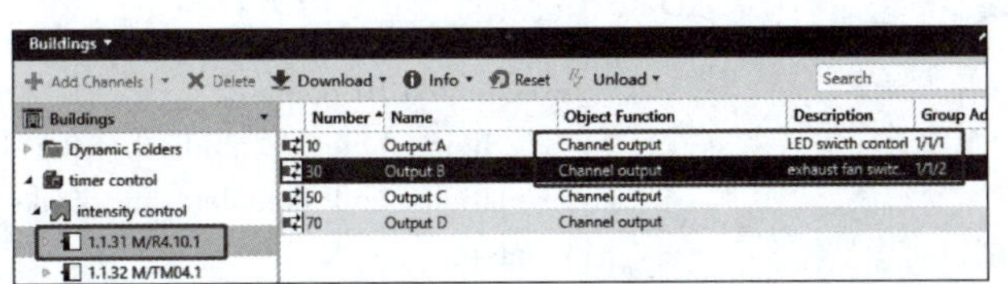

4. Completing download

The setting and downloading of the logic timing controller are shown in Table 4-30.

Table 4-30 Setting and Downloading of the Logic Timing Controller

Description of Downloading	Downloading diagrammatic presentation
After the association of group addresses is finished, complete the downloading task of each device of the whole project: ① Configure bus interface → ② Complete downloading. It shall be noted that the download time of the timer is longer than other modules, so you need to wait patiently. After downloading the equipment data, the configuration ends	

5. Load wiring and debugging

The external wiring is relatively simple. Please refer to Appendix C and connect the A and B outputs of the smart switch controller to the lighting circuit and exhaust fan circuit respectively.

IV. Task Evaluation and summary

1. Examination and evaluation form

After the above task is completed, the learning evaluation can be carried out according to the contents in Table 4-31.

Table 4-31 Examination and Evaluation Form

Evaluation item	Evaluation content	Evaluation criterion	Evaluation method		
			Self-evaluation	Group evaluation	Teacher evaluation
Professional quality (30 points)	Sense of safety and responsibility	①Be rigorous in style, consciously obey the rules and regulations, and complete the tasks excellently(10 points). ②Being able to abide by the rules and regulations and complete the tasks well (7 points). ③Abide by the rules and regulations, but fail to complete the task; or complete the task but ignore the rules and regulations (5 points). ④Fail to observe rules and regulations, and fail to complete the task (0 point)			
	Learning attitude	①Actively participate in teaching activities, with full attendance (10 points). ②Absenteeism reaches 10% of the total class hours of the task (8 points). ③Absenteeism reaches 20% of the total class hours of the task (6 points). ④Absenteeism reaches 30% of the total class hours of the task (4 points)			
	Sense of teamwork	①Harmonious cooperation with classmates, with strong sense of teamwork (10 points). ②Being able to communicate with classmates, with strong ability to work together (8 points). ③Being able to communicates with classmates, with ordinary ability to work together (6 points). ④Having difficulty in communicating with classmates, with poor ability to work together (4 points)			
Professional competence (70 points)	Adding a device	The model and version number are correct and consistent with those used in the training platform, without omission (10 points)			
	Physical address setting	The model and parameters are correct, and the design requirements meet the task requirements (10 points)			

Continued

Evaluation item	Evaluation content	Evaluation criterion	Evaluation method		
			Self-evaluation	Group evaluation	Teacher evaluation
Professional competence (70 points)	Module parameter setting	If the parameters are set correctly, the functions of the project tasks can be implemented (10 points)			
	Group address setting	The address setting is correct, and the link is reasonable and correct (10 points)			
	Download operation	Use the programming keys correctly to ensure that the device configuration can be downloaded normally (10 points)			
	External wiring	The wiring is correct and reasonable, and there is no wrong connection or omitted connection (10 points)			
	Innovation capacity	In the process of learning, put forward innovative and feasible suggestions (10 points)			
General comments					

2. Task summary

Summarize the three problems set in the process of task implementation, and review and summarize the difficulties encountered and the solutions to the problems.

Task 4 Use of Infrared Motion Sensors

I. Task Description

Combined with the basic functions of the infrared motion sensor, the smart switch controller can perform the smart switch action. The physical diagram is shown in Fig. 4-6. According to the actual demand in the application scene, one output of the smart switch controller is connected with a light bulb. Specific control requirements: when the indoor brightness value is 0-300 lx and someone moves, the light bulb will light up, otherwise it will turn off when a delay of 5 expires.

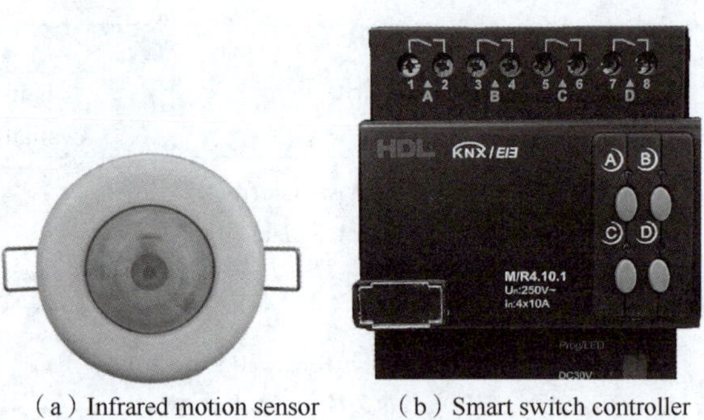

(a) Infrared motion sensor (b) Smart switch controller

Fig. 4-6 Physical Diagram of Infrared Motion Sensor and Smart Switch Controller

II. Task Preparation

The functions of the infrared motion sensor include:

①The infrared motion sensor is equipped with motion sensor, brightness sensor and external input.

②With 2-channel lighting control function, supporting switch control and dimming. When applying the dimming function, four brightness values can be set, and the set brightness can be reached after four delays.

③The infrared motion sensor has five logic function modules, which can set the logical relationship of AND, OR, and each logic block has 10 control targets.

④The recommended assembly height is 2-3 m. The sensing range of the sensor increases with the increase in installation height.

⑤Target control functions: switch control, absolute value dimming, curtain control, alarm, percentage control, sequence control, scene control, character string control, critical value control, temperature sampling, temperature report, temperature control, illumination report, motion status report and multifunctional logic combination.

⑥With constant illumination function. When a constant value is set, the sensor will compensate according to the current brightness to achieve a constant value output.

III. Task Implementation

1. Creating a project

Creating a project is shown as Table 4-32.

Table 4-32 Creating a Project

Description of project creating	Diagrammatic presentation of project Creating
In the previous tasks, some basic operations of creating a project were introduced. Its basic process: ① Import database → ②Add equipment → ③Modify physical address, as shown in the right figure after completion	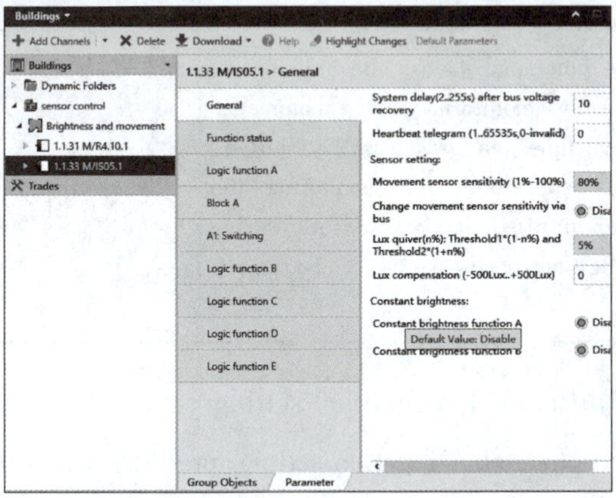

2. Setting the parameters of infrared motion sensor

The specific steps and methods of set the parameters of the infrared motion sensor are as follows.

(1) Open the parameter setting interface of the infrared motion sensor

Open the parameter setting interface of the infrared motion sensor as shown in Table 4-33.

Table 4-33 Parameter Settings of the Infrared Motion Sensor

Description of parameter settings	Diagrammatic presentation of parameter settings
In this task, brightness and motion control are involved, so it is necessary to set parameters in the motion infrared sensor. Open the parameter setting interface as shown in the right figure	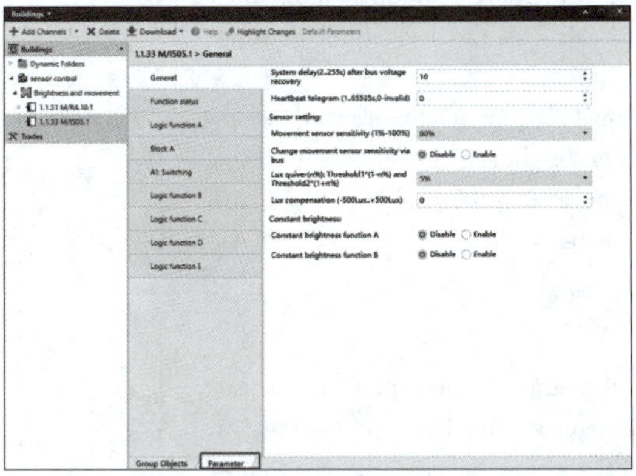

(2) Function status monitoring settings

For the convenience of debugging, the functions of motion status monitoring and photometric value real-time feedback can be started, as shown in Table 4-34.

Table 4-34 Function Status Monitoring Settings of Infrared Motion Sensor

Description of status monitoring settings	Diagrammatic presentation of status monitoring settings
In the functional status, the functions of motion state monitoring and photometric value real-time feedback can be started, which is convenient for monitoring the status of infrared motion sensors during debugging (not necessary, so it may be left unset)	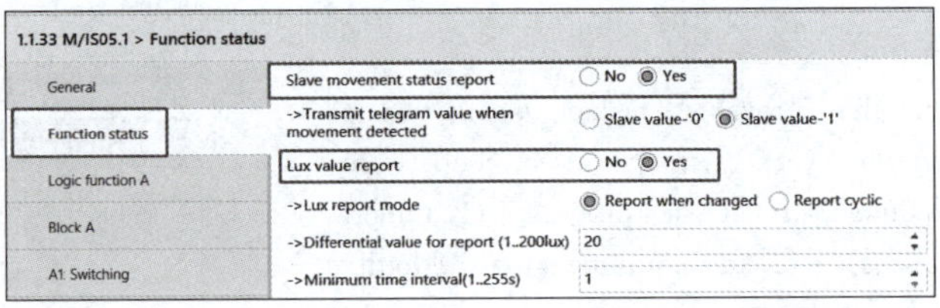 1.1.33 M/IS05.1 > Function status General / Function status / Logic function A / Block A / A1: Switching Slave movement status report: ○ No ● Yes ->Transmit telegram value when movement detected: ○ Slave value-'0' ● Slave value-'1' Lux value report: ○ No ● Yes ->Lux report mode: ● Report when changed ○ Report cyclic ->Differential value for report (1..200lux): 20 ->Minimum time interval(1..255s): 1

(3) Channel A function setting

The channel A function setting interface of the infrared motion sensor is shown in Table 4-35, in which the motion and light monitoring functions can be set.

Table 4-35 Channel A Function Settings of Infrared Motion Sensor

Description of channel A function settings	Diagrammatic presentation of channel A function settings
Set the motion function and specify that the output signal is "True" when the motion occurs, otherwise it is "False". Set the monitoring range of brightness sensor to 0-300 lx. In addition, in practical application, it is necessary to meet the two conditions of brightness and motion function simultaneously, so the logical relationship is "AND". Question 1: If the condition of the scene is that the brightness is 100-300 lx or someone moves and the load has an output. How can it be set here	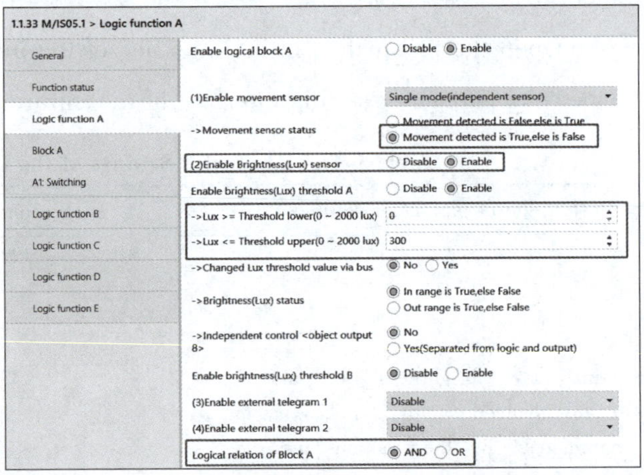 1.1.33 M/IS05.1 > Logic function A General / Function status / Logic function A / Block A / A1: Switching / Logic function B / Logic function C / Logic function D / Logic function E Enable logical block A: ○ Disable ● Enable (1)Enable movement sensor: Single mode(independent sensor) ->Movement sensor status: ○ Movement detected is False,else is True ● Movement detected is True,else is False (2)Enable Brightness(Lux) sensor: ○ Disable ● Enable Enable brightness(Lux) threshold A: ○ Disable ● Enable ->Lux >= Threshold lower(0 ~ 2000 lux): 0 ->Lux <= Threshold upper(0 ~ 2000 lux): 300 ->Changed Lux threshold value via bus: ● No ○ Yes ->Brightness(Lux) status: ● In range is True,else False ○ Out range is True,else False ->Independent control <object output 8>: ● No ○ Yes(Separated from logic and output) Enable brightness(Lux) threshold B: ● Disable ○ Enable (3)Enable external telegram 1: Disable (4)Enable external telegram 2: Disable Logical relation of Block A: ● AND ○ OR
When the basic conditions are set, select the switch control function, and set the 5 s delay OFF function in case the conditions are not met. Question 2: If the scene needs to meet the conditions, the action will be delayed for 3 s. How can it be set here	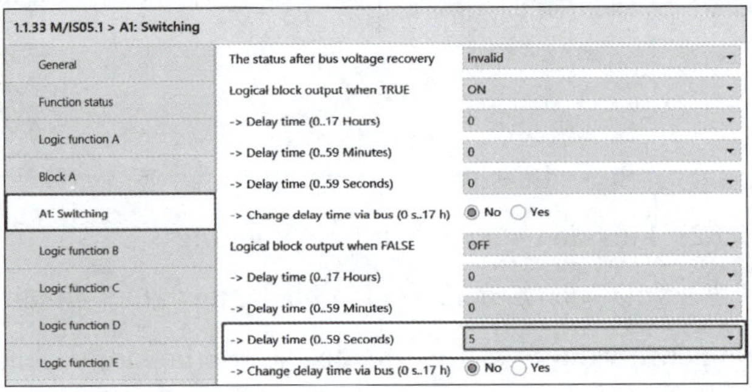 1.1.33 M/IS05.1 > A1: Switching General / Function status / Logic function A / Block A / A1: Switching / Logic function B / Logic function C / Logic function D / Logic function E The status after bus voltage recovery: Invalid Logical block output when TRUE: ON -> Delay time (0..17 Hours): 0 -> Delay time (0..59 Minutes): 0 -> Delay time (0..59 Seconds): 0 -> Change delay time via bus (0 s..17 h): ● No ○ Yes Logical block output when FALSE: OFF -> Delay time (0..17 Hours): 0 -> Delay time (0..59 Minutes): 0 -> Delay time (0..59 Seconds): 5 -> Change delay time via bus (0 s..17 h): ● No ○ Yes

3. Setting the group address

Group address setting interface of infrared motion sensor is shown in Table 4-36.

Table 4-36　Group Address Settings of Infrared Motion Sensor

Description of group address settings	Diagrammatic presentation of group address settings
The effect after setting the group address of the infrared motion sensor module is shown in the right figure	
As for the smart switch controller, it is only necessary to designate a certain path to turn on the bulb, so channel A is designated as the output channel. The settings are shown in the right figure	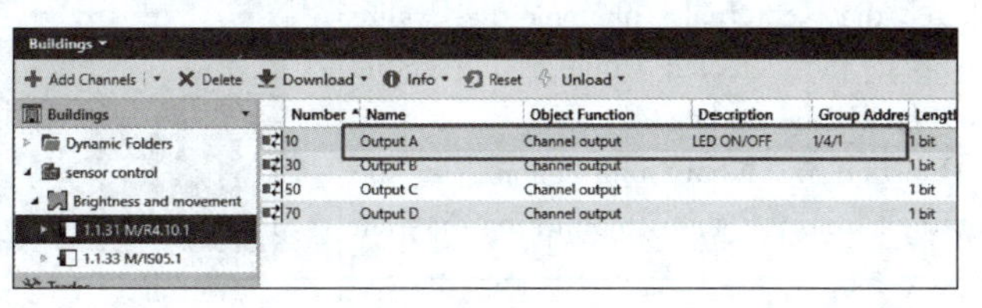

4. Completing download

The download of infrared motion sensor is shown in Table 4-37.

Table 4-37　Download of Infrared Motion Sensor

Description of Downloading	Diagrammatic presentation of downloading
After the association of group addresses is finished, complete the downloading task of each device of the whole project: ① Configure bus interface → ② Complete downloading	

5. Load wiring, on-site debugging

External wiring is relatively simple, please refer to Appendix C by yourself.

6. Status monitoring

During debugging, the status monitoring window can be opened to obtain the current photometric value, as shown in Table 4-38.

Table 4-38 Status Monitoring Settings of Infrared Motion Sensor

Description of status monitoring setting	Diagrammatic presentation of status monitoring
The method of opening the group monitor is as shown in the right figure, and the group address of the data to be monitored, such as luminosity value (1 4 10), is set in its window	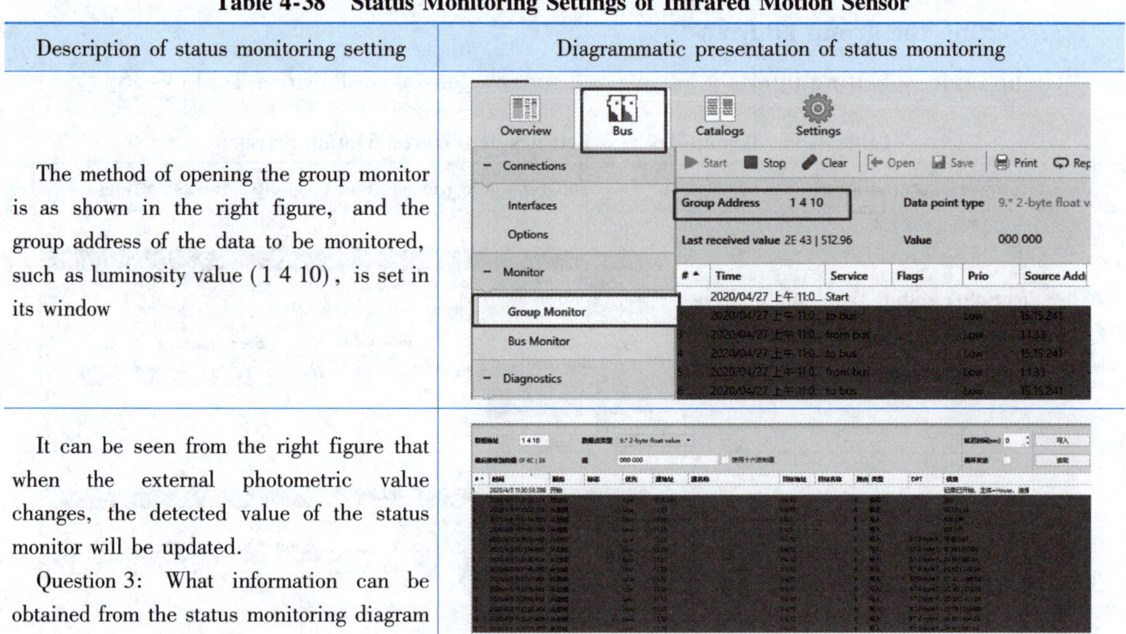
It can be seen from the right figure that when the external photometric value changes, the detected value of the status monitor will be updated. Question 3: What information can be obtained from the status monitoring diagram	

IV. Task Evaluation and summary

1. Examination and evaluation form

After the above task is completed, the learning evaluation can be carried out according to the contents in Table 4-39.

Table 4-39 Examination and Evaluation Form

Evaluation item	Evaluation content	Evaluation criterion	Evaluation method		
			Self-evaluation	Group evaluation	Teacher evaluation
Professional quality (30 points)	Sense of safety and responsibility	①Be rigorous in style, consciously obey the rules and regulations, and complete the tasks excellently (10 points). ②Being able to abide by the rules and regulations and complete the tasks well (7 points). ③Abide by the rules and regulations, but fail to complete the task; or complete the task but ignore the rules and regulations (5 points). ④Fail to observe rules and regulations, and fail to complete the task (0 point)			

Continued

Evaluation item	Evaluation content	Evaluation criterion	Evaluation method		
			Self-evaluation	Group evaluation	Teacher evaluation
Professional quality (30 points)	Learning attitude	①Actively participate in teaching activities, with full attendance (10 points). ②Absenteeism reaches 10% of the total class hours of the task (8 points). ③Absenteeism reaches 20% of the total class hours of the task (6 points). ④Absenteeism reaches 30% of the total class hours of the task (4 points)			
	Sense of teamwork	①Harmonious cooperation with classmates, with strong sense of teamwork (10 points). ②Being able to communicate with classmates, with strong ability to work together (8 points). ③Being able to communicates with classmates, with ordinary ability to work together (6 points). ④Having difficulty in communicating with classmates, with poor ability to work together (4 points)			
Professional competence (70 points)	Adding a device	The model and version number are correct and consistent with those used in the training platform, without omission (10 points)			
	Physical address setting	The model and parameters are correct, and the design requirements meet the task requirements (10 points)			
	Module parameter setting	If the parameters are set correctly, the functions of the project tasks can be implemented (10 points)			
	Group address setting	The address setting is correct, and the link is reasonable and correct (10 points)			
	Download operation	Use the programming keys correctly to ensure that the device configuration can be downloaded normally (10 points)			

Continued

Evaluation item	Evaluation content	Evaluation criterion	Evaluation method		
			Self-evaluation	Group evaluation	Teacher evaluation
Professional competence (70 points)	External wiring	The wiring is correct and reasonable, and there is no wrong connection or omitted connection (10 points)			
	Innovation capacity	In the process of learning, put forward innovative and feasible suggestions (10 points)			
General comments					

2. Task summary

Summarize the three problems set in the process of task implementation, and review and summarize the difficulties encountered and the solutions to the problems.

Task 5 Use of Light Sensors

I. Task Description

Combined with the basic functions of the light sensor, the smart switch controller can perform the ON-OFF action. The physical diagram is shown in Fig. 4-7. According to the actual demand in the application scenario, the two outputs of the switch controller are connected to the bulb and exhaust fan respectively. Specific control requirements: when the brightness value is greater than 300 lx, turn on the fan and turn off the light; otherwise, turn off the fan and turn on the light after a delay of 10 s.

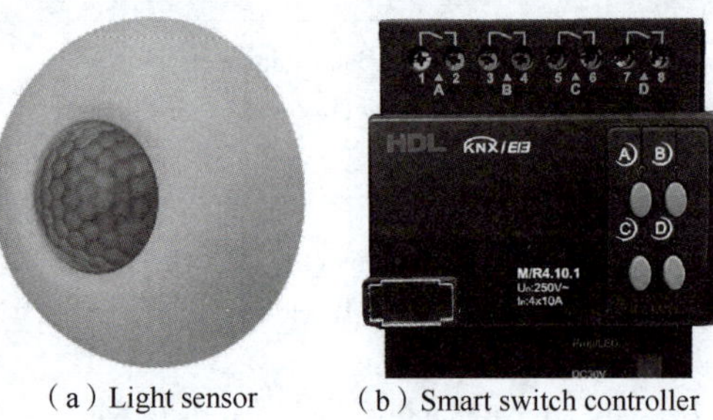

(a) Light sensor (b) Smart switch controller

Fig. 4-7 Physical Diagram of Light Sensor and Smart Switch Controller

II. Task Preparation

The light sensor is of the same type as the infrared motion sensor described in task 4 of this project, and its functions are similar.

III. Task Implementation

1. Creating a project

Creating a project is shown in Table 4-40.

Table 4-40　Creating a Project

Description of project creating	Diagrammatic presentation of project creating
In the previous tasks, some basic operations of creating a project were introduced. Its basic process: ① Import database →②Add equipment →③Modify physical address, as shown in the right figure after completion	

2. Set the light sensor parameters

The specific steps and methods of set the parameters of the light sensor are as follows.

(1) Function status monitoring settings

To facilitate debugging, the brightness report function can be started, as shown in Table 4-41.

Table 4-41　Function Status Monitoring Settings of Light Sensor

Description of status monitoring setting	Diagrammatic presentation of status monitoring setting
In the functional state, the brightness report function is started to facilitate monitoring the status of the light sensor during debugging. (not necessary, but recommended) Question 1: The difference value reported in the current parameter setting is 20. How can this number be understood	

(2) Setting of logic function A

The logic function A of the light sensor is set as shown in Table 4-42.

Table 4-42 Logic Function A Setting of Light Sensor

Description of logic function A setting	Diagrammatic presentation of logic function A setting
Start logic block A, there is no need to start the motion sensor in this task. Set the illuminance according to the control requirements. Here, choose to set the lower limit as 500 (the upper limit is the maximum range of the sensor), which is true within the range. The specific settings are shown in the right figure. Question 2: Is it feasible to set the lower limit and upper limit of illumination value to 0 and 500 respectively	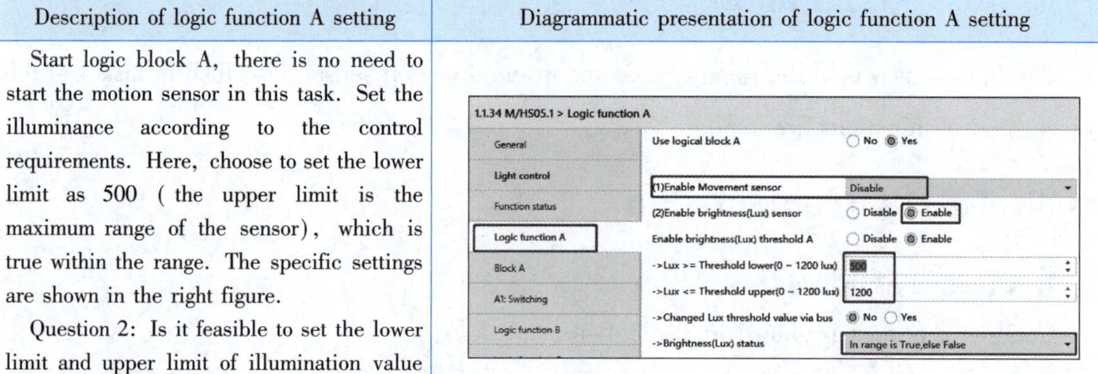

(3) Target output of logic function A

The logic function A target output setting of the light sensor is shown in Table 4-43.

Table 4-43 Logic Function A Target Output Setting of Light Sensor

Description of logic function A target output setting	Diagrammatic presentation of logic function A target output setting
According to the control requirements, set two switch outputs	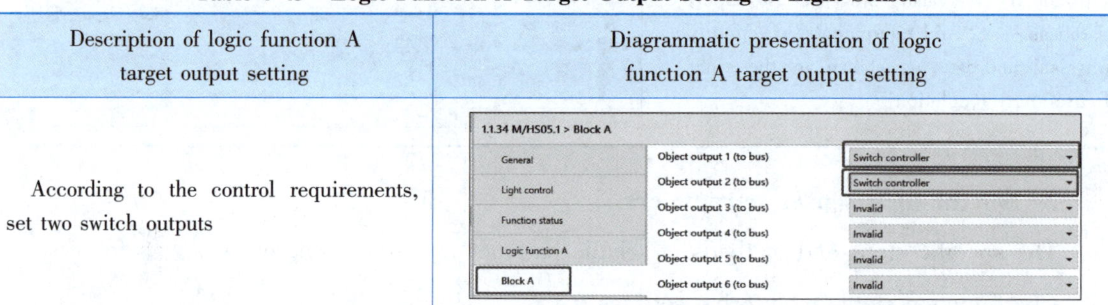

(4) Switch output setting

The switch output settings of the light sensor are shown in Table 4-44.

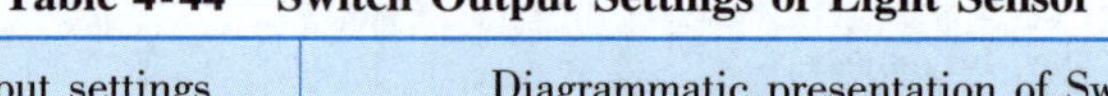

Table 4-44 Switch Output Settings of Light Sensor

Description of Switch output settings	Diagrammatic presentation of Switch output settings
According to the control requirements, set the exhaust fan control logic, and use the default here	1.1.34 M/HS05.1 > A1: Switching General / Light control / Function status / Logic function A / Block A / A1: Switching / A2: Switching / Logic function B / Logic function C The status after bus voltage recovery: Invalid Logical block output when TRUE: ON -> Delay time (0..17 Hours): 0 -> Delay time (0..59 Minutes): 0 -> Delay time (0..59 Seconds): 0 -> Change delay time via bus (0 s..17 h): No / Yes Logical block output when FALSE: OFF -> Delay time (0..17 Hours): 0 -> Delay time (0..59 Minutes): 0 -> Delay time (0..59 Seconds): 10 -> Change delay time via bus (0 s..17 h): No / Yes

Continued

Description of Switch output settings	Diagrammatic presentation of Switch output settings
According to the control requirements, set the bulb control logic	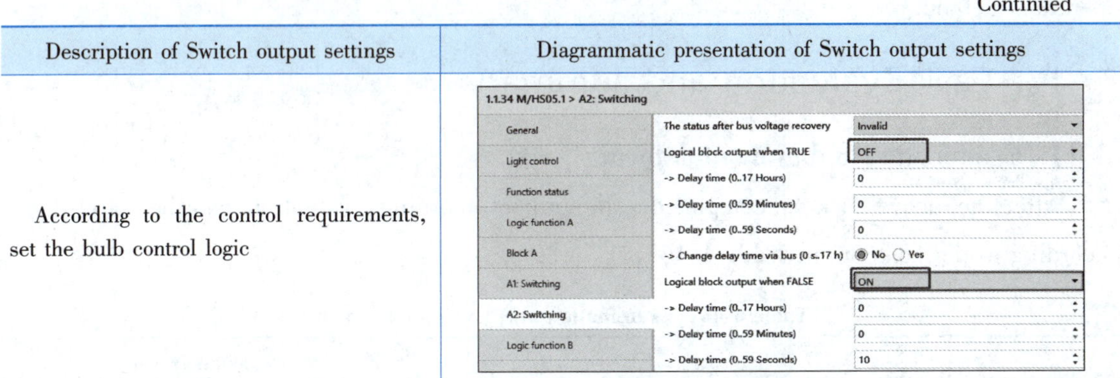

3. Setting the group address

Group address settings of light sensors are shown in Table 4-45.

Table 4-45 Group Address Settings of Light Sensors

Description of group address settings	Diagrammatic presentation of group address settings
The effect after setting the group address of the light sensor module is shown in the right figure	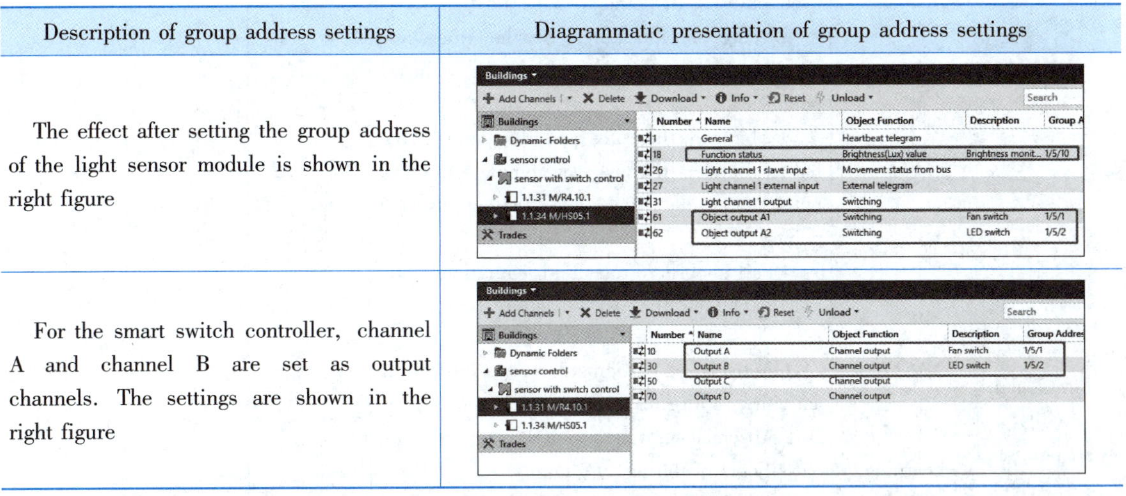
For the smart switch controller, channel A and channel B are set as output channels. The settings are shown in the right figure	

4. Completing download

Please refer to the previous tasks, which will not be described in detail here.

5. Load wiring, on-site debugging

The external wiring is relatively simple. Please refer to Appendix C and connect the A and B outputs of the smart switch controller to the lighting circuit and exhaust fan circuit respectively.

6. Status monitoring

During debugging, you can open the status monitoring window to obtain the current photometric value. Please refer to the related introduction to task 4 of this project for the

operation method.

IV. Task Evaluation and summary

1. Examination and evaluation form

After the above task is completed, the project learning evaluation can be carried out according to the contents in Table 4-46.

Table 4-46 Examination and Evaluation Form

Evaluation item	Evaluation content	Evaluation criterion	Evaluation method		
			Self-evaluation	Group evaluation	Teacher evaluation
Professional quality (30 points)	Sense of safety and responsibility	①Be rigorous in style, consciously obey the rules and regulations, and complete the tasks excellently (10 points). ②Being able to abide by the rules and regulations and complete the tasks well (7 points). ③Abide by the rules and regulations, but fail to complete the task; or complete the task but ignore the rules and regulations (5 points). ④Fail to observe rules and regulations, and fail to complete the task (0 point)			
	Learning attitude	①Actively participate in teaching activities, with full attendance (10 points). ②Absenteeism reaches 10% of the total class hours of the task (8 points). ③Absenteeism reaches 20% of the total class hours of the task (6 points). ④Absenteeism reaches 30% of the total class hours of the task (4 points)			
	Sense of teamwork	①Harmonious cooperation with classmates, with strong sense of teamwork (10 points). ②Being able to communicate with classmates, with strong ability to work together (8 points). ③Being able to communicates with classmates, with ordinary ability to work together (6 points).			

Continued

Evaluation item	Evaluation content	Evaluation criterion	Evaluation method		
			Self-evaluation	Group evaluation	Teacher evaluation
Professional quality (30 points)	Sense of teamwork	④Having difficulty in communicating with classmates, with poor ability to work together (4 points)			
Professional competence (70 points)	Adding a device	The model and version number are correct and consistent with those used in the training platform, without omission (10 points)			
	Physical address setting	The model and parameters are correct, and the design requirements meet the task requirements (10 points)			
	Module parameter setting	If the parameters are set correctly, the functions of the project tasks can be implemented (10 points)			
	Group address setting	The address setting is correct, and the link is reasonable and correct (10 points)			
	Download operation	Use the programming keys correctly to ensure that the device configuration can be downloaded normally (10 points)			
	External wiring	The wiring is correct and reasonable, and there is no wrong connection or omitted connection (10 points)			
	Innovation capacity	In the process of learning, put forward innovative and feasible suggestions (10 points)			
General comments					

2. Task summary

Summarize the two problems set in the process of task implementation, and review and summarize the difficulties encountered and the solutions to the difficulties.

Task 6 Lighting Control

I. Task Description

Combined with the basic functions of the dimmer controller and the three-button smart

panel, the lighting adjustment can be implemented, and the physical diagram is shown in Fig. 4-8. According to the actual demand in the application scene, connect the output end of the dimmer controller to the light bulb that needs to be controlled. Specific control requirements are as follows.

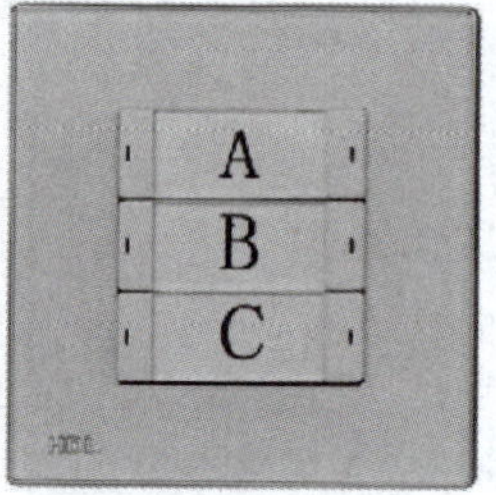

(a) EIB smart panel

(b) Dimmer controller

Fig. 4-8　Physical Diagram of EIB Smart Panel and Dimmer Controller

①Key A left: short-press, bulb = ON; long-press (>2 s) to brighten the bulb;

②A right key: short press, bulb = OFF; long press (>2 s), dim the bulb.

II. Task Preparation

The features and functions of the dimmer controller include:

①Adopt MOS-tube dimming mode.

②Manual control: each circuit can be operated manually. Short press to turn on and off, and long-press for dimming.

③Main functions: time statistics function, state response, state recovery, short circuit protection, overload protection, over-temperature protection, stair lamp, flashing lamp, scene control, temperature reading, high temperature alarm, over-temperature power reduction, upper limit of dimming, lower limit of dimming, sequence control, threshold switch and heating control (PWM).

④Support short circuit protection, overload protection and overheat protection.

III. Task Implementation

1. Creating a project

Creating a project as shown in Table 4-47.

Table 4-47　Creating a Project

Description of project creating	Diagrammatic presentation of project creating
Please refer to the previous tasks, which will not be described in detail here	

2. Setting the dimmer controller parameters

The specific steps and methods of set the parameters of the dimmer controller are as follows.

(1) Open the parameter setting interface of the dimmer controller

Open the parameter setting interface of the dimmer controller as shown in Table 4-48.

Table 4-48　Parameter Settings of the Dimmer Controller

Description of parameter settings	Diagrammatic presentation of parameter settings
In this task, it involves the control of light brightness, so it is necessary to set parameters in the dimmer controller. Open the parameter setting interface as shown in the right figure. Question 1: If you need to set the maximum brightness to 80%, how can it be set here	

(2) Channel A parameter setting

Parameter settings of Channel A of dimmer controller are shown in Table 4-49.

Table 4-49　Channel A Parameter Settings of Dimmer Controller

Description of channel A parameter settings	Diagrammatic presentation of channel A parameter settings
The setting of channel A parameter is mainly described in this page, in which you can set the maximum and minimum values of brightness, the expansion function of dimming module, etc. which need not be set in this task (This task doesn't need to be set. It is only function introduction.)	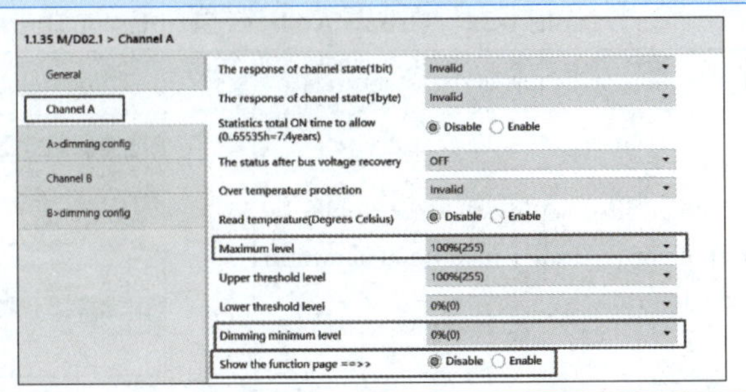

(3) Channel A gradient setting

The channel A gradient settings of the dimmer controller are shown in Table 4-50.

Table 4-50 Channel A Gradient Settings of Dimmer Controller

Description of channel-A gradient settings	Diagrammatic presentation of channel-A gradient settings
The channel A gradient setting mainly sets the time of the gradient process, and the default can be used for the task here (This task doesn't need to be set. It is only function introduction.)	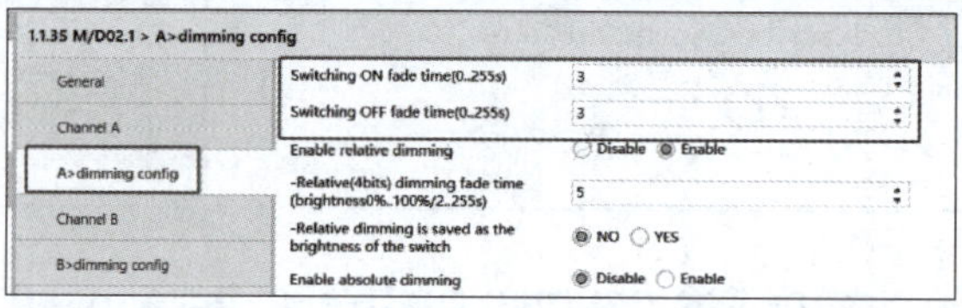

3. Setting the smart panel parameters

The specific steps and methods of set the parameters of the smart panel are shown in Table 4-51.

Table 4-51 Parameter Settings of Smart Panel

Description of parameter settings	Diagrammatic presentation of parameter settings
Open the parameter setting page and set the Rocker A of the smart panel. The running function of Rocker A at this time is dimmer controller, setting the functions of short-press and long-press of left and right keys and distinguishing the difference (time) between short-press and long-press. The specific setting method is shown in the right figure. Question 2: Can you separate the left and right Rocker functions of the Rocker A and set the parameters here	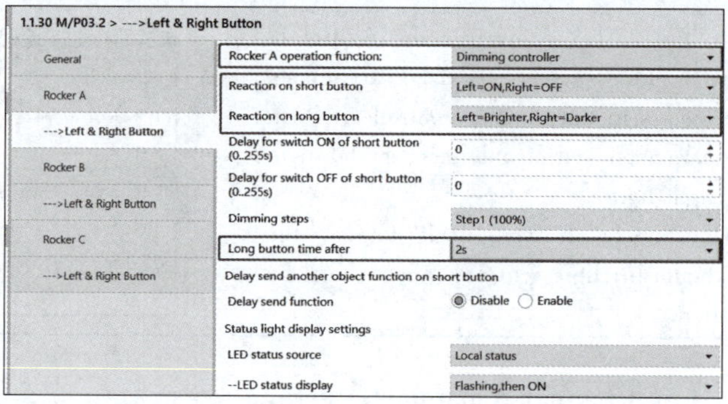

4. Setting the group address

Group address settings of dimmer controller and smart panel are shown in Table 4-52.

Table 4-52 Group Address Settings of Dimmer Controller and Smart Panel

Description of Group address settings	Diagrammatic presentation of group address settings
The effect after setting the group address of the dimmer controller module is shown in the right figure	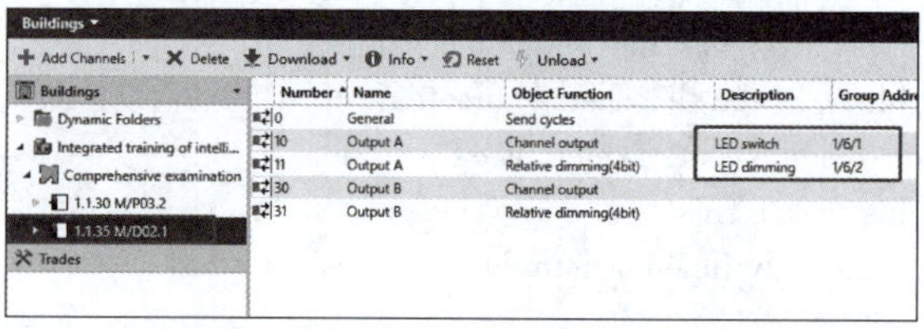

Continued

Description of Group address settings	Diagrammatic presentation of group address settings
The effect after the group address of the smart panel is set is shown in the right figure. Question 3: The length of the object function (1bit, 4bit) can be used to check whether the group address is linked incorrectly. If so, how can it be checked	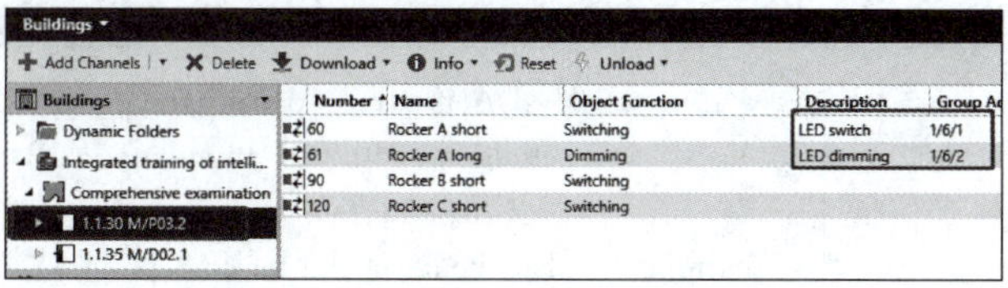

5. Completing download

Please refer to the previous tasks, which will not be described in detail here.

6. Load wiring, on-site debugging

External wiring is relatively simple. Please refer to Appendix C and connect channel A of the dimmer controller directly to the lighting circuit.

IV. Task Evaluation and summary

1. Examination and evaluation form

After the above task is completed, the learning evaluation can be carried out according to the contents in Table 4-53.

Table 4-53 Examination and Evaluation Form

Evaluation item	Evaluation content	Evaluation criterion	Evaluation method		
			Self-evaluation	Group evaluation	Teacher evaluation
Professional quality (30 points)	Sense of safety and responsibility	①Be rigorous in style, consciously obey the rules and regulations, and complete the tasks excellently (10 points). ②Being able to abide by the rules and regulations and complete the tasks well (7 points). ③Abide by the rules and regulations, but fail to complete the task; or complete the task but ignore the rules and regulations (5 points). ④Fail to observe rules and regulations, and fail to complete the task (0 point)			

Continued

Evaluation item	Evaluation content	Evaluation criterion	Evaluation method		
			Self-evaluation	Group evaluation	Teacher evaluation
Professional quality (30 points)	Learning attitude	①Actively participate in teaching activities, with full attendance (10 points). ②Absenteeism reaches 10% of the total class hours of the task (8 points). ③Absenteeism reaches 20% of the total class hours of the task (6 points). ④Absenteeism reaches 30% of the total class hours of the task (4 points)			
	Sense of teamwork	①Harmonious cooperation with classmates, with strong sense of teamwork (10 points). ②Being able to communicate with classm-ates, with strong ability to work together (8 points). ③Being able to communicates with classm-ates with ordinary ability to work together (6 points). ④Having difficulty in communicating with classm-ates, with poor ability to work together (4 points)			
Professional competence (70 points)	Adding a device	The model and version number are correct and consistent with those used in the training platform, without omission (10 points)			
	Physical address setting	The model and parameters are correct, and the design requirements meet the task requirements (10 points)			
	Module parameter setting	If the parameters are set correctly, the functions of the project tasks can be implemented (10 points)			
	Group address setting	The address setting is correct, and the link is reasonable and correct (10 points)			
	Download operation	Use the programming keys correctly to ensure that the device configuration can be downloaded normally (10 points)			

Continued

Evaluation item	Evaluation content	Evaluation criterion	Evaluation method		
			Self-evaluation	Group evaluation	Teacher evaluation
Professional competence (70 points)	External wiring	The wiring is correct and reasonable, and there is no wrong connection or omitted connection (10 points)			
	Innovation capacity	In the process of learning, put forward innovative and feasible suggestions (10 points)			
General comments					

2. Task summary

Summarize the three problems set in the process of task implementation, and review and summarize the difficulties encountered and the solutions to the problems.

Task 7　Louver Control

I. Task Description

In combination of the basic functions of the infrared motion sensor and curtain controller, the louver can perform corresponding actions, and the physical diagram is shown in Fig. 4-9. According to the actual demand in the application scenario, the louvers are connected to the curtain controller power supply. The specific control requirements are as follows: when it is dark (0-200 lx), the curtains are fully open; when it is bright (500-2 000 lx), the curtain is closed to 50%.

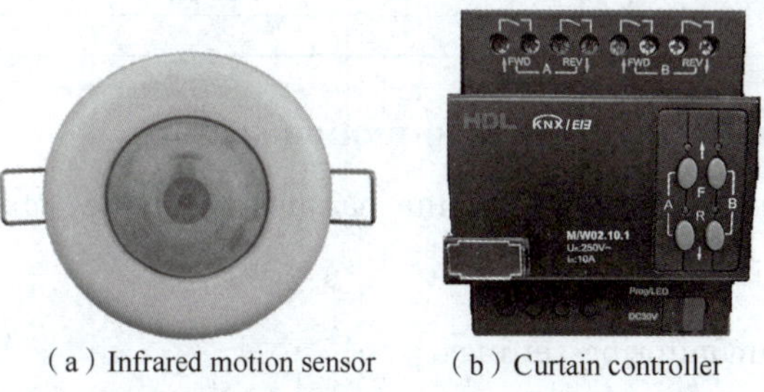

(a) Infrared motion sensor　(b) Curtain controller

Fig. 4-9　Physical Diagram of Infrared Motion Sensor and Curtain Controller

II. Task Preparation

1. Infrared motion sensor

Specific functions and brief introduction are described in task 4 of this project.

2. Curtain controller

①Each circuit can control the operation of upward, downward and stop, and can also control the open or close of any circuit manually. Maximum output of 10 A per loop.

②Main functions: louver mode, ordinary curtain mode, manual operation, priority setting, power-on state recovery, power-off state saving, forced position operation, limited position control, position state response, operation state, scene control, safety control and automatic control.

III. Task Implementation

1. Creating a project

Creating a is shown in Table 4-54.

Table 4-54 Creating a Project

Description of project creating	Diagrammatic presentation of project creating
Please refer to the previous tasks, which will not be described in detail here	Buildings Add Channels Delete Download Help Highlight Changes Default Parameters Buildings Dynamic Folders Shutter control Luminance adjusting shutter 1.1.33 M/IS05.1 1.1.36 M/W02.10.1 Trades 1.1.33 M/IS05.1 > Logic function A General Function status Logic function A Block A A1: Switching Enable logical block A (1)Enable movement sensor ->Movement sensor status (2)Enable Brightness(Lux) sensor (3)Enable external telegram 1

2. Setting the parameters of infrared motion sensor

The specific steps and methods of set the parameters of the infrared motion sensor are as follows.

(1) Function status monitoring settings

During debugging, the status monitoring window can be opened to obtain the current photometric value, as shown in Table 4-55.

Table 4-55 Status Monitoring of Infrared Motion Sensor

Description of status monitoring	Diagrammatic presentation of status monitoring
In the functional status, the functions of motion state monitoring and photometric value real-time feedback can be started, which is convenient for monitoring the status of infrared motion sensors during debugging. (not necessary, so it may be left unset)	1.1.33 M/IS05.1 > Function status General / Function status / Logic function A / Block A / A1: Switching Slave movement status report: No / Yes ->Transmit telegram value when movement detected: Slave value-'0' / Slave value-'1' Lux value report: No / Yes ->Lux report mode: Report when changed / Report cyclic ->Differential value for report (1..200lux): 20 ->Minimum time interval(1..255s): 1

(2) Channel A function setting

The function settings of channel A of infrared motion sensor are shown in Table 4-56, in which the motion and light monitoring functions can be set.

Table 4-56 Function Settings of Channel A of Infrared Motion Sensor

Description of channel A function settings	Diagrammatic presentation of channel A function settings
According to the control requirements, there is no need to use the motion function; set the monitoring range of brightness sensor to 0-200 lx. Use the default for other settings	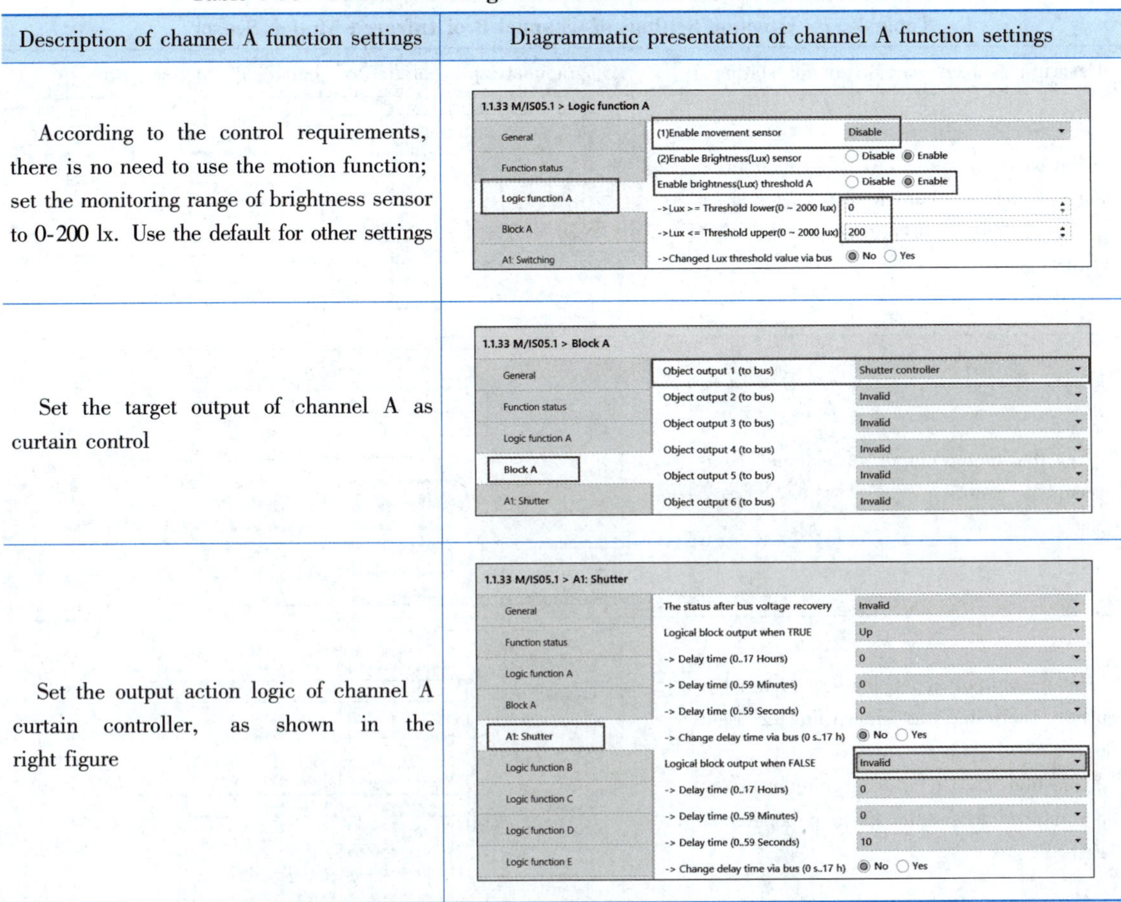
Set the target output of channel A as curtain control	
Set the output action logic of channel A curtain controller, as shown in the right figure	

Continued

Description of channel A function settings	Diagrammatic presentation of channel A function settings
Question 1: As shown in the right figure, there are different choices among the target output options. Please try each output method and understand its basic functions	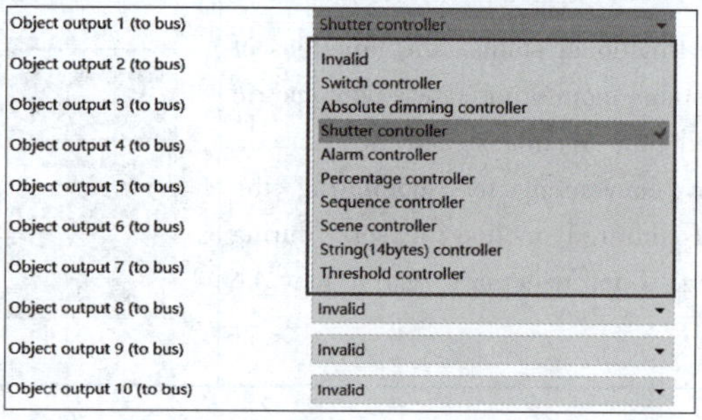

(3) Channel B function setting

Similar to channel A, the function settings of channel-B of infrared motion sensor are shown in Table 4-57.

Table 4-57 Function Settings of Channel B of Infrared Motion Sensor

Description of channel B function settings	Diagrammatic presentation of channel B function settings
Similar to channel A, the monitoring range of channel B brightness sensor is set to 500-2,000 lx according to the task requirements	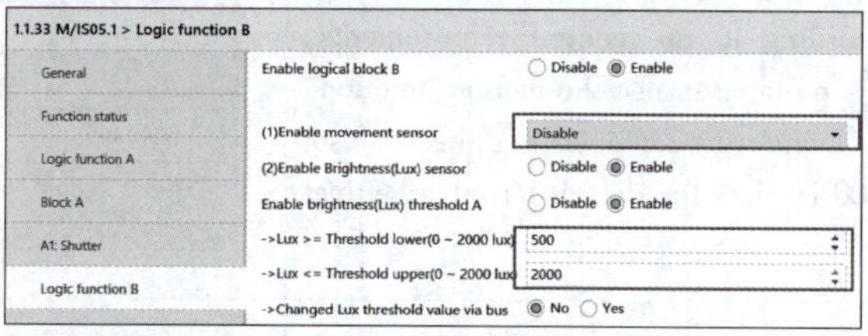
Set the target output of channel B as percentage control	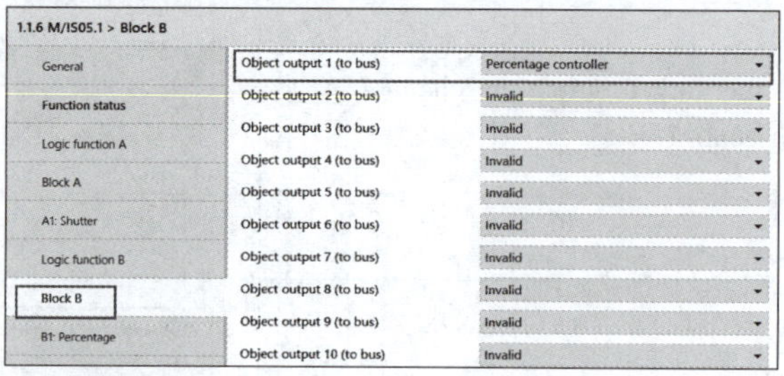
Set the output action logic of channel B curtain controller, as shown in the right figure. Question 2: Under what circumstances do you need to set the basic parameter of "FALSE"	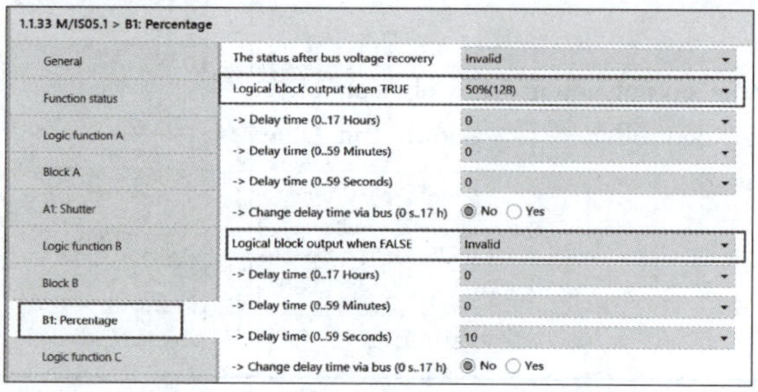

3. Setting curtain controller parameters

Parameter settings of curtain controller are shown in Table 4-58.

Table 4-58 Parameter Settings of Curtain Controller

Description of parameter settings	Diagrammatic presentation of parameter settings
According to the actual control process, use manual control to move the louver from the top to the bottom, calculate the corresponding time, and fill in the corresponding position in the right figure. Turn on the percentage control function simultaneously. Question 3: What is the impact of setting the time from top to bottom here too large or too small	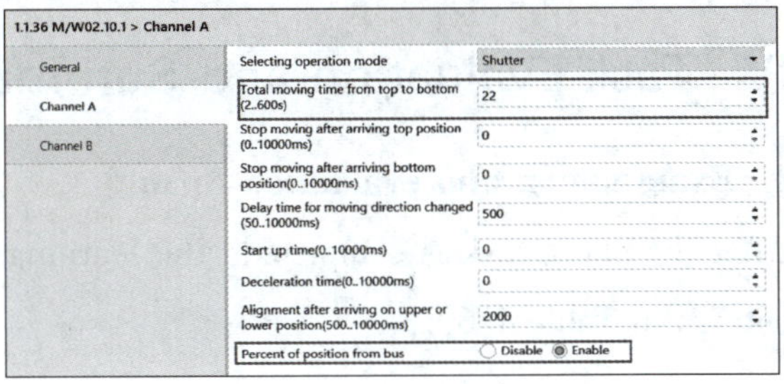

4. Setting the group address

Group address settings of infrared motion sensor and curtain controller is shown in Table 4-59.

Table 4-59 Group Address Settings of Infrared Motion Sensor and Curtain Controller

Description of group address settings	Diagrammatic presentation of group address settings
The effect after setting the group address of the infrared motion sensor is shown in the right figure	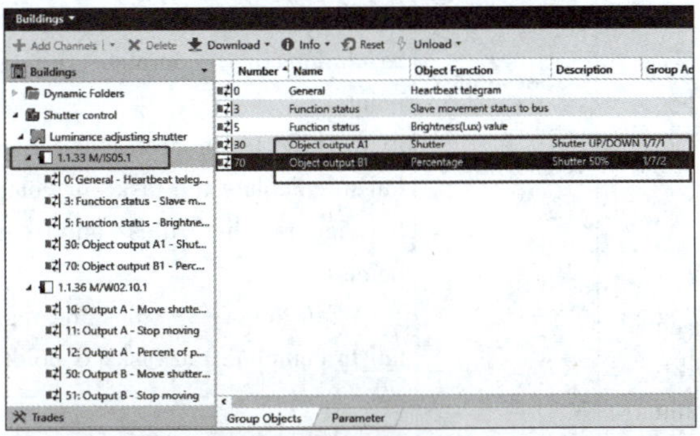
The effect after setting the group address of the curtain controller module is shown in the right figure	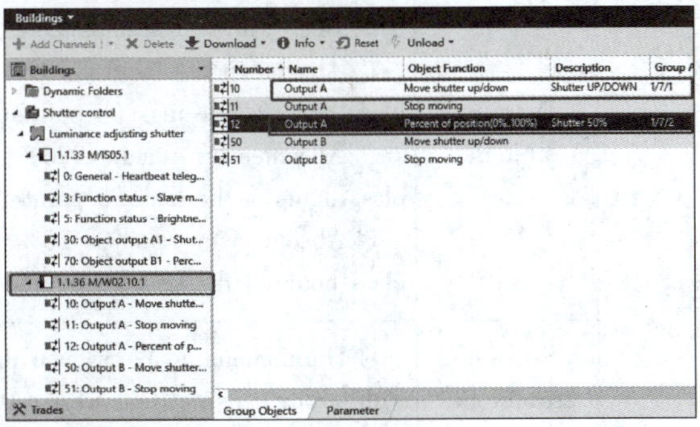

5. Completing download

Please refer to the previous tasks, which will not be described in detail here.

6. On-site debugging

Please refer to Appendix C for the wiring diagram of training equipment. According to the wiring diagram, you can judge the control mode of curtain-control power supply.

IV. Task Evaluation and Summary

1. Examination and evaluation form

After the above task is completed, the learning evaluation can be carried out according to the contents in Table 4-60.

Table 4-60 Examination and Evaluation Form

Evaluation item	Evaluation content	Evaluation criterion	Evaluation method		
			Self-evaluation	Group evaluation	Teacher evaluation
Professional quality (30 points)	Sense of safety and responsibility	①Be rigorous in style, consciously obey the rules and regulations, and complete the tasks excellently (10 points). ②Being able to abide by the rules and regulations and complete the tasks well (7 points). ③Abide by the rules and regulations, but fail to complete the task; or complete the task but ignore the rules and regulations (5 points). ④Fail to observe rules and regulations, and fail to complete the task (0 point)			
	Learning attitude	①Actively participate in teaching activities, with full attendance (10 points). ②Absenteeism reaches 10% of the total class hours of the task (8 points). ③Absenteeism reaches 20% of the total class hours of the task (6 points). ④Absenteeism reaches 30% of the total class hours of the task (4 points)			
	Sense of teamwork	①Harmonious cooperation with classmates, with strong sense of teamwork (10 points).			

Continued

Evaluation item	Evaluation content	Evaluation criterion	Evaluation method		
			Self-evaluation	Group evaluation	Teacher evaluation
Professional quality (30 points)	Sense of teamwork	②Being able to communicate with classmates, with strong ability to work together (8 points). ③Being able to communicates with classmates with ordinary ability to work together (6 points). ④Having difficulty in communicating with classmates, with poor ability to work together (4 points)			
Professional competence (70 points)	Adding a device	The model and version number are correct and consistent with those used in the training platform, without omission (10 points)			
	Physical address setting	The model and parameters are correct, and the design requirements meet the task requirements (10 points)			
	Module parameter setting	If the parameters are set correctly, the functions of the project tasks can be implemented (10 points)			
	Group address setting	The address setting is correct, and the link is reasonable and correct (10 points)			
	Download operation	Use the programming keys correctly to ensure that the device configuration can be downloaded normally (10 points)			
	External wiring	The wiring is correct and reasonable, and there is no wrong connection or omitted connection (10 points)			
	Innovation capacity	In the process of learning, put forward innovative and feasible suggestions (10 points)			
General comments					

2. Task summary

Summarize the three problems set in the process of task implementation, and review and summarize the difficulties encountered and the solutions to the problems.

Task 8 Comprehensive Training in Smart Home Programming and Commission

I. Task Description

Taking the real topic of a provincial selection contest of the 45th World Skills Competition in 2017 as an example, combined with the basic knowledge learned, complete the design and Commission of the project.

2017 the 45th World Skills Competition Electrical Installation Project × × × × Provincial Selection Competition

Station number: ________

①Use the smart panel as shown Fig. 4-10 to implement function I:

B key left : short-press, load 2 = ON; load 3 = OFF.

C key right: short-press, load 2 = OFF; load 3 = ON.

②Use the logic timing controller as shown in Fig. 4-11 to implement function II:

On January 12th, load 1 implemented the brightness change: 10% →50% →80% →100%, every step for 5 s, cyclically.

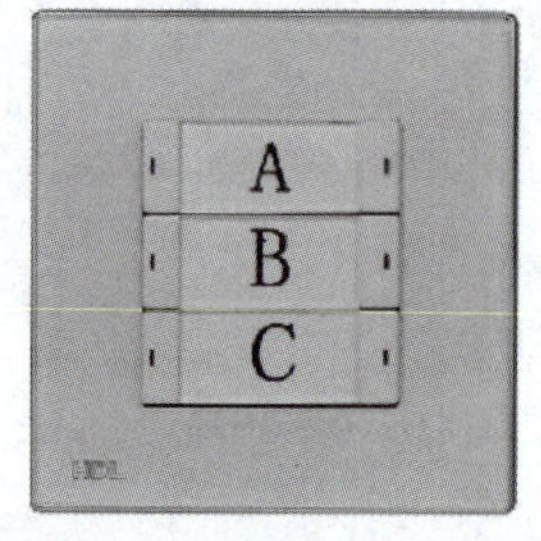

Fig. 4-10 M/P03.2 Multifunctional Smart Panel

Fig. 4-11 M/TM04.1 Logic Timing Controller

③Use the infrared motion sensor as shown in Fig. 4-12 to implement function III:

When the brightness value is greater than 300 lx, turn on the fan and close the curtains to 50%, otherwise, turn off the fan and open the curtains after a delay of 10 s.

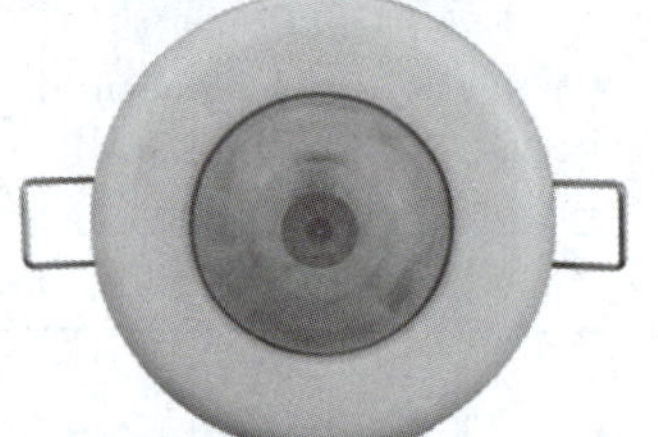

Fig. 4-12 M/IS05.1 Infrared Motion Sensor

II. Task Preparation

SX-KNX house and building smart control training system is shown in Fig. 4-1, which needs to be mainly checked:

①Check the training equipment and electrify to test whether each module can display normally.

②Ensure complete components and accessories.

③Whether shorting stub is adequately prepared.

III. Task Implementation

1. Task analysis

There are three functional requirements in this task, and the modules needed to implement the basic functions are analyzed as follows.

Function I: smart panel and smart switch controller.

Function II: logic timing controller and dimmer controller.

Function III: infrared motion sensor, curtain controller and smart switch controller.

2. Creating a project

Creating a project is shown in Table 4-61.

Table 4-61 Creating a Project

Description of project creating	Diagrammatic presentation of project creating
The basic process of creating a project: ①Import database → ②Add equipment → ③Modify physical address, as shown in the right figure after completion	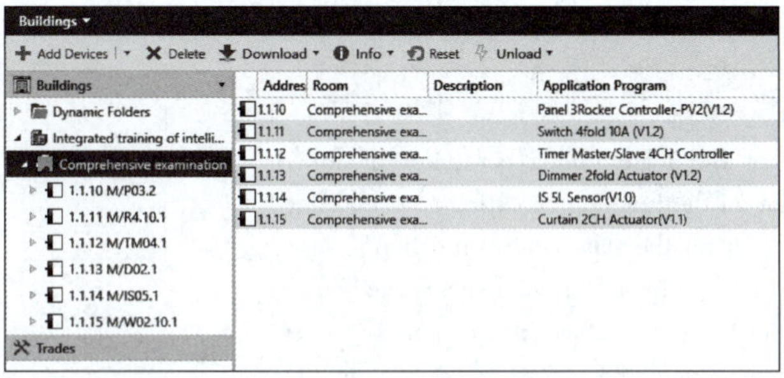

3. Implementation methods and steps of function I

The implementation methods and steps of function I are shown in Table 4-62.

Table 4-62 Implementation Methods and Steps of Function I

Implementation methods and steps of function I	Reference diagrammatic presentation
To set the parameters of Rocker B, first set the left and right keys of Rocker B as independent functions. Then set Rocker B left as a combination key, which can control the switch of load 2 and load 3 respectively. Rocker C is the same, so we will not explain it here	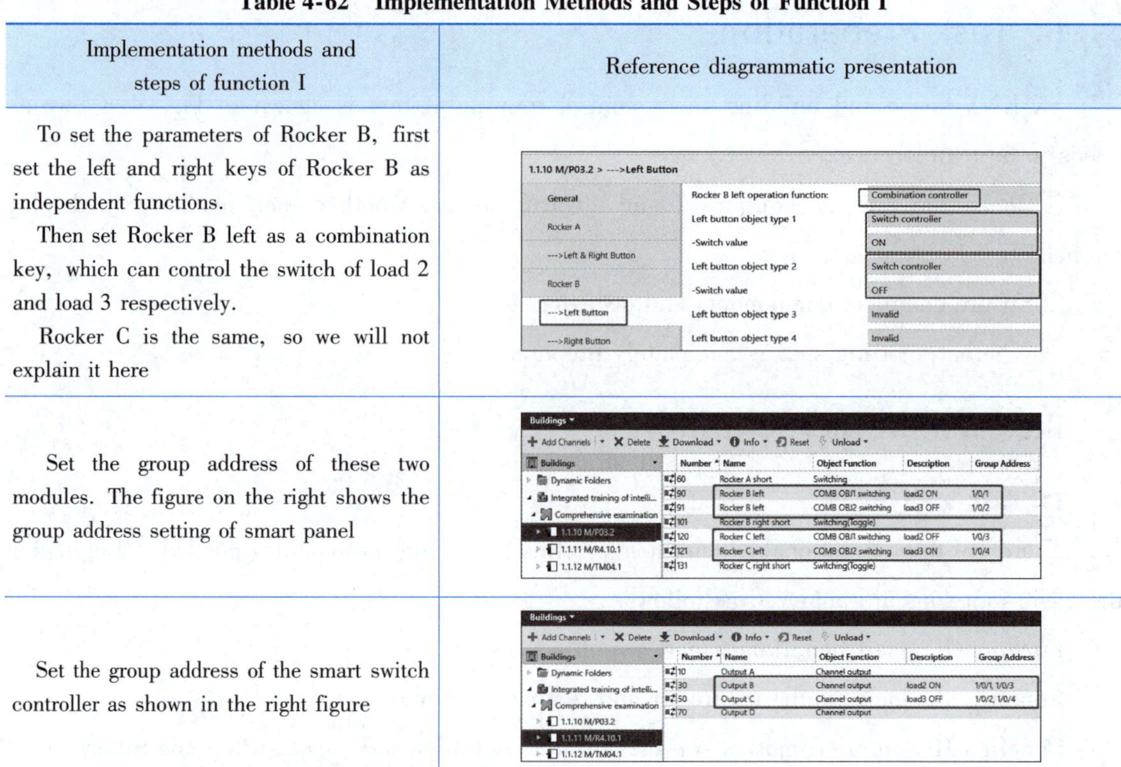
Set the group address of these two modules. The figure on the right shows the group address setting of smart panel	
Set the group address of the smart switch controller as shown in the right figure	

4. Implementation methods and steps of function II

The implementation methods and steps of function II are shown in Table 4-63.

Table 4-63 Implementation Methods and Steps of Function II

Implementation methods and steps of function II	Reference diagrammatic presentation
Set the logic timing controller module. Turn on the function of setting a special day → turn on the date setting function → set the date (refer to the learned knowledge). Set the time for starting (0:) and closing the sequence (23: 59), as shown on the right. The logic timing controller module is set up	

Continued

Implementation methods and steps of function II	Reference diagrammatic presentation
Set the dimmer controller and start the sequence setting	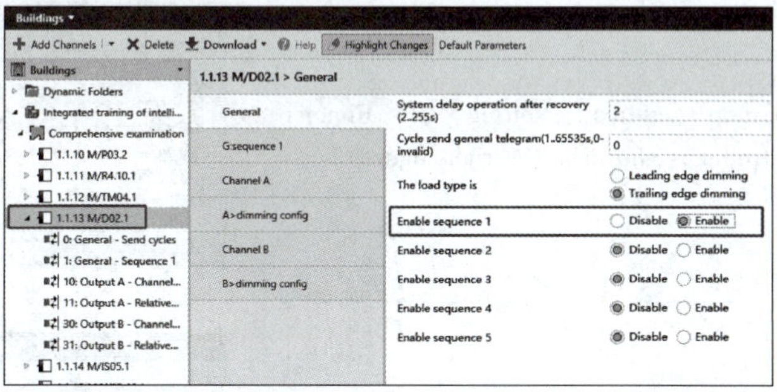
Set the sequence start, the scene running sequence, timeout processing and other related information	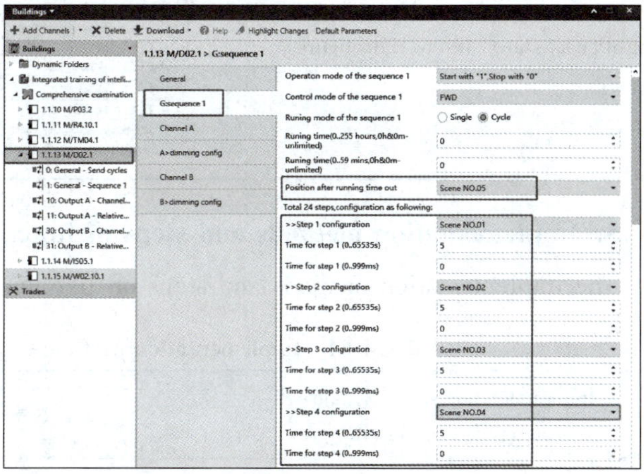
Start the function of channel A: ① Start "Display function page" in "Channel A". ②Start the "Scene" function in "A: function". ③Set the lighting effect corresponding to each scene, as shown on the right	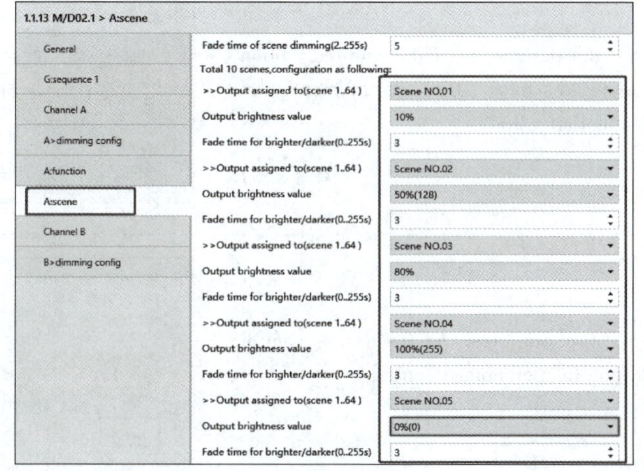

Continued

Implementation methods and steps of function II	Reference diagrammatic presentation
Group address setting of dimmer controller is shown in the right figure	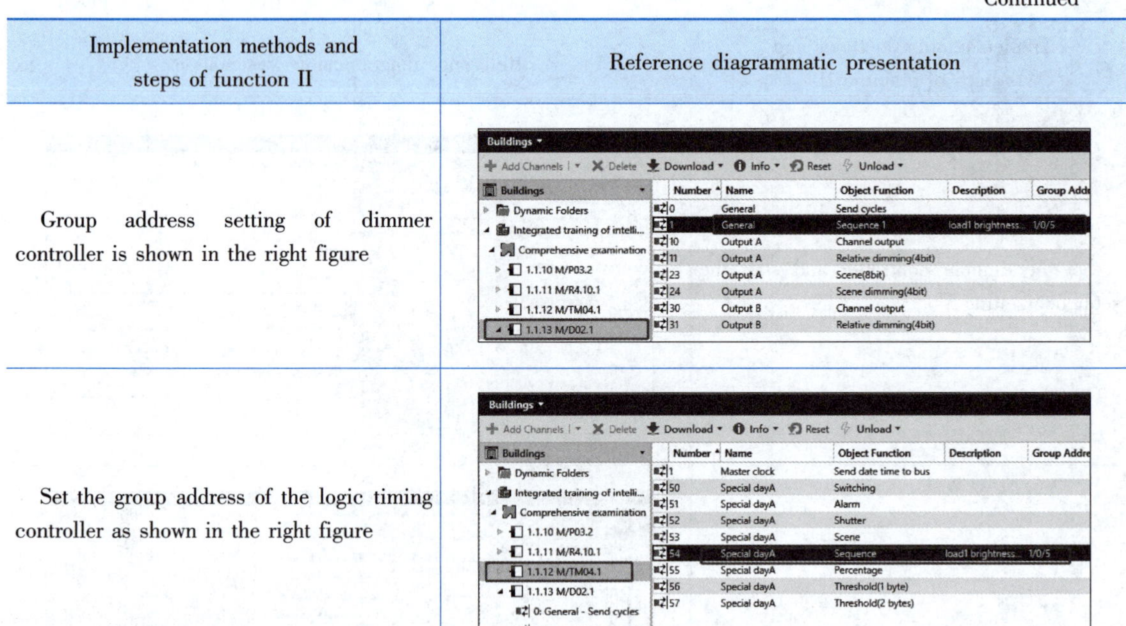
Set the group address of the logic timing controller as shown in the right figure	

5. Implementation methods and steps of function III

The implementation methods and steps of function III are shown in Table 4-64.

Table 4-64 Implementation Methods and Steps of Function III

Implementation methods and steps of function III	Reference diagrammatic presentation
Set the parameters of the infrared motion sensor to meet the requirements of illumination value	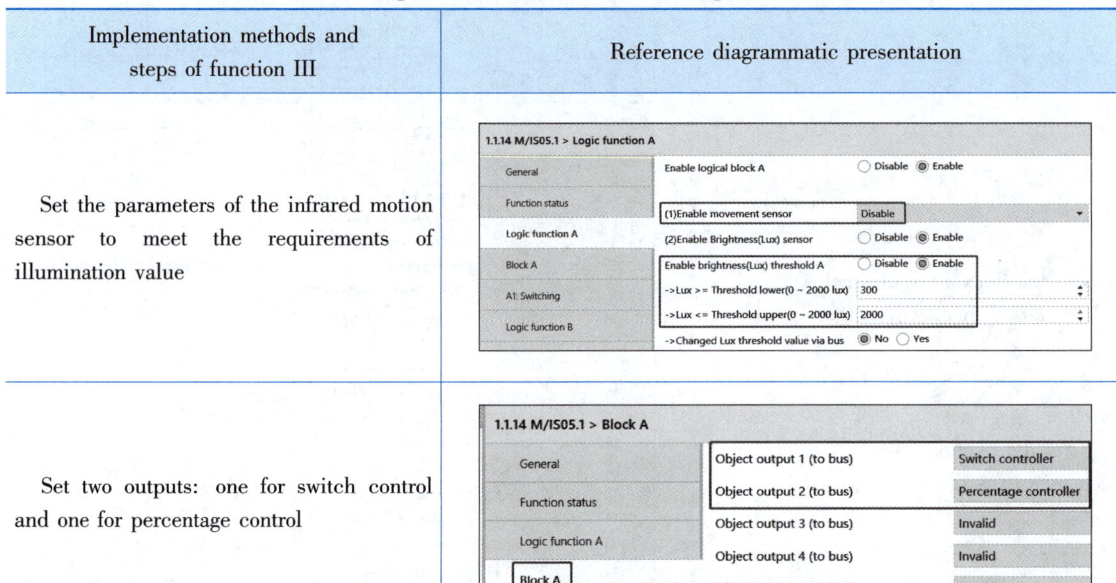
Set two outputs: one for switch control and one for percentage control	

Continued

Implementation methods and steps of function III	Reference diagrammatic presentation
Set the numerical value of percentage control to meet the control requirements. End of parameter settings of infrared motion sensor	
Parameter settings of curtain controller are shown in the right figure	
Group address settings of infrared motion sensors are shown in the right figure	
Set the group address of the smart switch controller as shown in the right figure	

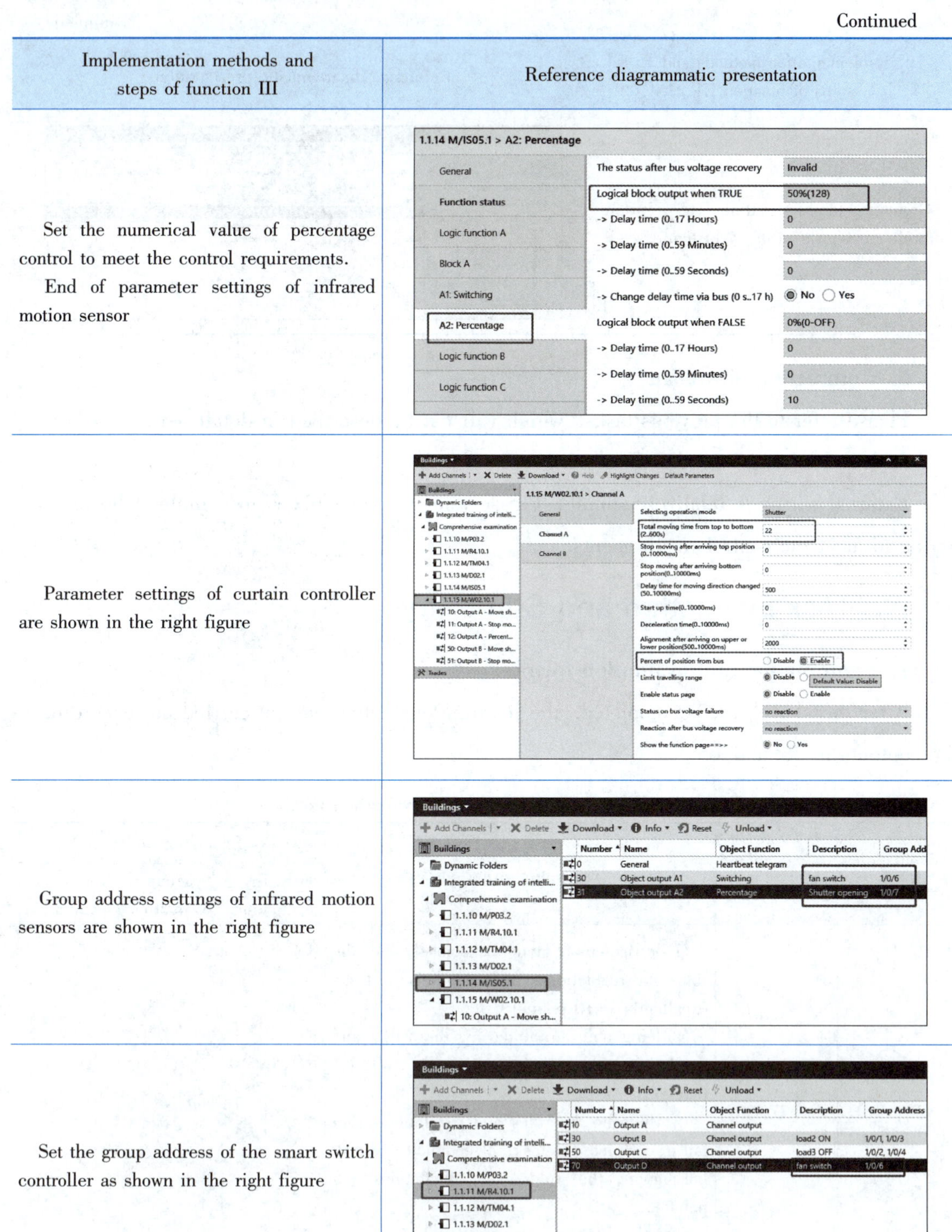

Continued

Implementation methods and steps of function III	Reference diagrammatic presentation
Group address setting of curtain controller is shown in the right figure	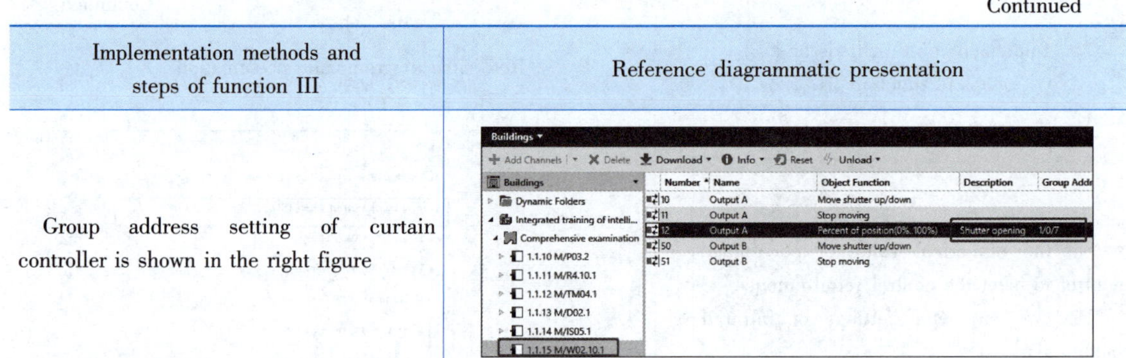

6. Completing download

Please refer to the previous tasks, which will not be described in detail here.

7. Load wiring, on-site debugging

External wiring is relatively simple. Please refer to Appendix C to complete the external wiring to meet the control requirements.

Ⅳ. Task Evaluation and Summary

1. Examination and evaluation form

After the above task is completed, the learning evaluation can be carried out according to the contents in Table 4-65.

Table 4-65 Examination and Evaluation Form

Evaluation item	Evaluation content	Evaluation criterion	Evaluation method		
			Self-evaluation	Group evaluation	Teacher evaluation
Professional quality (30 points)	Sense of safety and responsibility	①Be rigorous in style, consciously obey the rules and regulations, and complete the tasks excellently (10 points). ②Being able to abide by the rules and regulations and complete the tasks well (7 points). ③Abide by the rules and regulations, but fail to complete the task; or complete the task but ignore the rules and regulations (5 points). ④Fail to observe rules and regulations, and fail to complete the task (0 point)			

Continued

Evaluation item	Evaluation content	Evaluation criterion	Evaluation method		
			Self-evaluation	Group evaluation	Teacher evaluation
Professional quality (30 points)	Learning attitude	①Actively participate in teaching activities, with full attendance (10 points). ②Absenteeism reaches 10% of the total class hours of the task (8 points). ③Absenteeism reaches 20% of the total class hours of the task (6 points). ④Absenteeism reaches 30% of the total class hours of the task (4 points)			
	Sense of teamwork	①Harmonious cooperation with classmates, with strong sense of teamwork (10 points). ②Being able to communicate with classm-ates, with strong ability to work together (8 points). ③Being able to communicates with classm-ates with ordinary ability to work together (6 points). ④Having difficulty in communicating with classmates, with poor ability to work together (4 points)			
Professional competence (70 points)	Adding a device	The model and version number are correct and consistent with those used in the training platform, without omission (10 points)			
	Physical address setting	The model and parameters are correct, and the design requirements meet the task requirements (10 points)			
	Module parameter setting	If the parameters are set correctly, the functions of the project tasks can be implemented (10 points)			
	Group address setting	The address setting is correct, and the link is reasonable and correct (10 points)			
	Download operation	Use the programming keys correctly to ensure that the device configuration can be downloaded normally (10 points)			
	External wiring	The wiring is correct and reasonable, and there is no wrong connection or omitted connection (10 points)			
	Innovation capacity	In the process of learning, put forward innovative and feasible suggestions (10 points)			
General comments					

2. Task summary

Try to complete this task with different setting methods, and review and summarize the difficulties encountered and the solutions to them.

Appendix A Installation Diagram of Comprehensive Training in Lighting Circuit

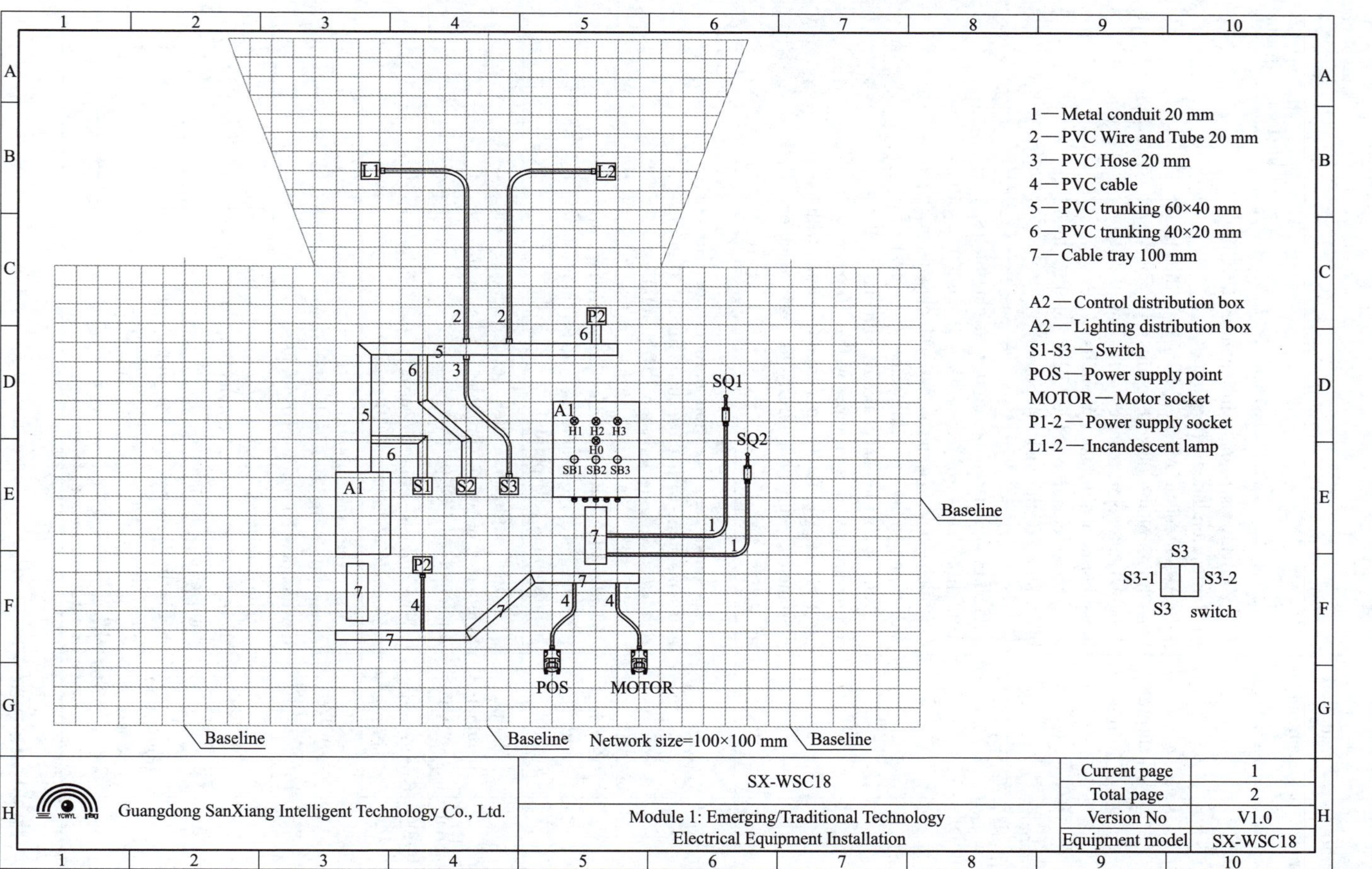

Fig. A-1

TE-
F1
2×2.5^2 +PE
X2 X2 X2
1 2 PE
L1 N PE
Power supply
is introduced
from A2 box
2×2.5^2 +PE
F2
S1
S2
S3-1
L1
X1
X2
F3
S4-1
KT
10S
L2
TE-
F4
P2
16A
PE
F5
P1
10A
Guangdong SanXiang Intelligent Technology Co., Ltd.
SX-WSC18
Module 1: Emerging/Traditional Technology
Electrical Equipment Installation
Current page 2
Total page 2
Version No V1.0
Equipment model SX-WSC18

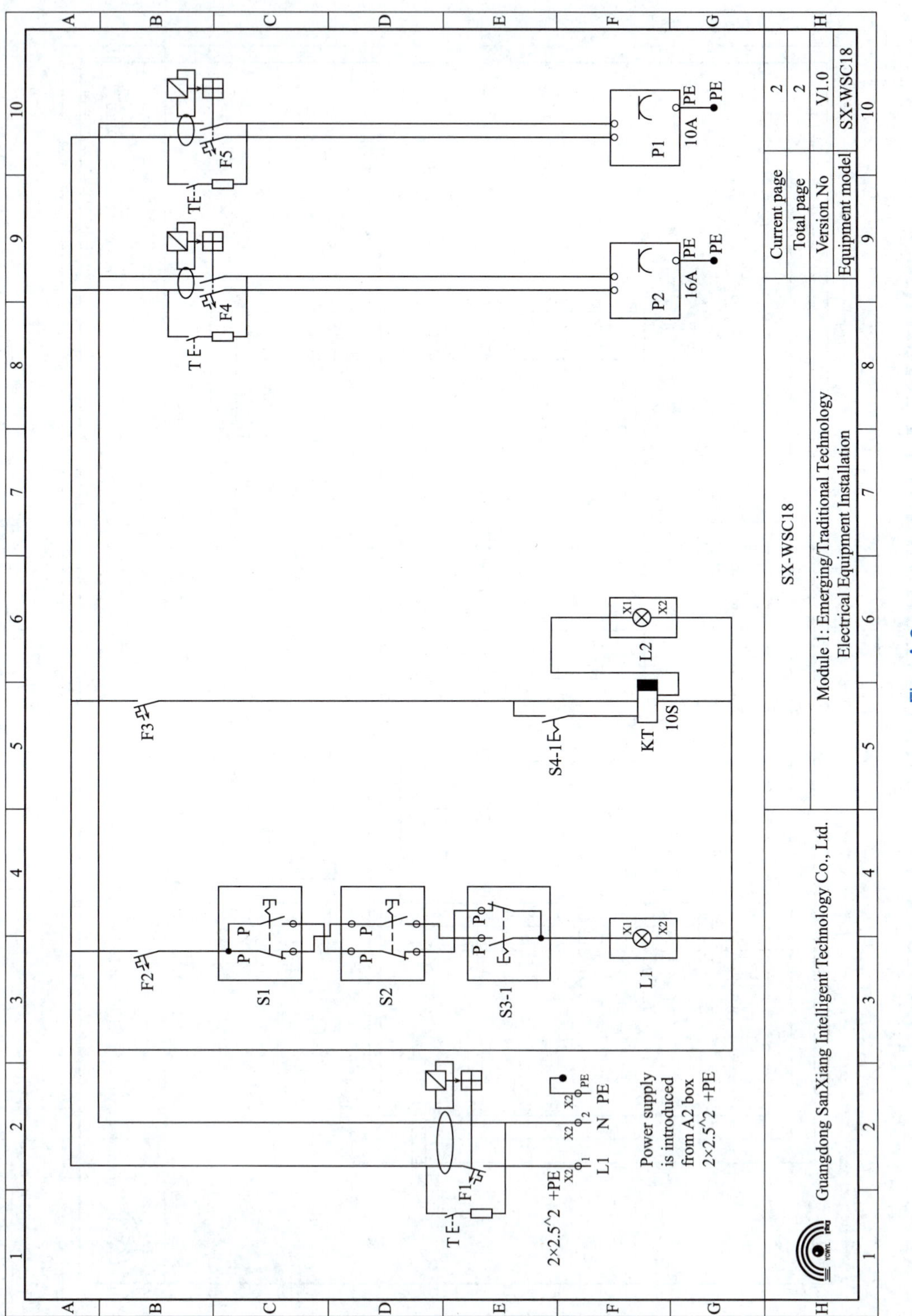

Fig. A-2

Appendix B　Fault Examination Module

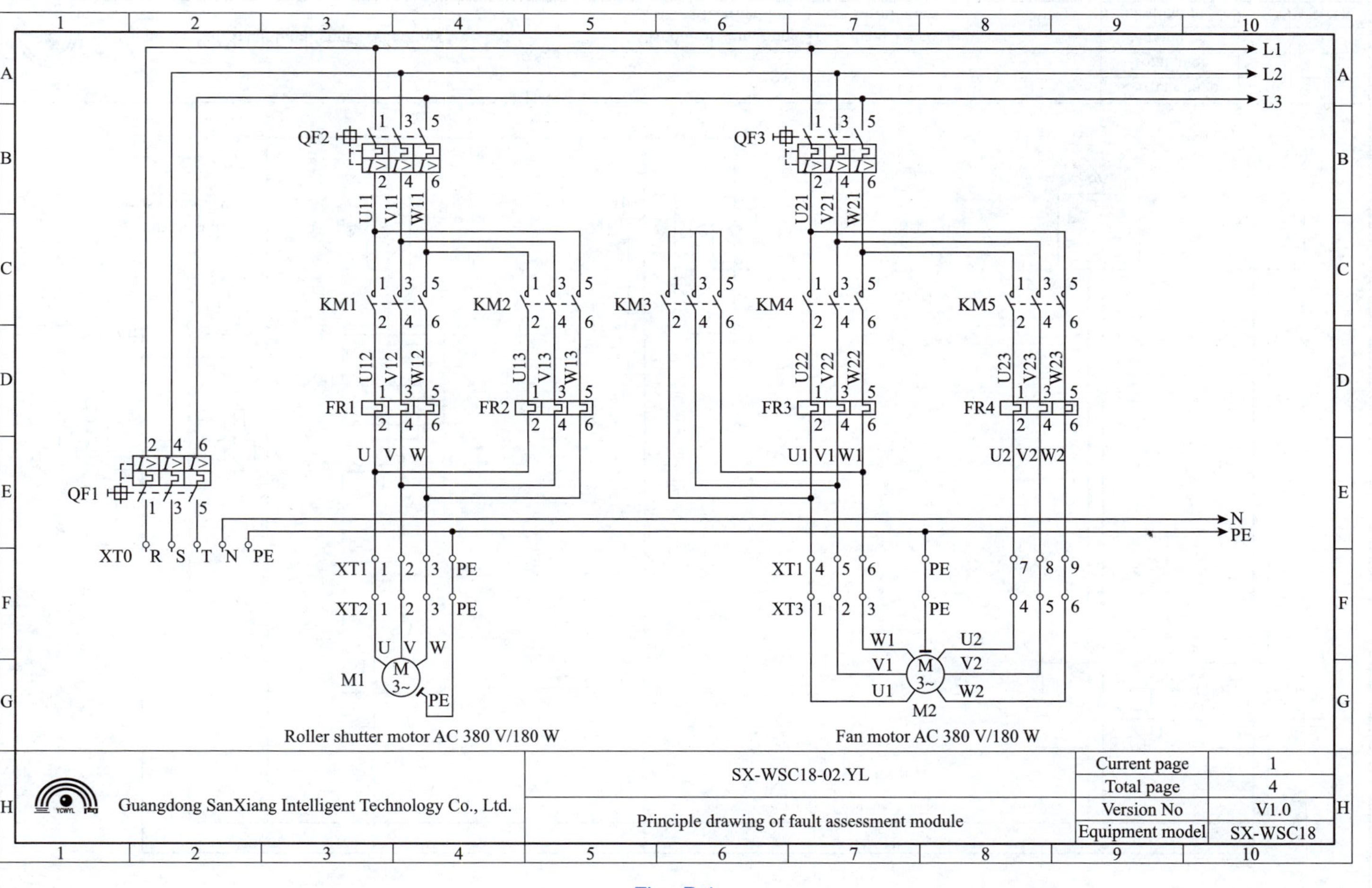

Fig. B-1

L1
N
PE
QF4
CA10A
L1
L2
XT1 10
XT4 1
I1
I2
I3
I4
HL1
HL2
HL3
HL4
3
4
5
6
x1
x2
Inductive switch
STF
N
XT1 11
PE
QF5
C20A/30mA
QF6
C20A/30mA
1
3
2
4
L11 N11
L12 N12
XT1 12 13
XT1 14 15
P1
P2
L
N
PE
Socket 1
Socket 2
Guangdong SanXiang Intelligent Technology Co., Ltd.
SX-WSC18-02.YL
Principle drawing of fault assessment module
Current page 2
Total page 4
Version No V1.0
Equipment model SX-WSC18

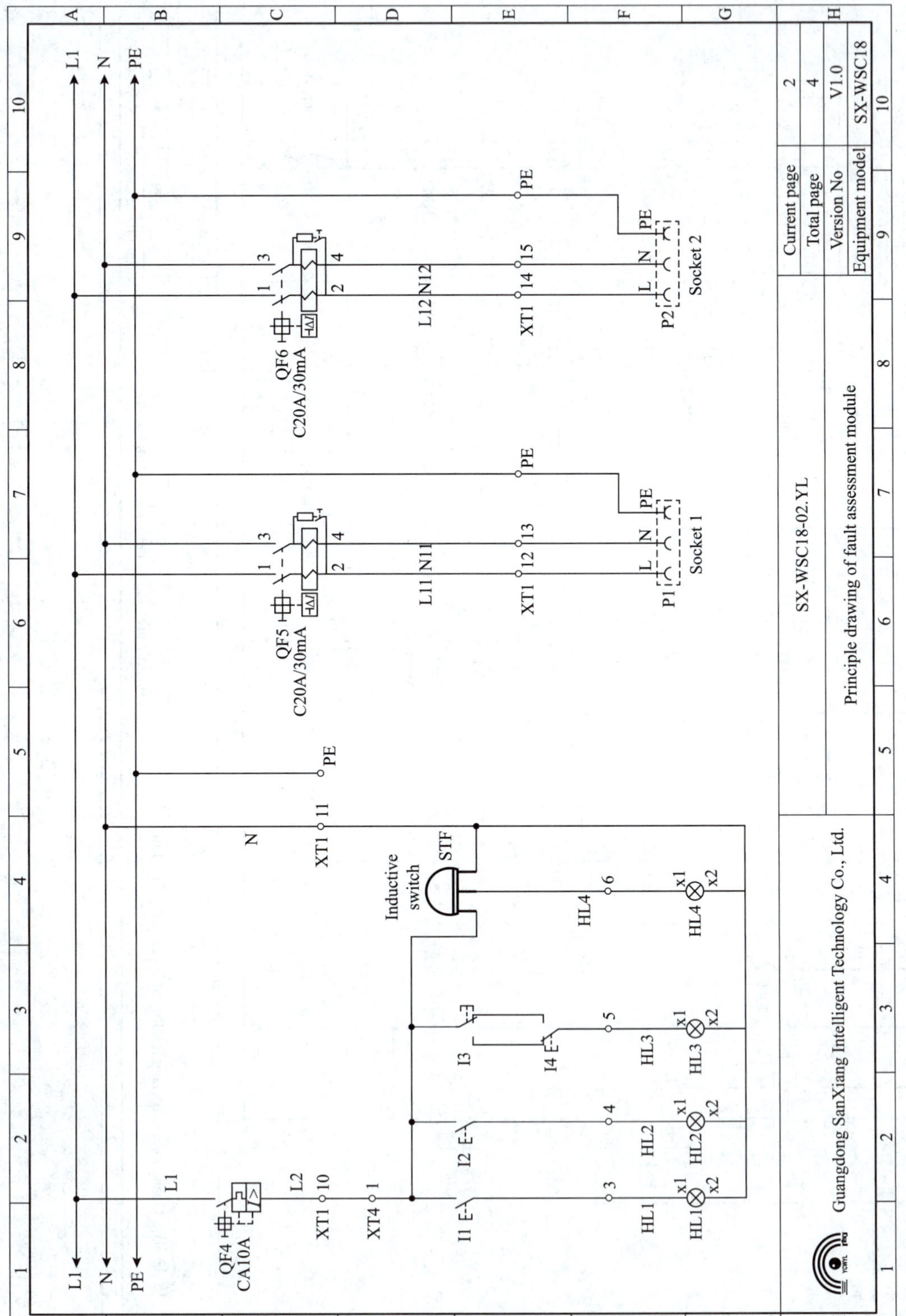

Fig. B-2

X2 L
L1
N
PE
QF7
C6A
QF8
C6A
PS1
DC 0 V
DC 24 V
24 V
0 V
FR2
FR1
SB1
SB2-1
KM1
KA2
SB3-1
KM2
KA1
SB3-2
KA1
XT1
SQ1
KM2
SB1-2
KA2
SQ2
KM1
H1
H2
SB4
SB5-1
KM3
SB6-1
KM4
SB6-2
SB5-2
FR4
FR3
KM4
KM3
KM3
-KM5
H3
H4
Guangdong SanXiang Intelligent Technology Co., Ltd.
SX-WSC18-02.YL
Principle drawing of fault assessment module
Current page 3
Total page 4
Version No V1.0
Equipment model SX-WSC18

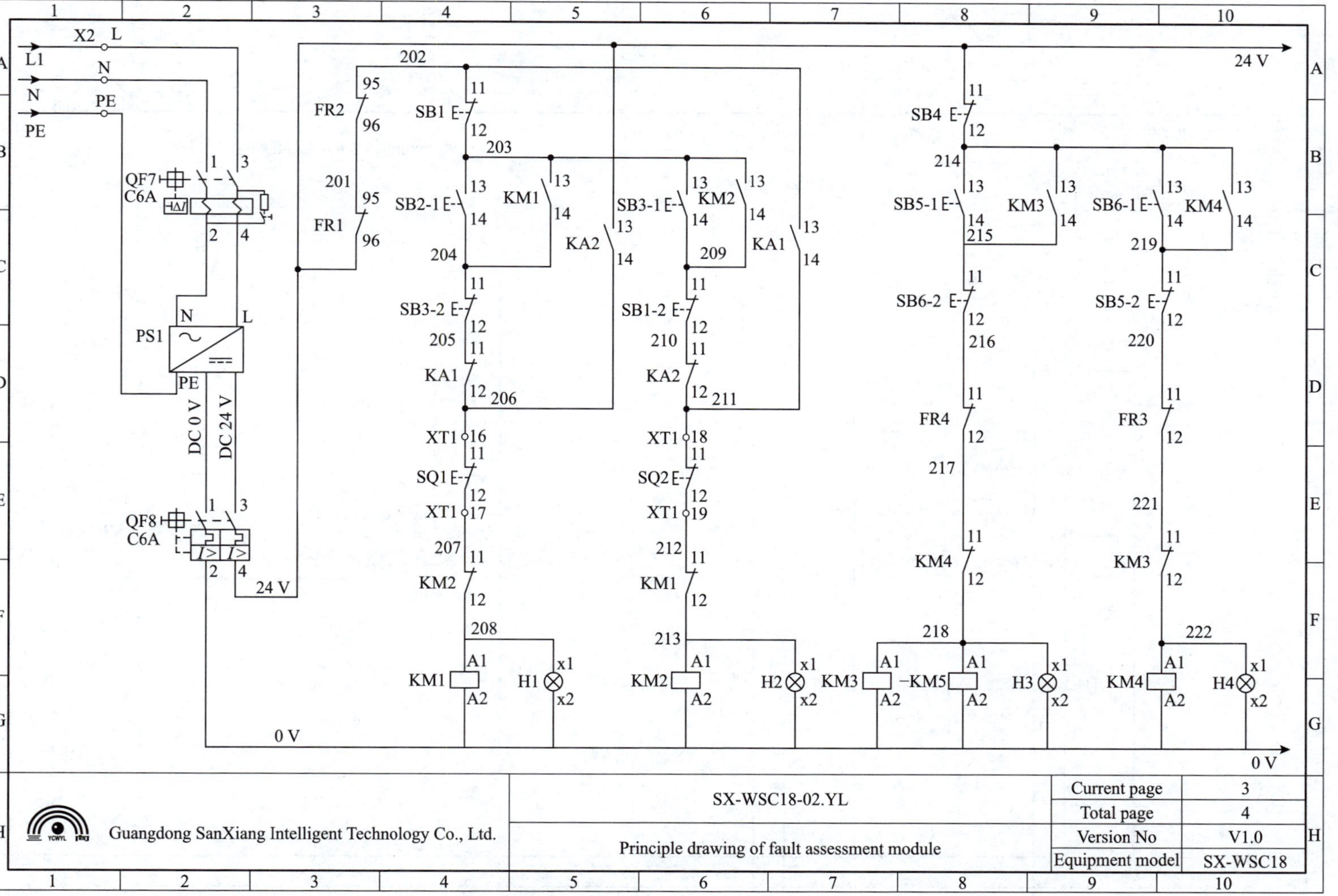

Fig. B-3

24 V
24 V
XT1 21 22
XT1 24 25
SC1
SC2
301
302
XT1 20
XT1 23
KT1
17
18
303
KT2
17
18
304
FR1
FR2
FR3
FR4
KA3
KA4
13
14
305
306
X1 26
X1 27
307
308
KT1
KT2
KA1
KA2
A1
A2
H5
H6
H7
H8
x1
x2
XT1 28
0 V
0 V
Guangdong SanXiang Intelligent Technology Co., Ltd.
SX-WSC18-02.YL
Principle drawing of fault assessment module
Current page 4
Total page 4
Version No V1.0
Equipment model SX-WSC18

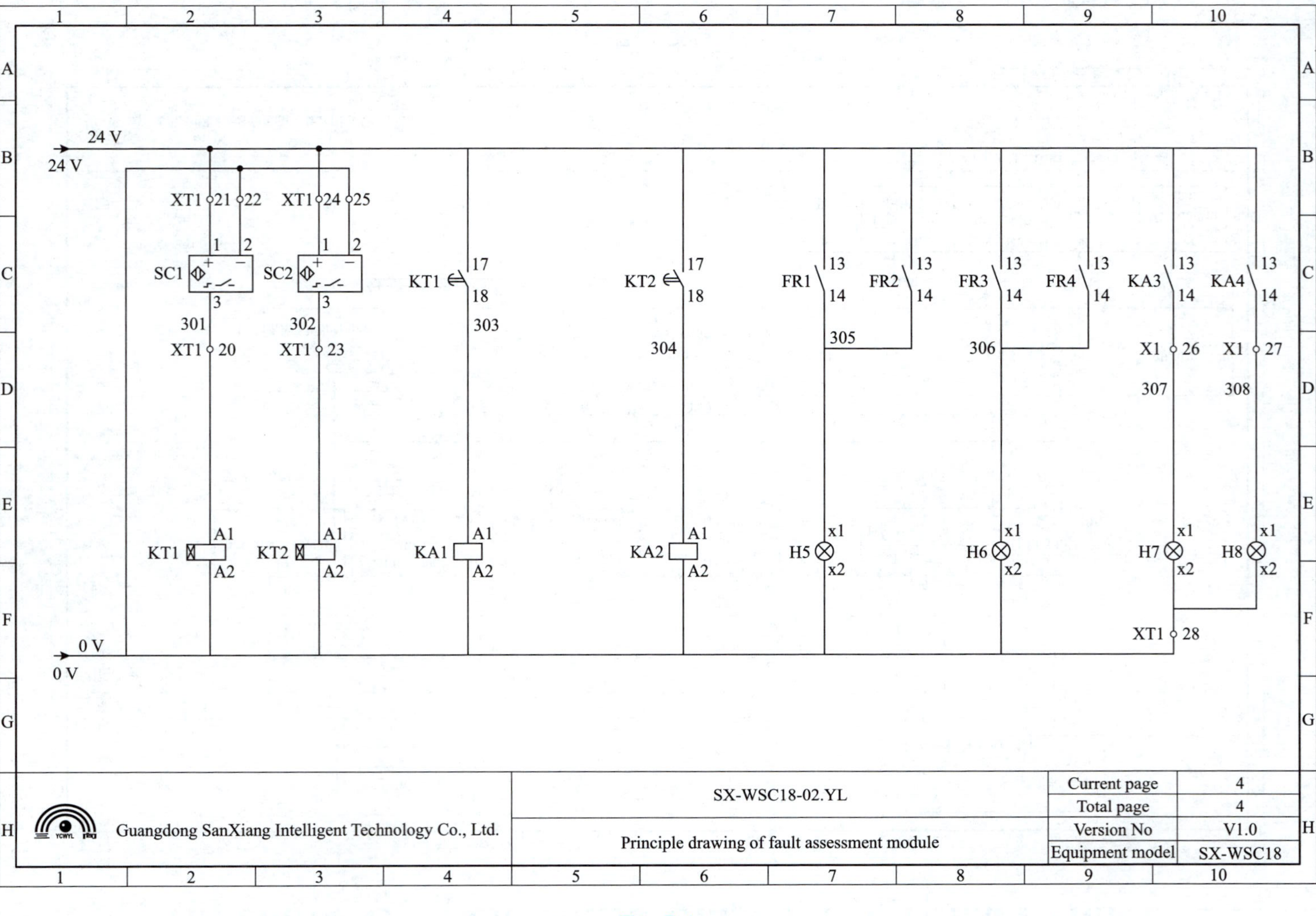

Fig. B-4

Appendix C Schematic Diagram of Smart Home

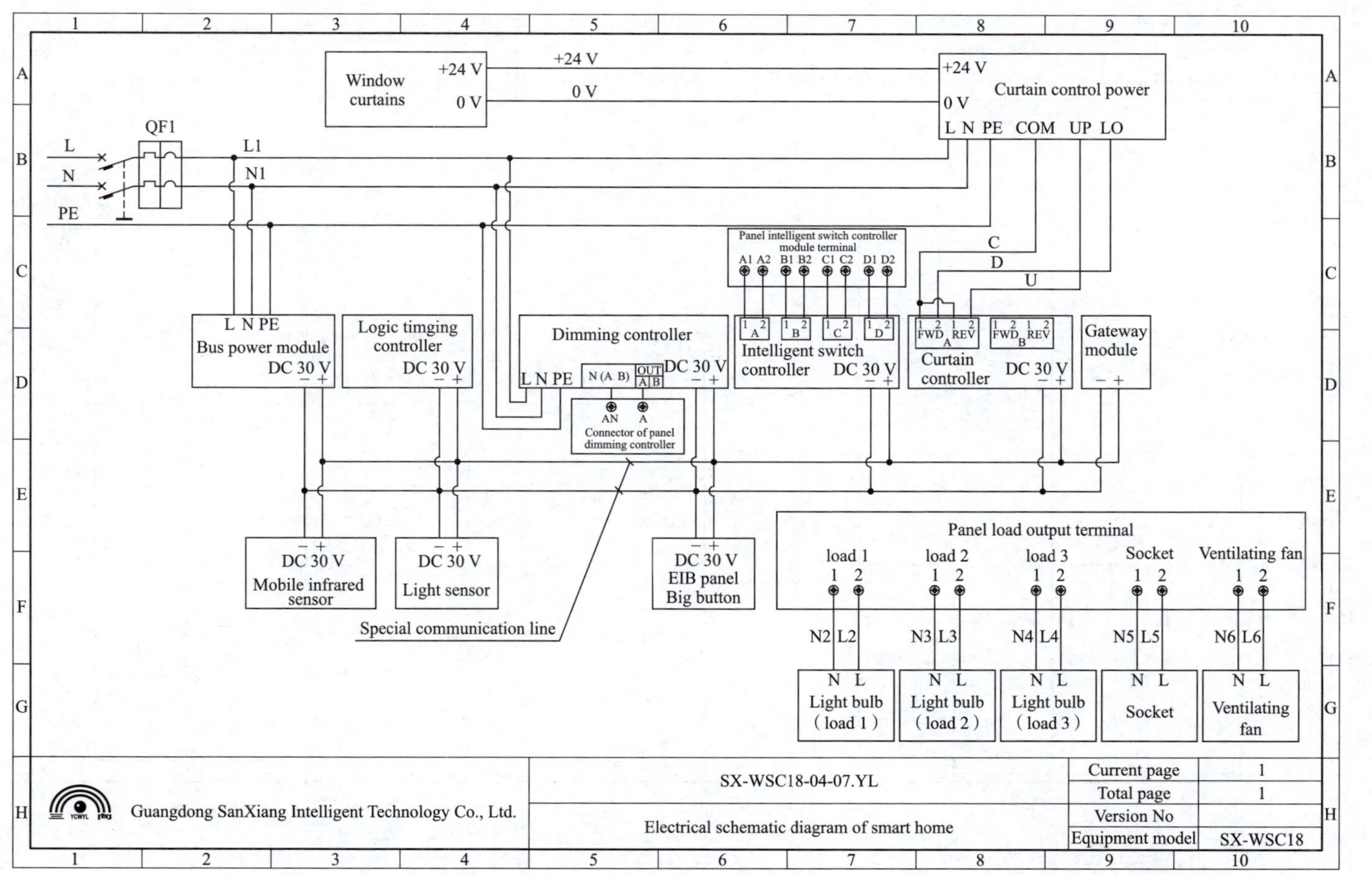

Fig. C-1